U0135317

考工格物

·I·

潘天波

著

江苏凤凰美术出版社

图书在版编目（CIP）数据

齐物：中华考工要论 / 潘天波著. — 南京：江苏凤凰美术出版社, 2023.12
（考工格物）
ISBN 978-7-5741-0426-6

Ⅰ. ①齐… Ⅱ. ①潘… Ⅲ. ①手工业史 – 中国 – 古代 Ⅳ. ①N092

中国版本图书馆CIP数据核字(2022)第229491号

选 题 策 划　方立松
责 任 编 辑　孙剑博
责任设计编辑　王左佐
装 帧 设 计　薛冰焰
责 任 校 对　唐　凡
责 任 监 印　唐　虎

丛 书 名　考工格物
书　　名　齐物：中华考工要论
著　　者　潘天波
出版发行　江苏凤凰美术出版社（南京市湖南路1号　邮编：210009）
制　　版　江苏凤凰制版有限公司
印　　刷　苏州市越洋印刷有限公司
开　　本　890mm × 1240mm　1/32
印　　张　9.75
字　　数　270千字
版　　次　2023年12月第 1 版　2023年12月第 1 次印刷
标准书号　ISBN 978-7-5741-0426-6
定　　价　98.00元

营销部电话：025-68155675　营销部地址：南京市湖南路1号

潘天波简介

- 艺术史博士
- 中国艺术文化史学者
- 江苏师范大学工匠与文明研究中心教授
- 国家社科基金重大项目首席专家、负责人
- 央视百家讲坛《好物有匠心》主讲人
- 年榜“中版好书”“凤凰好书”和月榜“中国好书”作者
- 江苏南京社会科学普及公益导师
- 江苏南京长江文化研究院特约研究员

内容提要

考工匠物虽万千，理论精神齐如一。本著基于中华文化批评传统的视角，以中华考工历史为依据，聚焦围绕从战国时期《考工记》到清代《考工典》的考工知识体系，系统阐释中华考工理论体系之精髓与概貌，并剖析中华考工的理论体系、精神体系与批判体系，还原与建构中华考工学理论的话语体系及其生成逻辑，展示中华考工与中国文化批评传统的独特渊源关系。

序

《中华考工要论》系《考工格物》书系之首部《齐物》篇，旨在建立“三个一工程”——建构一个理论（中华考工学理论）、围绕一个中心（弘扬考工精神）、形成一个批判（考工文化批判）。其中，中华考工学理论建立的工作模式是：试图从《考工记》到《髹饰录》（当然可以延续到清代《考工典》）的考工历史与哲学的解读中，探究“中华考工学理论”存在的事实与样态，集中阐释“中华考工学理论体系”；由此引出“中华考工精神核心理论体系”，进而围绕“中华考工精神”的相关问题展开论述，旨在传承与弘扬中华工匠精神；最后聚焦“考工文化批判”对中国诗学批判工作方式的探讨，揭示中华考工文化的自身力量及其批判价值。

本著取《齐物》代《中华考工要论》之本意，来自《庄子·内篇》之第二篇“齐物论”思想，意在表达考工、匠物虽万千，但其理论与精神是“齐一”的。那么，这种“齐一”的理论体系何在？《中华考工要论》旨在初步回答这一问题。所谓“要论”，或为“齐一论”，即将各种有关中华工匠文化的理论及其批评贯通齐一，形成“中华考工学理论”。但本著并没有对其完全展开，考察中华考工历史、中华考工理论和中华考工批判时也只是择其纲要，略论一二，或在抛砖引玉，以期学者系统考察之。

是为简序，以志其名。

潘天波

辛丑年，二月廿八日

目录

目录

目录

目录

目录

目录

目录

目录

目录

目录

目 录

目录

目录

引论

\-

考工文化的周边

在系统论视野下，工匠文化体系实质就是工匠群体所创生的区域文化聚集区，并由一定数量的具有相对独立的特质文化及其子文化构成。工匠文化是人类社会最为重要的手作知识系统，它的周边聚集了工匠创物、工匠手作、工匠制度、工匠精神等特质文化，从而建构出完整的"四位一体"的工匠文化体系。工匠精神是工匠文化体系中最为核心的文化，对它的展开就是对工匠文化传承与创新发展的一种社会化路径的选择与定位，并在一定程度上反映其在社会职场、精神文明建设以及生命文化谱系中的救赎价值。

在人类文明进程中，工匠在制造器物与工具中肩负着重要使命与责任，工匠所创造的手作文化已然向人类无私地开放它的使用价值与审美意义。抑或说，工匠文化被工匠个人通过手作创造出来，但它却服务于全人类，并发挥普世性的存在价值。特别是在生活、生产与消费中，工匠文化一直成为与人们息息相关的生命文化，因为在人类生命文化谱系中起到基础作用的，正是物质文化，作为物质文化的器具是生命生存必不可少的支配条件。同时，工匠手作的器物与器具也是社会发展水平与文明程度的标志，并在社会进程中扮演着先进文化的代表。因此，工匠文化是人类社会中最为重要的手作知识体系，它的周边聚集着诸多数量的行业特质文化，从而建构出完整、相对独立的工匠文化知识体系，并成为宇宙知识体系中最为重要的一部分。

▲图 1　（西班牙）委拉斯贵支《纺织女工》

可见，在系统与整体视野下，工匠文化体系实质就是工匠集群所创生的文化聚集区，并由一定数量的特质文化及其子文化构成的文化集丛。在

▲图2 南宋梁楷（传）《蚕织图卷》局部

系统性上，工匠手作文化系统组织是一个自律与他律协构的生态系统，各种数量的特质文化及其子文化是一个相互关联的组织整体。在整体性上，尽管世界上各大文明中的工匠手作文化是具有相对独立性的，但丛林文明（印度）、城市文明（西方）与乡村文明（中国）中的工匠手作文化性是相通的。因此，系统思维与整体思维是解读工匠文化的有效方法论之一，它能从工匠文化集丛中探索到各种数量的特质文化及其子文化运行的生态关系。

一、工匠文化原有分析框架的检讨与研究假设

在工匠文化原有的分析框架中，尽管人们试图从器物、工具、精神等层面对工匠文化进行解读，并在考古学、社会学、历史学、图像学、艺术学、美学、文字学等多种途径上力图阐明工匠文化图谱及其文化密码，但学界较少在系统论与整体论视野下研究工匠文化体系。因此，工匠文化的研究尚有较大空间，特别是鉴于目前的研究现状中存在如下几点问题向度。

首先是“见物不见人”，即重视器物的文化研究，忽视工匠主体的文化研究。在通行的工匠史或造物史研究案例中，人们均不约而同地关注各历史时期的“器物”，却较少涉猎各历史时期的匠人及其手作精神。这种研究偏向容易步入机械唯物主义的危险境地，在此方法论指导下的“器物”很容易被理解成机械人的产物，而遮蔽了具有心灵实体的创造物的匠人。实际上，“工匠文化”在本质上就是匠人自身的文化。“器物”不过是工匠借助工具创造出来的个体生命符号，或者说，器物所承载的文字、图像、形状等不过是匠人生命的音符或“心电图”。因此，工匠文化的研究说到底是“匠人本身”，而非“器物本身”的研究。当然，这种研究现状与现代社会的科学主

义思潮发展有密切关系，作为科技产物的器物在一定程度上迎合了社会主流思潮的研究对象的需求，这种人文主义思想的遮蔽与忘却致使研究的目光难以聚焦“人本身”。因此，这种“见物不见人”的工匠文化研究思维也是现代性进程的产物。

其次是“见人不见心”，即重视匠人手作文化的研究，但没有注意到匠人文化研究的核心是“工匠精神”，从而阻隔了迈向工匠文化研究的核心问题区域，致使工匠文化研究沦落为孤立的单向度人的文化研究。在研究匠人文化方面，国外学者要比国内学者多，国内学者基本围绕器物文化而研究。譬如，日本的六角紫水著有《东洋漆工史》[①]、冈田让著有《东洋漆艺史研究》[②]、泽口悟一著有《日本漆工史》[③]、日本漆工协会（编）出版了《日本漆工》[④]等。在韩国，郑英焕著有《漆匠》等。在意大利，维尔加（Giovanni Verga）著有《杰苏阿多工匠老爷》。在美国，理查德·桑内特（Richard Sennett）著有《匠人》等。在中国，聂危谷曾著有《艺术中的工匠》[⑤]、曹焕旭著有《中国古代的工匠》[⑥]、马德著有《敦煌工匠史料》[⑦]。尽管上述有关匠人的研究文献在一定程度上弥补了“见物不见人”的研究缺陷，但这些作品较少涉及“工匠精神”的本质研究。实际上，匠人的创物及其手作行为只是生产层面的文化体系，这背后隐藏有更为深层次的东西，即工匠手作行为的内在感知与心灵体验，并在此基础上逐渐形成稳定的“工匠精神”。它不是一个单向度的匠人外在行为所能铸就的，必须依赖匠人群体及其内在心灵在特定区域及其社会背景下慢慢形成，并深刻影响与渗透至社会各个领域而发生潜移默化的精神救赎作用。

▲ 图3　广西贵县（今属贵港市）出土东汉玻璃托盏及高足杯

再次是“见叶不见树”，即重视工匠文化的微观研究，而忽视了工匠文化的体系性研究。这种有偏颇的研究集中表现在以下三个方面：一是“见静丢动”，即仅研究描述工匠所创作的静态器物，而忘却器物的动态文化描述。器物及其文化是动态的，并非在静止的状态下被使用与消费。譬如，在丝绸之路上，器物及其文化是流动的。在家族内，器物及其文化是可以长时间代际传承的。汉代广西的玻璃制造工艺通过丝绸之路传入古罗马帝国，玻璃制造技术由此得以承传。古代中东的商旅也把阿拉伯的工艺文化带入中国东南沿海一带。换言之，工匠文化是流动的、互惠的，并在各种文化区域发生互生互长的文化嫁接与生长。二是“有微无宏”，即只有微观的工匠文化描述，却没有宏观的整体工匠文化描述。尽管工匠文化是区域的相对独立的文化集合，但它也是宇宙文化系统中的一部分，并与系统内其他部分发生着相互关联的生态联系。譬如，墓葬内的器物文化研究必然要有整体思维介入墓葬整体宇宙之内，因为墓葬内的任何器物均是这个地下或天上宇宙的一个镜像，它与其他器物共同建构出一个关系紧密的文化场。三是“有断无续”，即只关注断代工匠文化的研究，而忽视了断代工匠文化的前后承续性与关联性。这些研究方法论均是“见叶不见树”研究方法论的表现，给工匠文化研究所带来的后果是严重的。

最后是“见树不见芽”，即注意到工匠文化的整体性研究，但忽视了传统工匠文化的新增长点，进而忽视了传统工匠文化的传承创新研究，致使工匠文化的研究步入因循守旧或不能发挥新时代价值的困境。实际上，任何区域的文化集群皆是发展的文化，并在创新与承续中不断出现新的文化价值增长点；否则，这样的文化必将面临衰微，甚或走向灭亡的境地。工匠文化是与生活息息相关的文化集群，是最具有生气与活力的文化。因此，对工匠文化的研究不能丢弃其体系内外的文化增长点，更不能忘却传统工匠文化的传承与创新发展。

基于以上工匠文化研究的问题向度，在接下来的讨论中，力图尝试建立一个新的工匠文化研究整体框架，其理论假设为工匠文化体系包括四大子知识体系：工匠创物、工匠手作、工匠制度、工匠精神。这个“四位一体”文化理论体系的建构假设，来源于人们对文化的广义空间分类原理，即文化的内部空间所承载的物质表层、行为浅层、制度上层、心态深层这四个相互关联的特质文化类型；同时，这些特质文化也具有相对独立性，各有在整体中的文化偏向或文化侧重点。如“工匠创物”侧重“物本身”的微观视点，“工匠手作”重在匠人的“手工与手艺”层面，“工匠制度”强调社会的“上层建筑”的宏观介入，“工匠精神”意在“匠心本身”的普遍价值向度。可见，“四位一体”的工匠文化理论体系是一个“见物又能见人”“见人又能见心”的较完备的系统理论框架体系，并在整体上较好地显现出“见叶又能见树”“见树又能见芽”的立体多维研究效果。由此观之，工匠文化的“四位一体”理论分析框架有其研究的合度性与合理性。

二、工匠文化的周边：一种分析框架

在广义层面，“四位一体”工匠文化理论体系的搭建，可以被视为一种可能的合法分析行为，因为它较好地解决了对工匠文化研究的几个问题向度，至少在整体视野下工匠文化体系内部建构出了一种较为完备的分析模型。

在器物文化层面，器物自身内涵时间、空间与物质层面的内容指向或文化向度。从宇宙学视野看，任何器物均是时间文化、空间文化与物质文化的聚合体。时间不仅是工匠存在的重要平台，更是器物存在的描述对象。器物的时间特质主要表现在它被制造、使用以及器物自身的图文叙事都与时间息息相关，譬如，汉代漆器被宫廷消费与欣赏，其器皿上的图案便反映了汉代宗教、生活以及礼仪等文化。同样，空间也是器物文化特定的意义符号指向，任何器物的制造、使用以及欣赏都是有空间性的。这种空间性主要体现在器物的地域性或故乡性、器物使用的地域风俗性以及特定空间内人们的欣赏审美差异性等维度层面。器物的物质层面不仅反映器物的材料属性以及美学特质，也反映使用者的阶层、地位以及财富分配等情况，还包括器物的物质构成、数量以及种类等方面反映特质文化时空性的内容向度。

在工具文化层面，工具本身既是工匠创物的对象，也是工匠创物的技术载体与行为的方法依赖。在文化阐释性上，工具是解读文化最为现实的活体。工具的先进与否直接支配创物的科学程度与艺术水准，同时，工具是直接反映工匠文化的活物对象。因此，工具文化是一个最能反映社会技术及其文明程度的向度。同时，工具的发展历程最能代表工匠文化的发展历程，并在一定程度上成为社会发展的风向标与温度计。因此，人们常常以“青铜”“白银”“铁器”等工具性物质来赋予一个具有文化特质的时代，即“青铜时代”“白银时代”“铁器时代”等。这在一定程度上反映了作为工具性的铜、银、铁等在社会发展中的特殊地位与显赫价值。在社会进化的历时视野下，人类为造物而不断地创新工具，大致经历了“发现工具”（如天然石头）—“制造工具”（如砍砸石器）—“发明工具”（如飞弹石）—“设计工具”（如石磨）—“智造工具”（如智能石门）等各阶段明显具有独立性的递升发展。工具的发展性与阶段性进化，直接反映了社会技术及其文明进步，也构成了特定社会时间内工匠文化发展的重要符号。

▲ 图 4　裴李岗文化石磨及磨棒

在手工层面，工匠凭借手的行为创制器物或工具，如手绘、手编、手摇、手锯、手推、手捏、手写、手植、手击、手创、手贴、手涂、手堆、手绣、手磨、手撕、手印、手刻、手塑等各种手工创物行为。在现代汉语中，由“手”构成的汉字多达千数。“手”是工匠最伟大的真诚的“仆人”，它与工匠之“心”是息息相通的。工匠文化就是用灵活性极强的双手创造出来的。工匠之手成就了工匠自身，也成就了工匠文化。一部工匠文化史，也就是一部手工史。

▲ 图 5　新疆扎滚鲁克出土的 5 世纪刺绣

在手艺层面，工匠在手之教练的指引下，创造了数不尽的手工技术，如绘画、雕刻、碑帖、篆刻、绣花、刺绣、髹饰、镶嵌、彩绘、藤编、棉纺、剪纸、按摩、针灸、制陶、制漆、制瓷等各种手艺，从而构成了丰富多彩的工匠手艺文化。工匠手的“技艺”是现代艺术、装饰、设计等艺术活动的宝贵文化财富。譬如，古代工匠的雕刻或篆刻技艺为现代书法艺术的诞生与发展提供了营养，工匠的刻画为绘画艺术提供了空间布局以及绘画技法等多方面的理论支持，工匠的图文叙述为现代符号学的诞生与发展提供了宝贵的原始材料，工匠的各种手艺行为为现代装饰的发展提供了有效的技术与方法的指引。因此，古代工匠手艺文化的传承发展，对现当代艺术与设计发展具有重要的实践价值与现实意义。

在户籍层面，匠户制度或匠籍制度是中国古代社会控制工匠的一种户籍管理工具。汉唐时期，官奴、刑徒以及民间工匠均被征调官府，实行统一管理，并使其生产器具。至宋代，兵匠、雇匠或差雇、民匠等为官府有偿服劳役。元代，国家将户分为民、军、匠三等，并严格控制与管理工匠，同时规定，一旦沦为匠户，则世袭为匠，不得随意改户。至明代，国家基本沿用元代匠籍制度，规定工匠分轮班与住坐两种形式为国家服劳役。明代嘉靖四十一年（1562 年），政府规定：“自本年春季为始，将该年班匠，通行征价类解，不许私自赴部投当。仍备将各司府人匠总数查出，某州县额设若干名。以旧规四年一班，每班征银一两八钱，分为四年，每名每年征银四钱五分。”[⑧] 由此可知，明代开始实施“以银代役”的工匠管理制度。到了清代，国家实施了“地丁制”，因此明代的匠户制度已经名存实亡。清代顺治二年（1645 年），政府“令各省俱除匠籍为民”[⑨]，这样明代以前的匠籍制度被彻底废除，并实施“计工给值”或“按工给值”的新型工匠雇募制，工匠身份因此获得了自由和解放，如此大大增进了工匠的生产积极性与自由性。直至清代雍正四年（1726 年）国家颁行“摊丁入亩”法后，各省把工匠班银归并田亩或地丁代征。清代工匠制度的改革，昭示国家的生产关系的一种进步，也为清代及以后的手工业发展奠定了制度保障。

在知识传承层面，学徒制度是中国工匠教育或知识传承的一种有效形式。在清代以前，工匠的技艺传承基本按照“世袭传授”的方式完成，并有严格的“家族制”限定，即“传男不传女，传内不传外”，其主要教育方式是“口传心授”。这种工匠知识教育具有一定的封闭性和缺陷性。但在 1840 年前后，传统的工匠知识教育被江苏兴化、山西忻州等地兴起的官局学徒制彻底打破，直至清朝末年地方政府全面开始“设局招徒”，宣告清朝新的学徒制正式形成，从而彻底改变了以往工匠文化的“世袭传授”制。在设局招徒制思想的指引下，清政府在全国开始招收学徒，并设立工艺传习所。为解决工师短缺问题，清政府派专人去江浙一带聘请匠师、机师、织师等工匠，积极创办工艺文化传习机构。譬如河南的“蚕桑总局”（1880 年）、广西的“纺织机房”（1888 年）、北京（直隶）的传习机构“北洋工艺局”（1903 年）等。设局招徒制为清代手工业以及其他工业的发展奠定了雄厚的基础，特别是人才基础，这些在传习所毕业的学生或“留充工匠”，或“传为教习”，或“创办实业”。清代工匠的学徒制度也为近现代中国手工业的发展提供了有效的实践经验及制度文化，尤其是在诸多方面拓展了工匠的生存与发展空间，从而为近代工业发展储备了丰富的工匠制度文化及其实践理论文化。

在心理层面，工匠借助“专注”“持久”“严谨”“细腻”“精益求精”“坚守”“不急不躁”“精致”“敬业”等心理品质或心理素质完成了他们的创物行为，工匠的这些心理品质的聚集便构成了“工匠精神”。工匠特有的心理素质不仅有稳定自我的心理状态及其行为规范，还能提升工匠自我的价值取向与理想人格，进而进一步完善工匠自我与他我的审美情趣和精神结构。因此，工匠精神确乎是一种人文情怀价值观，这正如理查德·桑内特所言，“专注于实践的人未必怀着工具理性的动机”[⑩]。因此，在本质上，工匠心理特质文化的社会化过程就是精神文明建设的一部分，特别是思想道德建设是离不开人文情怀意义上的工匠心理特质文化的培育的。

在意识形态层面，工匠的价值观、思想、观点、观念、准则、规范、理想等聚合成工匠的意识形态聚合体。抑或说，工匠的意识形态是工匠理解手作行为及其与社会之间复杂关系的一种有效方法与合理想象。诸多工匠意识形态的聚合，就形成了一种具有现实性与独立性的工匠精神，由此意识形态范畴形构的工匠精神便成就了工匠的社会化精神价值力量。在现实性上，工匠依赖手作劳动，面向物质性的劳动实践，继而获得工匠精神的真实性与可靠性；在独立性上，工匠精神是区别于其他精神的一种特有的思想价值形态。可见，工匠的意识形态具有现实指向性，并独立于文化形态之中发挥自律与他律的社会价值。

三、工匠文化的核心：工匠精神及其展开

从传统文化传承与发展的视角看，工匠文化应当是当代中国传统文化全面复兴的一个助力点，而这个文化助力点又是由很多数量的特质文化单元构成的文化聚集体。因此，如何牵住工匠文化的“鼻子”是传承与发展传统工匠文化的关键。从广义的工匠文化范围看，工匠精神文化是工匠文化的核心文化指向，对它的广泛展开能推及社会其他文化领域，并能整体发挥工匠文化的社会化功效。

在社会学层面，工匠精神的展开就是工匠文化介入社会的延展过程。因此，在当代，工匠精神社会化路径的选择与定位显得格外重要。但问题的复杂性在于，工匠文化的时空性展开又显示出特有的社会化介入的困境与难题，因为，作为工匠文化的创物文化、手作文化以及制度文化均发生了历史性的变革与转型，传统工匠文化的时空性、生产性以及公共性皆在现代大工业生产以及智能化生产过程中逐渐走向衰微。但作为一种意识形态或心理基因的工匠精神，与其他工匠文化理论元素是不同的，它并不随着时代的变化而发生文化特质性的正向变化。换言之，工匠精神的存在是永恒的，尽管人们在新的社会背景下已然忘却，但只要采用新的社会化路径及其展开方式，就能唤醒尘封的工匠精神及其背后的文化价值。然而，当前我们在展开或培育工匠精神上还存在些许理论上的认识误区，这些误区是制约工匠精神复兴以及向社会层面广泛展开的根本原因。

一是培育工匠精神与回归工匠创物时代的认识误区。这种认识误区显示出一种工艺文化的理想主义。很显然，时间是不可逆的，过去的工匠创物时

▲ 图 6　英国水晶宫国际工业博览会

代是无法回归的。但我们能够重读工匠创物的历史文化，并汲取优秀思想与精神力量为新时期人们所采用。因此，我们不能认为培育工匠精神就是放弃现代工业以及智能化生产，理想化地回归到“小国寡民”的手作时代。

二是培育工匠精神与回归手作行为的认识误区。在欧洲工业革命以后，英、法等国的文化精英对器物生产的艺术化开始反思，认为工业生产中的机械化大大降低了人们手作的时间性与艺术性，并思考生产线上的同质化产品给美学思想发展带来的负面影响。因此，当时欧洲的部分国家爆发了工艺美术运动，强调工业要回归到手作，要发扬工匠的手作精神。在现当代的中国社会，伴随工业化进程的深入与发展，人们日益增长的日常美学需求无法在工业产品中得到满足，因此，消费大众对工业生产开始关注，并呼唤已然失落的工匠精神，呼吁回归手作行为。尽管工匠精神的失落与手作行为的消失之间存在某种正向关联，但根本问题不在于工匠手作本身，而是整个社会的现代性进程致使传统文化的被遮蔽与忘却，进而影响到工匠精神的社会化展开。因此，培育工匠精神绝不是回归手作行为，而是在新时期工业产业中注入传统工匠精神，以期更有效地为社会发展提供精神道德的支撑。

三是培育工匠精神与工匠制度之间的认识误区。毋庸置疑，现代化进程中的企业生产制度已然不是传统的工匠制度，而现代产业制度与传统工匠精神是不矛盾的。因此，我们不能简单地认为是工匠制度的缺失导致了工匠精神的失落；相反，与传统工匠制度相比，当代的产业制度更具有培育工匠精神的可能。现代产业制度在人性、科学以及系统上更具有先进性与合理性，并能出现新的工匠精神的空气和土壤。因此，新时期培育工匠精神不是回归传统的工匠制度，而是优化与重组现代产业制度，从而使工匠精神潜移默化地植入其中。

因此，在新时期，真正意义上的传承与发展传统工匠文化，应当是传承传统工匠精神，而传承与发展的关键策略就在于工匠精神展开的社会化路径的合理选择与科学配置，因为工匠文化的核心在于“工匠精神”，现代产业社会更需要“工匠精神”。那么，如何展开传统工匠精神的社会化路径呢?从整体上看，大致有以下三种可操作性路径。

其一，外化路径——营造工匠精神文化的社会环境，尤其是重视工匠精神在职场的社会化路径定位与选择。工匠精神的社会化过程，即人的社会行为的模塑过程。在这个构成中，外在的社会环境对个体的社会行为影响是“强制性”的，因此，工匠精神社会化路径的选择首先要考虑的就是社会环境的营造，并通过社会化程度较高的“职场”为载体，在特定的具体社会实践中完成工匠精神的外化目标。作为一种职业价值观，工匠精神已然不局限于手作行业，它在工业、农业、教育、医药、军队、国防、科技等各行各业也均显示出独特的职业价值。从这个意义上看，复兴传统工匠文化中的工匠精神，就是将传统工匠精神向社会化“职场”做普遍化的展开，并延伸至社会“职场”的每一个角落。由于个体的精神模塑过程是有选择性的，内化工匠精神文化必须遵从自由的主观能动性作用。因此，就各种行业的职业差别性而言，可针对工匠精神的心理特质有选择性地做社会化路径的定位培育；即在工匠精神之“严谨”“忘我”“澄澈”“敬业”“精益求精”“细心”“守时”“持之以恒”“踏实”“诚实”“负责”“精准”“精致”等品质中选择各自行业所特别需要的精神品格，有选择地实施社会化路径培育。

其二，中介化路径——工匠精神助力精神文明建设，并由此向社会全面展开，在家庭、学校、媒介等多个中介领域营造工匠精神文化氛围。从社会意义上看，“家庭是给新的下层社会定形的制度群绝对不可或缺的组成部分”[11]。因此，在家庭中，工匠文化教育不可小觑，特别是要注重个体在学前期、幼儿期以及青春期的工匠精神的家庭文化教育，从而使个体在家庭环境中潜移默化地接受工匠精神的正能量。在学校，着力培养具有严谨、宁静、精益求精以及诚信的“匠二代”，逐步教化学生的行为规范与完善学生的人格结构。在媒介领域，借助媒体传播工匠精神文化，营造全社会学习工匠精神的氛围。一个没有精神的民族是可怕的，也是难以发展的。将工匠精神纳入精神文明建设是当前中国文化建设的一项重要任务。工匠精神是公民思想道德建设的一个重要精神动力，培育公民的工匠精神关涉到这个民族的思想素养及其发展后劲。工匠精神所哺育的手作理想是致用的，手作产品是为他人使用并对他人负责的。手作规范是特别有纪律的，并在精细中体现伦理秩序。因此，精神文明建设中的思想道德建设在理想、道德与纪律的层面，与工匠精神的品格个性是不谋而合的。同时，当公民拥有优秀的工匠精神时，社会化的教育科学文化过程又能顺利展开。抑或说，在教育科学文化过程中，工匠精神的社会化进程必然能产生精神动力与思想支撑，从而教育科学文化建设又能反哺社会化物质生产以及工匠文化的形成。

其三，内化路径——传承传统文化不仅要依赖外在的教育或传递，还要依赖个体的自我内化，尤其是注重向个体的生命维度内化。因为在本质上，工匠文化的精神核心是指向内在的生命归宿及对自我行为的肯定之中的。桑内特认为："匠艺活动给获取技能带来的情感回报有两个层面：人们能够在可感知的现实中找到归宿；他们能够为自己的工作而骄傲。"[12]可见，生命的自我归宿与骄傲是工匠手作的情感化回报。因此，工匠文化的传承要注重自我内化的传承方式，从而使工匠精神被广泛介入人类生命文化谱系，并向内在的生命情感场展开。工匠精神是工匠文化中的核心部分，是工匠心理与意识形态的集丛，也是人类生命文化谱系的一部分。因此，工匠精神的展开，实质是生命文化谱系的延展及其情感存在方式的描述。换言之，工匠精神展开的社会路径，必然建立在人类生命母性基因之上，以催生人类生命文化价值。在自然性上，工匠手作以自然为参照系，"规天矩地"或"制器尚象"，是一种客观的自然主义或朴素的唯物主义；在无私性上，工匠创物是为人类生活服务、无私地为他人消费而辛勤地手作；在创造性上，工匠创物以自然为象，进而创造性地手作象形器物，并在手作器物或工具上借助图文叙事创造丰富的图像文化。因此，工匠文化在生命母性基因上具有的自然性、无私性、创造性是独一无二的，这也是工匠精神的典型母性文化特质，更是工匠文化向内在的生命文化谱系展开的理论依据与可靠保证。

简言之，工匠精神文化的社会化路径，就是通过外在社会环境的营造及其教化，并借助社会的精神文明建设为中介性的助燃剂，以期进一步地在个体内化传承上实现自然人向社会人的转变。这种"外化—中介化—内化"的行为过程链，就是工匠精神社会化的基本模型，它有助于实现个体以及群体的人格发展、社会态度的形成以及社会角色的获得。

在阐释中发现，工匠文化是人类社会中最为重要的区域性集丛体系，它的周边聚集了工匠创物、工匠手作、工匠制度、工匠精神等四种相互关联的特质文化，从而建构出具有相对独立性的"四位一体"的工匠文化知识整体。在这个整体文化集丛里，"工匠精神"是工匠文化的核心内容，对它的社会职场、精神文明建设以及生命文化谱系的展开就是工匠文化社会化路径的一种定位与选择。抑或说，工匠精神是一种精益求精的职业态度或严谨的社会价值观，它发挥着规约人伦、净化道德与陶冶情操的社会功能，并在生命情怀与手作理想维度上成就了社会人特有的文化价值谱系。

就现实价值而言，当代中国从国家层面对“工匠精神”的提出与重建是复兴中国梦的需要，它特别能为中国正在进行的“十三五”建设提供有效的价值准备与思想支撑。因此，廓清工匠文化的边界及其核心，有助于当代人对工匠精神的结构性思考。因为问题的复杂性在于：只有将工匠精神置于工匠文化的整体系统中去认知与解读，才能有益于人们对工匠精神的准确把握、科学传承及其社会性转化。

注 释

①（日）六角紫水：《东洋漆工史》，雄山阁（日），1928年、1932年。

②（日）冈田让：《东洋漆艺史研究》，中央公论美术（日），1928年。

③（日）泽口悟一：《日本漆工史》，美术出版社（日），1966年、1972年。

④（日）漆工协会编：《日本漆工》，日本漆工协会，1963年。

⑤聂危谷：《艺术中的工匠》，长春：吉林美术出版社，2006年。

⑥曹焕旭：《中国古代的工匠》，北京：商务印书馆国际有限公司，1996年。

⑦马德：《敦煌工匠史料》，兰州：甘肃人民出版社，1997年。

⑧邓之诚：《中华二千年史》（卷5明清下第2分册），北京：东方出版社，2013年，第400页。

⑨《大清世祖章（顺治）皇帝实录》（一），台北：华文书局，1964年，第190页。

⑩（美）理查德·桑内特：《匠人》，李继宏译，上海：上海译文出版社，2015年，第4页。

⑪（英）斯科特·拉什，约翰·厄里：《符号经济与空间经济》，王之光、商正译，北京：商务印书馆，2006年，第203页。

⑫（美）理查德·桑内特：《匠人》，李继宏译，上海：上海译文出版社，2015年，第5页。

第一章

-

《考工记》的知识考古

於馳逐也
六尺有 寸之輪軹崇三尺有三寸也加軫與
轐焉四尺也人長八尺登下以爲節
前說三項車輪兵車乘車尺寸本同亦可省
而不省者到此又提起六尺有六寸之輪一
句多少精神若以究字論之則不勝其究矣
論古文正不如此前言車軫四尺爲一等文
勢未足又以此發明以足之也軫車箱後横
木也轐轐袁也乃假空壺中轉軸末也轐乃
安軸者也又名伏兎鄭註云今人謂之車從

从知识考古学视角来看，《考工记》开创了中国最早有关工论的知识书写范例。它聚焦于东周社会边缘的、异质的与非连续性的工匠知识，整合了非连续性的知识片段，进行了东周工匠知识书写的异质性转换，展示了东周知识书写的智慧，创生了一种知识考古学意义上的“考工记”书写模式。对此研究，或能增益于当代中国特色设计学话语体系建构，有益于知识生产的方法论拓展。

一直以来，人们对《考工记》的研究未曾停止过。不过，其研究视角也仅局限于观念文化与制度文化，而对《考工记》工匠知识书写方法的研究并不多见，也没有形成定论的知识学观点或成果。即便有零星的思考与研究，它的焦点也隐约受制于文学书写策略，并认为《考工记》所涉有比喻、举例、比拟、重言、用典、互文、对偶、指代、分承等修辞手法。问题的难度在于，学界探测《考工记》的书写方法是较困难的。因为，人们对《考工记》研究的视野较难逃脱工匠文化（譬如技术系统、行业结构、教育传承、民俗系统等）体系；同时，《考工记》所涉及的知识书写背后的哲学指向或描述要素（譬如异质、矛盾、对比、转换、个性、非连续等），是隐存于东周工匠知识体系之中的，也不容易被人们窥见。

就写作缘起而言，《民族艺术》之 2017 年第 1 期刊文《论“大国工匠”与“工匠精神”——基于中国传统“考工记”之形制》（彭兆荣）（以下简称《论“大国工匠”》），作者撰写该文的主旨在于批判某媒体由于未能深入做好《考工记》的知识考古学作业，进而大大窄化了“大国工匠”传统与“工匠精神”的内涵。在文章末尾，作者还意味深长地指出：“‘考工记’是《周礼》中的章典，是知识考古的方法，是文化遗产的传承，更是大国工匠精神之表述。”[①] 该文给读者的一个“非连续”的知识点是：“‘考工记’是知识考古的方法。”这句话不仅提醒或告诫人们在探究工匠文化的时候要懂得知识考古方法，还间接地指出《考工记》的文本知识学内容中有关“工论”的知识考古学方法。换言之，阅读《论“大国工匠”》之后，迫使人们对《考工记》知识书写的方法论进行思考，并自然联想到法国社会思想家米歇尔·福柯（Michel Foucault）的“知识考古学”。如果说《考工记》是一种知识考古方法的话，那么，《考工记》或开创了中国最早有关工匠知识论（“工论”）的“考工记”范例。

对《考工记》知识考古方法研究的忽视，其根本原因恐怕不仅仅是人们缺乏文献史料的知识考古学养与自觉，很显然还可能涉及一个更为深刻的知识书写认识论问题。文献学或史学史考察的最大困境，莫过于人们对历史认识论立场的停滞不前，尤其是因为“知识领导者”们囿于行业知识范式或惯习思维，已然长期统治着学界或思想界，因而太多的条条框框与界限（“框架理论”）阻隔了其新型认识论的萌生与发展，以致约束了人们对知识话语考察的认识论更新或方法论转向。尽管马文·明斯基（Marvin Minsky）的框架理论能将知识事实转化为主观思想，但它的框架思维也使思想之门关闭了。长期以来，采用框架理论使得思想界习惯于对知识体系或整体性知识条分缕析，并显示出越来越多的界限偏向，而这种理论总是习惯性地排斥那些凌乱的或异质的元素。抑或说，以框架思维解析外部世界与知识事实是人们的习惯性思维方法。选择这种确定性框架考察方法论路径，较偏向于对知识事实的整体性框架阐释，而不愿对断裂或异质性的知识展开细致的异质描述，这使得“我们的思维消失在文献背后的历史”之中，而遗憾地放弃异质性的、片段性的历史细节事实。显然，这种分析习惯的缺陷是明显的，并很难完整地解释外部世界及其知识系统。

实际上，知识本来就是片段性的存在。知识考古学家所要做的，是在具有异质性的知识材料中找到其相互联系的具有特定功能的知识体，从而构成解析对象的体系性知识，即“结束混乱，引出秩序”。

从根本上说，创建知识学要比创建知识本身更重要。对《考工记》的“考工记”知识书写模式、路径及其意义的探讨，即为创建“工匠知识学”方法论体系的一种尝试。在接下来的讨论中，拟对中国第一部工匠文化文本《考工记》的知识文本书写方法展开讨论，并试图分析“考工记”知识书写的边缘性、异质性与非连续性的偏向，进而有补于学界对《考工记》知识生产的方法论研究的缺憾，或有益于学界对文献史料考察的认识论转换和知识考古的创新发展，也或增益于当代设计学知识生产的方法论选择与借鉴。

一、对《考工记》原有分析范式的探讨

在未展开研究之前，应当部分地寻找《考工记》研究范式的轨迹。尽管人们曾从历史、技术史、科学、美学、设计学、文学、哲学、艺术学等多学

科领域对《考工记》进行全方位的考察与研究，并取得了可观的文本成果，譬如郑玄之“解诂”、孔颖达和颜师古之“义疏”、王安石之“新义”、林希逸之“注解”、徐应曾之“表义”、徐光启之“释解”、戴震之“图记”、程遥田之“小记”、孙诒让之“正义”以及近现代学者的图说、注释与研究等，直至今日，人们对《考工记》的研究还在继续或重复。但受传统宏大叙事思维（“框架思维”）的影响，人们对《考工记》多集中在以工匠知识论的连续性视角进行研究，即通过已有的有限知识体系对《考工记》的知识话语进行具有主观性知识偏向的阐释，并试图揭示其工匠话语知识中被隐藏的工种、工序、工范、工技、工美以及工制等工匠文化体系，或有关工匠的精神[②]、思想、科学、社会学等文化知识。尽管这些研究在解密《考工记》文化密码上取得了较多成果，但这种对《考工记》的考述方法是有局限性的，也是知识考古学所不能接纳的局限性。所谓“知识考古学”，是法国福柯提出的“从非连续性阐明一个时期中各种学科的话语的规律的理论”[③]。这种理论反对把观念的历史看成整体的、连续性的历史，而主张开掘概念知识的异质性与非连续性结构，并描述其片段的同时性结构中的断裂及其转换。

那么，人们对《考工记》的习惯性框架分析思维及其局限又是怎样的呢？抑或说，学界对《考工记》工匠文化的概念知识解析及其到底存在何种“阿喀琉斯之踵”？概而言之，对《考工记》的研究有以下三大基本分析范式。

1. 空间中心主义分析范式

由于受地域空间的影响，人们对历史知识话语的考察习惯性地以大陆或海洋为中心思考知识对象与社会事实，并局限在王朝历史文献或海洋性知识体系中考察历史知识。因此，人们学术研究的大陆中心主义惯习思维，或海洋中心主义惯习思维，往往忽视历史边界的知识话语，而是以“自我知识系统”或“地方历史文化”为中心去考察知识系统。

对《考工记》而言，学界对它的研究多集中在“文本知识系统”或“齐国历史文化”的视点上，以致齐国及其他战国诸侯国的工匠知识话语被无情地丢弃，或同时期工匠知识的周边文化也被遗憾地遮蔽，进而导致我们对《考工记》的研究“收获”是：放大了《考工记》本身的工匠知识话语体

▲图1 山东临朐出土的西周齐父鬲

系，而遮蔽了它的中心以外的有用知识片段，特别是“考工记”的知识考古学思维方法论也被忘却。这显然不利于人们对《考工记》知识话语的书写方法解析。

2. 个人排他主义分析范式

由于受片面性与主观性的知识创新观的干扰，人们对《考工记》的研究偏向于寻觅其深处的不为人知的知识话语（“猎奇思维”），并在阐释性的重复或还原中解析其工匠的技术知识、行业结构与工匠制度，进而在搜罗其文献资料或文物的过程中“整体性”地呈现其主观化“排他性”的工匠知识。

实际上，当《考工记》遭遇这种猎奇性与排他性的创构知识体系的考量时，它的异质性文化特质就被遮蔽得严严实实，以致人们很难全面描述其个性化的知识话语，这也是有悖于《考工记》原本书写信条的。

3. 历史整体主义分析范式

由于受空间中心主义惯习思维与个人中心主义惯习思维支配的过度干预，人们对《考工记》的研究被迫陷入了对其历史分析以及文献背后的书写，并试图在框架理论指导下充分认识其连续性和完整性。因此，其研究遮蔽了《考工记》边缘知识话语的结构网络，更难在矛盾、分歧和漏洞中寻觅与历史知识话语的关系逻辑，以致出现这样的研究窘境，即：人们阐释得越多，而离“考工记”知识考古学的叙事精神就越远，也就离《考工记》本来的知识面貌越远。因为，在知识考古学看来，知识话语本来就不是完整的，或只能是非连续性的。只有在不连续的知识书写中，才能找到分歧的有效转换或联系，进而获得知识话语的结构线与演绎链。

简言之，传统学界对《考工记》的分析框架大都是基于中心性、相同性与连续性的知识话语维度的，忽视或遮蔽了《考工记》周边的、异质的与非连续性的知识话语，从而违背了“考工记”的知识书写精神。

二、从《考工记》到“考工记”

基于《考工记》原有分析范式存在的方法论空缺，它很明显地诱导我们要从“知识考古学”的领域迈进，对《考工记》做进一步的边缘性、异质性与非连续性知识学考察或描述，进而确证“考工记”就是一种有关“中华考工学理论体系”④的书写方法。不过，知识考古也并非没有“理论框架”，因为任何一种知识“框架体系”的建立都意味着它与周围部分的分开，并形成有自己特色的话语结构。那么，作为方法论的“考工记”，它的研究框架性“理论限度”又是什么呢？这关系到我们对《考工记》研究的“分条”或“界限”。概括起来，对《考工记》知识书写的方法论研究，大致有以下几种解构性的知识分析限度或“被设定和被规定起来”⑤的知识学基本态度：

1. 逃离中心，关注边缘

文本与图像是两种不同的书写知识的工具或载体，但在“边缘性”维度，两者是具有相似性特质的。进一步来说，文本的“可读空间”和图像的“可视图像”是不完全与历史事实对等的。因此，在分析文本的时候，关注文本的边缘如同关注图像的“不可视空间知识”一样。为此，必须逃离文本的中心，关注中心之外的边缘知识。

实际上，从中心主义的“优势空间”位置上来阐释《考工记》知识话语是一种知识阐释霸权，严重忽视了《考工记》“中心”以外的知识话语，进而让人们只能看到历史知识话语的片面整体性，而忽视了沿着边缘去描述边缘。因此，仅仅限于中心的知识书写至少在“样本分析”上是不全面的。另外，过分地对《考工记》文本的作者或版本的纠缠研究也是不明智的。

2. 逃离趋同或整体，关注异质

人们的文本书写或阅读，始终不完全是围绕“共识”进行的，譬如趋同、一般和同一。关注异质和差异始终是文本书写或阅读的“习惯”或“传统”，否则知识无法获得创新动力和进步空间。同样，“整体思维”并非完全是对文本写作或阅读有利的，它容易忽视细节或异质性知识。

从知识学视角看，《考工记》的知识话语是异质性的存在。在这样的知识话语描述过程中，可以从外部边缘去追踪元知识话语，以期在差异性分析中确定其知识形态，而不是以已有的知识话语整合知识，发现其深处的元知识秘密。譬如，演绎性考察《考工记》的生物学或科学知识的秘密，显然是有悖于知识考古学研究立场的，因为尽管以生物科学理论阐释《考工记》是异质性分析，但其异质性是不属于客观历史事实上的异质性的。

3. 逃离连续，关注断裂

时空的连续性存在，为人类认识世界提供了路径，也为知识书写或阅读提供了便利。但连续性认知并非完全有利于知识书写或阅读，它至少忽视了断裂性知识存在的空间及其原因，因而导致知识存在的真实性和间歇性被搁置于连续性空间中。

从文本书写看，《考工记》的知识话语是间断性的存在，至少它仅仅是以齐国为中心的工匠知识文本。那么，人们对它的研究也只能从间断性中去考察，用边缘话语解构与解读中心话语来书写其研究结果，进而对抗宏大话语叙事权威，并在改写中心话语系统的过程中形成其非连续性知识话语。事实上，知识的连续性是不可见的，也并非以线性排列存在。片段与断裂本就是知识存在的独特方式，对《考工记》的研究就是对东周工匠知识片段的有限还原。

简言之，对《考工记》的研究要立足边缘，关注其异质与断裂，在逃离中心、趋同与连续性的过程中进行其研究的方法论选择，进而立体性地呈现“考工记”的知识书写方法论。

三、《考工记》的书写模式

对于知识生产而言，人们习惯性地倾向于朝向“努力生产”和“创新生产”的积极模式构建，却不大喜欢以“失效模式”或“常规模式”做进一步分析，以获得在未来再发生的正式书写结构中出现已有的失效方法论，除非严谨的历史学家愿意在故纸堆里进行失效模式分析。或者说，对《考工记》的研究，需要这样严谨的历史学家对历史文本数据进行失效模式分析。

1. 边缘：中心外的知识空间

边缘是地理学意义上的空间分布地域之一。在知识研究的领域中，边缘是最具活力的知识空间，也是最有吸引力的知识话语载体之一，因为边缘与边缘的对话最有可能实现，也最容易成为知识的“交易地带”。抑或说，边缘书写会成为知识书写最有活力的叙事方式之一，或能产生边缘与边缘的知识共振。

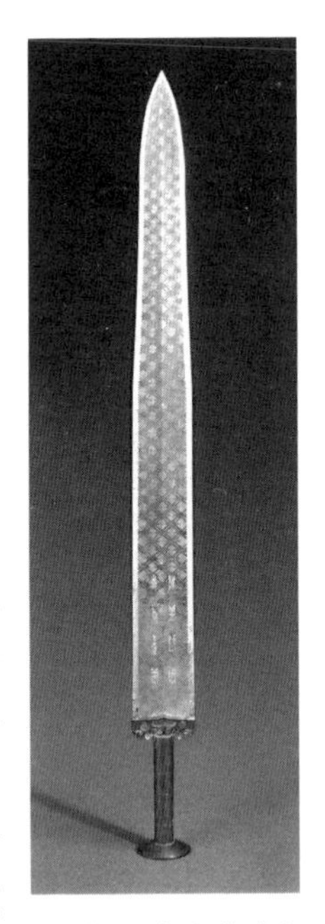

▲ 图 2　湖北荆州出土的春秋越王勾践剑

对于《考工记》而言，它所“记”的工匠知识，不仅是东周齐国的社会知识，还是东周齐国之外其他诸侯国的社会知识。譬如西周以来的宗教祭祀仪式是促进当时社会化互动与团结的有效方式之一，也是当时社会内聚力的主要动力之一。显然，西周以来的宗教祭祀对《考工记》所记述的合“礼”性质之器是有明显影响的[⑥]。譬如“郑之刀，宋之斤，鲁之削，吴粤之剑，迁乎其地而弗能为良，地气然也。燕之角，荆之干，妢胡之笴，吴粤之金锡，此材之美者也”[⑦]。很显然，这里的考述是基于对齐国周边诸侯国礼器的分析，并没有局限于齐国礼器的地方性阐释。或者说，《考工记》抛弃了齐国中心论的书写思维。在群雄逐鹿的春秋战国时期，边界思维对于诸侯国来说，意味着生死存亡，此所谓“知彼知己，百战不殆”。另外，从政治上分析，齐国对边缘政治地带的关注是战国政治挤压使然。或者说，《考工记》是在群雄逐鹿的地缘压力中获得生存与发展的必然产物，如果不对郑、宋、鲁、吴粤、燕、荆、妢胡等地缘诸侯进行“关注”“理解”与“分析”，也就必然存在失去地缘生存权的可能。因此，《考工记》的边缘性知识描述说明它并非只属于齐国的知识文本，而是属于东周诸侯国的知识文本，也是那个时代发展“经济与工业”的产物，或是地缘政治的直接产物。

2. 异质：知识书写的矛盾性运转

在某种程度上，边缘性知识的“交易”或“融合”本身就带有异质性偏向，因为只有异质性的知识才有可能产生具有引力的交融。

就知识生产而言，它的知识书写是在异质性材料或异质性内容中展开的，甚至在近乎矛盾的过程中实施知识的铺陈与运转。譬如，《考工记》曰：“国有六职，百工与居一焉。或坐而论道，或作而行之，或审曲面势，以饬五材，以辨民器，或通四方之珍异以资之，或饬力以长地财，或治丝麻以成之。”[⑧]这是《考工记》所考述的“国有六职”，并强调六种职业的“异质性”，即在百工的差异性中找到其异质性。《考工记》中这类异质性知识书写是很多的。再譬如《考工记》曰：“粤无镈，燕无函，秦无庐，胡无弓车。粤之无镈也，非无镈也，夫人而能为镈也；燕之无函也，非无函也，夫人而能为函也；秦之无庐也，非无庐也，夫人而能为庐也；胡之无弓车也，非无弓车也，夫人而能为弓车也。”[⑨]很明显，这是《考工记》的异质性考述，即考述了齐国以外的粤、燕、秦、胡等地的异质性造物种类。“凡斩毂之道，必矩其阴阳。阳也者，稹理而坚；阴也者，疏理而柔”[⑩]，这是《考工记》注意到了“阴阳”的异质性及其可以转换利用的原理。“毂小而长则柞，大而短则摯”[⑪]，这是《考工记》注意到了“大小”的异质性及其转换利用的原理。“容毂必直，陈篆必正，施胶必厚，施筋必数，帱必负干”[⑫]，这是《考工记》注意到了“直正厚数干”的异质性及其转换利用的原理。“凡辐，量其凿深以为辐广。辐广而凿浅，则是以大扤，虽有良工，莫之能固；凿深而辐小，则是固有余，而强不足也。故竑其辐广以为之弱，则虽有重任，毂不折”[13]，这是《考工记》注意到了“深浅强弱”的异质性及其转换利用的原理。“参分弓长，以其一为之尊。上欲尊而宇欲卑”[14]，这是《考工记》注意到了“尊卑”的异质性及其转换利用的原理。

▲ 图 3　秦始皇陵铜车马车轮

异质性书写是知识运转的一种有效方法，它的特点在于运用个体、比较、区别、特殊等要素作为知识运转的工具或分析单元。福柯指出：“考古学分析使话语形成个体化，并对它进行描述，这就是说考古学分析应该在话语形成出现的同时性中对它们进行比较，对它们进行对照，把它同那些日期不同的话语形成区别开来，在它们具有的特殊性中把它们同围绕着它们和作为它们的一般成分的非话语实践联系起来。”[15]这就是说，运用知识考古学的方法的核心指向，在于将其特殊性与一般性的矛盾联系起来，进行个体化的异质性描述。对于《考工记》而言，这种异质性描述是随处可见的。譬如《考工记》开篇就有“圣”与“工”的异质性矛盾描述：“知者创物，巧者述之守之，世谓之工。百工之事，皆圣人之作也。烁金以为刃，凝土以为器，作车以行陆，作舟以行水，此皆圣人之所作也。天有时，地有气，材有美，工有巧，合此四者，然后可以为良。材美工巧，然而不良，则不时，不得地气也。”[16]这里道出了工匠身份的异质性分层：其一，圣创，即“知者创物，巧者述之守之，世谓之工。百工之事，皆圣人之作也”。其二，制器，即“烁金以为刃，凝土以为器，作车以行陆，作舟以行水，此皆圣人之所作也”。其三，工巧，即“天有时，地有气，材有美，工有巧，合此四者，然后可以为良。材美工巧，然而不良，则不时，不得地气也”。其工匠兼具圣创、制器与工巧三重身份，每种身份各具异质性，但《考工记》把这种“矛盾作为它的历史性的原则随着话语进展而运转”[17]。如此矛盾性的知识运转在《考工记》中是常有的，譬如“工”与“士”的异质性区隔描述：“为天子之弓，合九而成规。为诸侯之弓，合七而成规。大夫之弓，合五而成规。士之弓，合三而成规。弓长六尺有六寸，谓之上制，上士服之；弓长六尺有三寸，谓之中制，中士服之；弓长六尺，谓之下制，下士服之。”[18]再如“工”与“礼”的异质性区隔：“玉人之事，镇圭尺有二寸，天子守之；命圭九寸，谓之桓圭，公守之；命圭七寸，谓之信圭，侯守之；命圭七寸，谓之躬圭，伯守之。”[19]可见，《考工记》要揭示的，是不同话语形成的特殊性及其间距中的“相似性和差异性的作用”[20]，并在异质性分歧或其矛盾运动中获得工匠文化知识。

实际上，矛盾性运动是知识生产的有效方法之一，知识范式或元素只有以其异质性才能在生产中呈现出活跃与亢奋状态，因为知识书写本身是逻辑性和结构化的产物。知识的逻辑和结构总是在矛盾性运动中展现，进而表现出其活跃的异质性书写特质。

3. 非连续：断裂话语的转换与整合

从某种程度上看，东周时期的中国早期哲学是早熟的，因为人类哲学在其发展过程中是从简单的具象考察渐进到复杂的抽象分析而不断取得成果的。然而《周易》《老子》《庄子》《韩非子》等哲学思想显示，东周哲学家们从一开始就将非常复杂的抽象理性阐释复归简单的知识描述。

就《考工记》而言，它的哲学思想形成显然受到东周哲学家思维的影响，并在超越东周历史水平的知识书写中完成了工匠知识的传达。从具体的分析思维看，《考工记》之“善合”思维就是东周工匠思维早熟的标志：“天有时，地有气，材有美，工有巧，合此四者，然后可以为良。”[21] 在此，《考工记》注意到了天、地、材、工的“连续性”的知识缺陷，主张这些非连续性事物的必然联系与逻辑转换。这种简单归一的描述已然超越工匠一般的手工制作经验，而是建立于天、地、材、工的“天人合一”的宇宙哲学之上。再譬如《考工记》曰：“有虞氏上陶，夏后氏上匠，殷人上梓，周人上舆。故一器而工聚焉者，车为多。”[22] 这实际上是《考工记》在考述工匠的造物技术史，上陶、上匠、上梓、上舆在“一器”上并没有必然的连续性，这很明显是由于东周“不治它技”的分工细化造成的。实际上，这种差异性的知识书写是具体而非模糊分析的特殊性使然，即“一器而工聚焉者，车为多”。福柯指出：“考古学不想缓慢地从观念的模糊领域走向序列的特殊性或科学的最终的稳定性；它不是一部‘光荣经’，而是对话语方式作出差异分析。”[23] 在《考工记》中，“圣”与“工”、“工”与“士”、“工”与“礼”、“工”与“农”或“商”等的差异性联系与知识转换实现了工匠知识的差异分析。显然，“差异分析”并非完全注重完整性和系统性知识的分析，也对片段的或非完整性的知识进行分析。这样的分析为未来的知识生产留下了巨大的空间。

综上所述，边缘、异质和非连续是《考工记》知识书写的“三位一体”模式，《考工记》充分运用了这些知识考古学的书写原理。

四、“考工记”的书写路径

在阐释中发现，“考工记”作为一种有效的知识生产方法论一直以来被我们埋没，并被搁置在对《考工记》自身宏大框架话语的叙述中。现在可以置换一下我们的思维，暂且放弃《考工记》知识话语自身的中心性阐释，径直渗入“考工记”的知识话语边缘领域，从而形成这个边缘区域的抑或是一种有效的知识分析路径。

1. 异质性分析

在知识生产领域，所谓“异质性分析”，是指利用研究数据或变量的多样性或差异性，去探寻它们内在的真实性变异规律。这种异质条件下的文本分析是更接近知识现实，也不会对已有知识体系产生攻击性破坏或武断性指责；相反能开放知识的边界，或带来知识进步或新知识领域的诞生。

对《考工记》知识书写异质性的话语分析，旨在凸显工匠知识的个性化，并在跨空间、类型和方法视角下的“比较的事实”中找到工匠知识的特殊性，从而寻找各种东周工匠文化知识的“间隙”或“间距”，在它们矛盾、对立的思想单元之间找到其“空白空间”，以期进行工匠知识的相对确证性交错书写。这种“确证性的交错”分析，使研究工匠知识话语的多样性或个性具有了材料、内容与视野上的“增多效果”。换言之，对知识的异质性分析是拓展其分析视野的有效途径，也是诱导知识分析的方法论运用走向与他者交融的边缘地带，并在占有历史材料或文献上具有较大的空间优势，进而以更为宽阔的视野，在方法与材料的优势分析中获得知识生产的话语权，从而实现知识的有效生产。

2. 转换性分析

在知识生产领域，所谓“转换性分析”，是基于知识范式或要素的“能量结构”做广延性和非连续性的分析，进而转入一个新知识结构群或家族群，这个知识群体的内在力量来自知识要素之间的可转换性力量。

对《考工记》工匠知识书写的话语分析揭示出知识分析对象的相似性和差异性是通达知识转换的有效途径，因此，它在描述工匠知识话语的时候，并非从知识书写的连续性出发。相反地，《考工记》是从无数工匠的非连续材料、思想、语言等知识话语单位入手，在一种看似极其不稳定的工匠知识书写中获得知识的转换权，进而形成有价值的工匠文化知识的。《考工记》将非连续性的断裂、有缺陷、片段的知识话语在差异性的转换中实现知识生产，这就是它的知识再分配或再融合所构成的工匠知识考古学特征之所在。换言之，非连续性的断裂、有缺陷、片段的知识话语，成为对历史事实的主观解释对象与思考单元。

3. 非习惯性分析

习惯性思维是在经验中逐渐形成的思维定式。在常规语境、文本及其他条件不变的情况下，习惯性思维能够快速解决简单问题。但一旦时空的情境发展变迁，这种思维就是无效的。或者说，非习惯性思维是创新思维的一种。

在本质上，《考工记》的工匠知识书写对不连续性的强调，是工匠文化知识书写的一次跃进，这种“考工记”的出现更是一种知识生产的方法论创新或早熟。《考工记》的书写思维已然打破了人类早期的想象思维，跨越式地走向一种非常成熟的非习惯性思维阶段；即《考工记》的知识生产并非依赖预先的假设、连续性、已有知识等“自圆其说”，而是在新的社会事实、非连续性、历史知识中实现了工匠文化的创新性知识生产。《考工记》的非习惯性书写方法论折射出：习惯性思维运作是有风险的，它遮蔽了知识的非连续性与异质性，也将有深度的知识话语阐释得支离破碎。

概而言之，异质性分析、转换性分析和非习惯性分析是《考工记》知识生产的三大分析路径，作为方法论的“考工记”方法的采用有效规避了时空习惯和连续性分析方法的缺陷，拓宽了知识生产的有效界限和可控领地。

五、几点启示

在东周，《考工记》之“考工记”的知识书写具有知识考古学的机制和特质，这显然是东周考工学[24]知识书写的早熟性智慧，因为其边缘性、非连续性和异质性的知识书写智慧是超越那个时代的。但从东周诸子百家的哲学思想来看，《考工记》的知识书写哲学运用似乎又十分合理。对《考工记》知识书写方法论的考察，或能引起对“考工记”作为知识书写方法论的当代思考，至少有以下暂时性启示：

首先，要放弃空间中心主义惯习思维，开放对知识话语研究的边界。从更加苛刻的视野看，内陆或海洋的空间中心主义惯习思维是一种自我中心主义，它容易引发知识生产的民粹主义或地方主义。而知识的创新与发展往往是得益于边界思维或边界方法，它们不但使知识生产的视野开阔、方法多样，还有助于获得分析材料的非连续性空间。任何以“内陆”或“海洋”的“主位框架”进行的思维都是危险的，是不利于知识生产或知识发展的。在世界范围内，一些海洋型国家或内陆型国家在发展自己文化的同时，都有各自的知识生产偏向，以至于海洋型国家放弃了内陆型知识生产，内陆型国家放弃了海洋型知识生产。至于边界思维的风险，则要看知识生产获得边界权之后的生产效应是否好于边界未被开放之前的生产效应。

其次，避免知识的宏大叙事习惯，摆脱历史连续性思维观念，在知识话语的非连续性中找到异质知识之间的联系与转换。宏大的框架理论分析在一定程度上确立了分析的界限或取舍，也确立了分析的理论架构，为社会事实向主观解释提供了转换的中介，但这种宏大的框架理论思维的缺陷是将叙事者的思维“架构”或“限定”在自我思维的朝向或连续性思维偏向的轨道上，从而放弃了大量的异质性知识。根据历史的“失效性分析”原理，人类知识生产的“连续性思维”（或表现为纵向时间思维习惯）或干预了知识本身的异质性，因为历史的时间线性是人为设定的，并没有完全等同于历史时间事实。因此，知识生产的任务不在于确立连续性，而在于找到异质性及其转换的空间。当然，时间线性为研究或知识生产提供了便利，但知识生产不可能是永远在这样的便利中完成的。

最后，减少个人主观主义习惯的植入，在异质性中描述知识话语的个性特征。知识与环境之间有能量转换的事实空间，而这些事实空间的存在并非存在于主观个人思维中，而是存在于大量的异质性材料及其话语空间中。知识书写的个性特征并非指向叙事者的个性，而是指向异质性描述的个性。抑或说，在知识生产中，叙事者的个性（主观个性）并不能取代异质性事实个性（客观个性）。另外，惯习思维容易培养消极的个人主观主义或思维定式。这些思维定式在知识传统、书写经验、行为从众等领域具有很强的顽固性。当然，这些顽固性思维是创新思维、异质思维和逻辑思维产生的基础。但对于知识生产而言，异质性描述始终是创新思维所需要的。

简言之，《考工记》是中国工匠文化知识书写的最早范本，它开创了中国早期知识考古学的先例，它所具备的知识书写的异质性、非连续性和边缘性特质，为后世工匠文化知识生产提供了范例，也为当代中国设计学话语范式、话语体系和话语生产提供了有益的启示。有特色的中国设计学理论体系要建立在中国考古学异质性知识语境的基础上，关注中国自有的设计学发展的边缘性和非连续性的知识话语体系，坚决放弃“拿来主义”或“崇洋主义”，这是中国特色设计学话语体系建构的必然选择。

注 释

①彭兆荣：《论“大国工匠”与“工匠精神”——基于中国传统“考工记”之形制》，《民族艺术》，2017年第1期，第25页。

②潘天波：《〈考工记〉与中华工匠精神的核心基因》，《民族艺术》，2018年第4期，第47—53页。

③朱立元：《美学大辞典》（修订本），上海：上海辞书出版社，2014年，第446页。

④潘天波：《从“考工记”到“考工学”：中华考工学理论体系的建构》，《学术探索》，2019年第10期，第113—119页。

⑤（德）费希特：《全部知识学的基础》，王玖兴译，北京：商务印书馆，2009年，第217页。

⑥潘天波：《合“礼”性技术：〈考工记〉与齐尔塞尔论题》，《艺术设计研究》，2017年第2期，第15—21页。

⑦（清）阮元校刻：《十三经注疏》（《周礼注疏》），北京：中华书局，2009年，第1958页。

⑧（清）阮元校刻：《十三经注疏》（《周礼注疏》），北京：中华书局，2009年，第1956页。

⑨（清）阮元校刻：《十三经注疏》（《周礼注疏》），北京：中华书局，2009年，第1957页。

⑩（清）阮元校刻：《十三经注疏》（《周礼注疏》），北京：中华书局，2009年，第1962页。

⑪（清）阮元校刻：《十三经注疏》（《周礼注疏》），北京：中华书局，2009年，第1963页。

⑫（清）阮元校刻：《十三经注疏》（《周礼注疏》），北京：中华书局，2009年，第1963页。

⑬（清）阮元校刻：《十三经注疏》（《周礼注疏》），北京：中华书局，2009年，第1963—1964页。

⑭（清）阮元校刻：《十三经注疏》（《周礼注疏》），北京：中华书局，2009年，第1966页。

⑮（法）福柯：《知识考古学》，谢强、马月译，北京：生活·读书·新知三

联书店，2007 年，第 173 页。

⑯（清）阮元校刻：《十三经注疏》（《周礼注疏》），北京：中华书局，2009 年，第 1958 页。

⑰（法）福柯：《知识考古学》，谢强、马月等译，北京：生活·读书·新知三联书店，2007 年，第 167 页。

⑱（清）阮元校刻：《十三经注疏》（《周礼注疏》），北京：中华书局，2009 年，第 2024—2025 页。

⑲（清）阮元校刻：《十三经注疏》（《周礼注疏》），北京：中华书局，2009 年，第 1994 页。

⑳（法）福柯：《知识考古学》，谢强、马月译，北京：生活·读书·新知三联书店，2007 年，第 178 页。

㉑（清）阮元校刻：《十三经注疏》（《周礼注疏》），北京：中华书局，2009 年，第 1958 页。

㉒（清）阮元校刻：《十三经注疏》（《周礼注疏》），北京：中华书局，2009 年，第 1959—1960 页。

㉓（法）福柯：《知识考古学》，谢强、马月译，北京：生活·读书·新知三联书店，2007 年，第 153 页。

㉔潘天波：《中华考工学：历史、逻辑与形态》，《民族艺术研究》，2019 年第 4 期，第 91—98 页。

第二章

-

中华考工学：历史、逻辑与形态

中华考工学是具有中国底蕴与中国特色的设计理论体系。但近现代以来，被引进的西方设计学不仅打乱了国学之考工学研究的原有知识框架与方法论，还俨然遮蔽了从《考工记》到《考工典》的中华考工学的学科发展、理论建设与体系创构，更重创了中华考工学理论体系的发展走向及其当代传承。中华考工学的理论历史与发展逻辑是明晰的，它以“考工”为核心概念、以“知识考古学”为方法、以“工匠文化”为体系、以“工匠精神”为信仰，建构与形成了中华特色考工学理论体系。中华考工学理论体系是真正意义上的有中国底蕴、中国特色的思想体系、学术体系和话语体系——中华特色设计学的理论体系。提出与阐发中华考工学理论体系，具有重大的学术意义与现实价值。

近现代以来的“西学东渐”语境，中华国学的前途命运常被有识之士提及、忧虑与关注。在当代，国学热的回归俨然昭示着国民的文化自觉与文化自信时代已然来临，也显示出中华国学的世界身份与全球地位。这首先体现在国家层面对中华传统文化与国学思想的高度重视。2017 年 1 月，中共中央办公厅、国务院办公厅印发了《关于实施中华优秀传统文化传承发展工程的意见》（以下简称《意见》）。显然，在国家层面上中华传统文化的传承已经被作为一种发展工程来定位与实施。《意见》的出台表明了国家对国学重振和传承的决心。《意见》指出：“文化是民族的血脉，是人民的精神家园。文化自信是更基本、更深层、更持久的力量。”可见，实施中华优秀传统文化传承发展工程的重要价值，在于“增添了中国人民和中华民族内心深处的自信和自豪。为建设社会主义文化强国，增强国家文化软实力，实现中华民族伟大复兴的中国梦”。为此，《意见》明确指出了实施中华优秀传统文化传承发展工程的总体目标为：“到 2025 年，中华优秀传统文化传承发展体系基本形成，研究阐发、教育普及、保护传承、创新发展、传播交流等方面协同推进并取得重要成果，具有中国特色、中国风格、中国气派的文化产品更加丰富，文化自觉和文化自信显著增强，国家文化软实力的根基更为坚实，中华文化的国际影响力明显提升。”这个目标明确透露，实施中华优秀传统文化传承发展工程要“研究阐发、教育普及、保护传承、创新发展、传播交流等方面协同推进”。对于传统文化研究者而言，研究阐发传统文化必将是一项重大而具有时代使命的课题。因此，《意见》指出，实施中华优秀传统文化传承发展工程的工作重点任务为：深入阐发文化精髓、贯穿国民教育始终、保护传承文化遗产、滋养文艺创作、融入生产生活、加大宣传教育力度与推动中外文化交流互鉴。可见，“深入阐发文化精髓”摆在第一位。《意见》还进一步指出：“加强中华文化研究阐释工作，深入研究阐释中华文化的历史渊源、发展脉络、基本走向，深刻阐明中华优秀传统文化是发展当代中国马克思主义的丰厚滋养，深刻阐明传承发展中华优秀传统文化是建设中国特色社会主义事业的实践之需，深刻阐明丰富多彩的多民族文化是中华文化的基本构成，深刻阐明中华文明是在与其他文明不断交流互鉴中丰富发展的，着力构建有中国底蕴、中国特色的思想体系、学术体系和话语体系。”显然，这为我们如何阐发传统文化指出了方向、提供了内容。因此，《意见》是传统文化研究的指南针与航向标。

在当代国学发展战略背景下，深入阐发中华考工学的文化理论精髓，特别是阐发中华考工学的历史渊源、发展脉络与基本走向，进而构建中国特色考工学的思想体系、学术体系和话语体系，无疑是今天或未来摆在设计学研究者面前的重大目标任务与时代课题，使之增强我国文化软实力，并服务于中国特色社会主义伟大事业的实践。在以下的讨论中，拟以现代以来的“中国设计学”的形成为切入口，较为详细地梳理从《考工记》到《考工典》的历史渊源、发展脉络与基本走向，进而以“中华考工学”取代“古典中国设计学”。这种“取代”不是个人行为，而是历史行为，更是“中华考工学”的理论行为，因为对于中国古代而言，“中国设计学”这个模糊的学术范式所指向的研究领域及其历史轮廓是不具特色的。

就历史发展而言，“中华考工学”[①]是清代以前的中华特色设计学的理论体系。建构当代世界范围内的中国特色设计学，必须首先回归“中华考工学”研究，否则会落入西方设计学话语体系中，而淹没了中国特色考工学理论话语。因此，“中华考工学”的建构属于中国特色的古典的考工学理论体系建构范畴。中华考工学的本位回归不仅是中华国学理论体系发展完善的需要，更是主动适应我国文化发展顶层设计对传统文化发展的迫切需求。

一、被引进的设计学：近现代国学衰微之征候

作为一个学科范式，被引进的西方设计学的生成或被移植，是近现代中国国学衰微的征候，抑或是国人对中华考工学的漠视或文化不自信的结果，

因为“现代设计学”是一套西学话语体系。然而，中国古典考工学有自己的一套设计话语体系，尤其是它的核心概念、理论范畴及方法术语明显地不同于西方现代设计学。

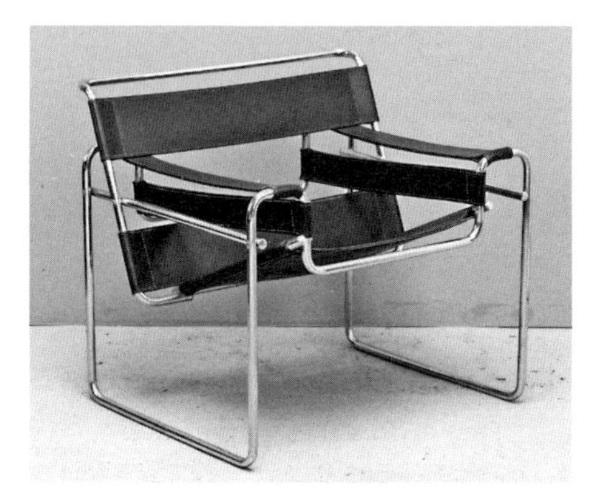

▲ 图 1　世界上第一款钢管皮革椅——瓦西里椅

在现代性层面，广义的“现代设计学”是西方社会现代性进程的产物。抑或说，它是西方工业化进程中不断衍生与积淀而产生的一种学科门类。在学科构成要素层面，西方设计学有它的设计师要素、设计文献要素、设计思潮要素、设计批评要素以及其他设计概念与方法术语，并能在设计资源、设计文化、设计科技、设计伦理、设计批评等多个层面建构出西方化的设计学理论体系。从英国工业革命开始，资本主义生产从传统的手工业开始转向现代机器大生产，在这不过 250 多年的时间里，现代设计学在德国、英国、法国、美国等发达资本主义国家应运而生，并在思维模式、社会行为及价值取向上发挥了重要的学科价值。在历史的维度上，西方现代设计学的诞生开启于大机器生产与设计，也在工业文化的引领与科技发展的支撑下逐渐形成了学科的话语体系、理论范式与方法论范畴。

在清代以前，中国特色设计学显然与西方设计学有着明显的话语体系差异。相对于西方“设计”概念，中华古代“设计学”的核心概念是“考工”。这从“考工记”到“考工典”的“工学”话语体系中能明显看得出来。那么，为何近现代以来的中华“考工学”被笼统命名为“设计学”呢？

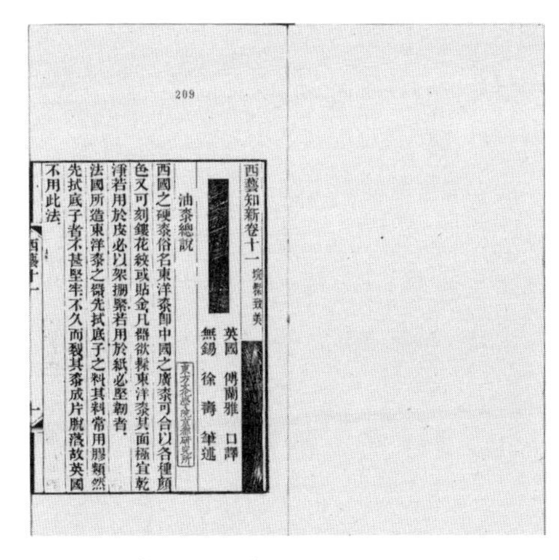
209

西藝知新卷十一 垸髹致美

英國 傅蘭雅 口譯
無錫 徐壽 筆述

油桼總說

西國之硬桼俗名東洋桼即中國之廣桼可合以各種顏色又可刻鏤花紋或貼金凡器欲髹東洋桼其面極宜乾淨若用於皮必以架捆緊若用於紙必堅韌者

法國所造東洋桼之器先拭底子之料其料常用膠類然先拭底子者不甚堅牢不久而裂其桼成片脫落故英國不用此法

▲图 2　《垸髹致美》

在社会层面，从 1840 年肇始的“鸦片战争”开始，西方的殖民掠夺已然延伸至中华帝国。在将近 20 年后的 1861 年，古老而沉睡着的中华帝国里的国人开始学习西洋技术文化，在全国开展了一场自强不息的“洋务运动”，特别是西方的先进设计技术开始被国人所崇拜、学习与实践。譬如此时美国版的《髹饰录》——《垸髹致美》[②] 被引进中国。一直到 1898 年的“戊戌变法”，一场较大的学习西方工业文化的思想启蒙运动席卷中国，学习西方科技成为当时社会的主流思潮，但最终中华帝国学习西方技术的单向性梦想被内外交困的时局打破了。

在现代学者层面，学界从事现代设计学的研究者，基本是近现代以来从“工艺美术”或“美术经济”研究中转向过来的。这些学者不仅开创了中国特色设计学的研究之路，也给后学研究带入一种方法论与思维模式上的固化。另外，一些受西方影响很深的新锐学者，更是放弃了“工艺美术”的史学研究路径，直接跨越到西方设计学理论框架中，并成为西方设计学文化的转译者或传声筒。因此，这两类研究学者均在不同程度上严重疏离了中华考工学的研究与发掘，以致在很长的一段时间内，中华考工学研究被荒废与耽搁。

在书写层面，“洋务运动”以来的“西学东渐”之风给中华文明的影响是深远的。一直到改革开放以后，欧美设计思想的盲目引进以及当代学者对西方现代设计学的误识性崇拜，均从不同侧面反映出国人对“西方设计之道”或“西方设计之学”的简单化膜拜。从更为深层次的视角分析，这种

“唯西学是从”的思维模式、行为方式及其价值取向，反映出了国人对国学之考工学的漠视与遗忘，并体现出国人文化立场上的不自信。这种状态下的中华考工学的书写，一直被西方设计学的思维模式取代，以致中华考工学的话语体系、理论体系以及思想体系没有得到很好的发掘、整理与研究。

简言之，伴随中国经济建设中心地位的凸显，以及西方文化及其殖民步伐的快速进军、移植与替代，中华传统文化被迫疏离、忘却与荒废，包括中华考工学的遗忘与丢失，从这些方面可明显地看出国学的衰微表征。

二、从《考工记》到《考工典》：中华考工学的历史与逻辑

在中国，从东周的《考工记》到清朝的《考工典》，中华考工学的理论历史与发展逻辑是明晰的，它以“考工”为核心概念，以“知识考古学”为方法，以“工匠文化”为体系，以“工匠精神”为信仰，建构与形成了有中华特色的考工学理论体系。

1. “中华考工”核心概念

“考工”，即“工”。《考工记》曰：“知者创物，巧者述之守之，世谓之工。”又曰：“国有六职，百工与居一焉。”这里的“百工”即“工”。《周礼注疏》（卷二）曰：“工，作器物者。若《考工》所作器物也。”[3] 考，古代一种官职名。工，即官职。如“天工”，即可认为是“天的官职”。古代立官的方法为法天而为，代天行职事。孙亚冰在《从甲骨文看商代的世官制度——兼释甲骨文“工”字》一文中详解了“工”的五种含义：第一，工，动词。工典，即贡献典册。卜辞之“工典”（《合集》22675、24387、35398、37840等），意为贡献典册；“工丁宗门”（《屯南》737、《辑佚》548），意为贡献于丁宗门。清代《考工典》或为考之贡献典册。甲骨卜辞中有“父工”（《合集》5624）、“其祝，工父甲三牛”（《合集》27462）、“工三伐”（《村中南》455+384），“三牛”“三伐”或为贡献之品。第二，工，名词。卜辞“共众宗工”（《合集》19、20），即征集供奉于众宗的供品。这里的“宗工”与《尚书》载管理宗族事务之官“宗工”“百宗工”有所不同。第三，同“功”。

卜辞“师亡其工”（《合集》4246、4247）、“我史亡其工”（《合集》9472正）、“亡其工”（《合集》19439）。第四，族地名。“工来羌”（《合集》230）、“自工”（《合集》19432）。第五，泛指官吏。卜辞“帝工”“帝小官”“我工”“父工”“多工”“百工”“尹工”“司工”或泛指官吏，并非特指手工业者或工奴[④]。换言之，“考工”在中国古代文化中具有鲜明的特色语系与思想脉络，它与西方的“设计师”不能等同。“考工”是中华考工学理论系统的核心概念，它具有庞大的语系分支体系，如圣工、神工、工/史、工人、考工令、（乐）工、六工、工匠、工师、军匠、医工、星工、匠师、工官、官工、（百）宗工、客工、卜工、百工、工巧/巧工、吏工、大工、国工、女工/女红、水工、共工、工（攻）、工正、工人/匠工、图工、工（功）、良工、司空、将作、将作大匠等。这些考工概念语系具有深刻的历史语境与人文偏向，并由此衍生出中华考工学的核心范畴与主要命题，它们的历史及其理论就是中华考工学的基本历史脉络与学术体系，也是中华考工学建立的核心基础。

中华考工是中国特色的具有生命力的工匠文化范式，它有独特的思想渊源、概念谱系及其话语体系。稳定的“中华考工”[⑤]概念是“中华考工学”作为学科存在的重要依赖，也是学科大厦构建的理论基础。抑或说，“中华考工”既是一个历史性的逻辑概念，又是一个具有中国话语特色的理论范式。中华考工文化从未间断地延续着它的发展活力与生机，并在世界范围内被广泛传播与享用，显示出它独特的中华民族文化魅力。

2. “知识考古学”方法

从《考工记》肇始到《考工典》之章成，作为一个学科的“中华考工学”有自己的学科理论研究方法，这是一个学科之所以能成立的关键要素。诸如《仪礼释宫》《梦溪笔谈》《营造法式》《梓人遗制》《天工开物》《长物志》《园冶》《髹饰录》《闲情偶寄》《大清工部工程做法》《景德镇陶录》《装潢志》《存素堂丝绣录》《蚕桑萃编》……这些中华考工学的理论文献均指向一种类似“考工记”的方法论典范。因此，对“考工记”或“考工典”知识文本叙事方法性质的思考，是整个中华考工学理论体系建构过程中的关键要素。“考工记”不仅开创了中华工匠文化知识话语的考述方法，还形成了中华考工学理论体系的边缘性描述、非连续性建构以及异质性转换的知识考古学范式，并以边缘、非连续与异质为知识叙事原则，确立了边缘性考工文化、非连续性考工文化与异质性考工文化的中华考工文化基本框架。具体地说，《考工记》所采用的“考工记”方法论理论范式是基于“考述”的立场，以“国有六职”之工匠行业独特性分工为切入口，以齐国为中心的“边缘性”诸侯（粤、燕、秦、胡等）空间造物为比较对象，较为详细地描述了东周时期工匠的造物“异质性”（包括材料、工具、地域、天时等），并就此展开对工匠所涉猎的技术规范、行业标准、职业制度、营建方法以及造物礼制等工匠“知识单元”的客观性描述，尤其是注重工匠知识话语的“非连续性”（包括“工论”知识的断裂、区隔、片段、缺陷等）的描述与建构，它包括“工”与“士”、“工”与“官”、“工”与“农”等看似统一却已然出现疏离的社会局面。

▲图3 《园冶》

简言之，“考工记”是中华考工文化理论体系建构的首要方法论，具有典型的工匠知识考古学方法论“品格”。它不但能确立中华考工文化叙事的知识边界，还区分了中华考工理论体系内在的知识范畴与历史逻辑。

3. “工匠文化”体系

中华工匠文化是中华工匠在长期劳动中形成的工匠区域性集丛文化体系，它的周边聚集了工匠创物、工匠手作、工匠制度、工匠精神等四种相互关联的特质文化，从而建构出具有相对独立的“四位一体”的中华工匠文化知识体系。笔者曾在《民族艺术》2017 年第 1 期《工匠文化的周边及其核心展开：一种分析框架》一文中详细对“四位一体”的中华工匠文化知识体系做过阐述，在这个集丛性文化体系里，“工匠”是工匠文化体系的主体，“工匠创物、工匠手作、工匠制度”是工匠文化的核心要素，“工匠精神”是工匠文化的核心内容。

在工匠创物文化层面，对于工匠而言，“创物”是其存在方式最好的描述。因此，“创物文化”也铸就了工匠的自身，并创生出工匠的成就文化，它以最显在的器物和工具的物质性实体存在，彰显了工匠的社会化价值。因此，工匠的创物文化，即成就文化，或称为实体文化，它包括器物文化与工具文化两大类型。就工匠的创物而言，器与具是记录工匠文化的主要内容指向，它们所呈现的典型“器”“具”文明是工匠文化最集中的文化活体。在时间的发展过程中，传统的“器”“具”文明被世界人民不断地使用与创新，而一些不够理想的“器”“具”则被丢掉或淘汰。因此，被传承与发展的“器”“具”都是工匠文化中的优秀文化，并成为人类共同享有的物质财富，这些“器”“具”的总和构成了世界的物质财富，并成为工匠文化中的显性活体。

在工匠手作文化层面，工匠的“手作”包含两个重要的符号意义指向：一是“手工”，即用手操作或劳作；二是“手艺”，即手的技艺或技巧。因此，工匠的手作文化包括工匠的手工文化与技艺文化两大类别，它们均离不开工匠之“手”或手的行为。那么，工匠的手作文化又可以称作“手的文化”或“行为文化”。在工匠手作行为体系里，大致包含工匠之手的“工”和“艺”的文化内涵，即工匠的手作文化包括“手工”与“手艺”两个层面，并为传统工匠文化的传承与发展提供可靠的理论方向与实践内容。当然，在现当代，工匠的“手工”层面的工匠文化已然被机械文化或智能文化所替代，但机械或智能不过是手的延伸或缩短。换言之，现代社会以来的机械化生产或智能生产仍然是人类手的行为。

在工匠制度文化层面，工匠的制度文化是工匠周边社会的各种关系的伦理聚集体，它既是工匠手作文化的伦理工具，也是工匠精神文化的社会产物。工匠制度文化与工匠创物文化的显著差别在于，前者属于隐性文化，后者属于显性文化。在古代，工匠制度大致包括匠户制度、生产制度、考核制度、奖励制度、学徒制度、教育制度、居肆制度、行会制度、帮派制度等诸多百工制度。这其中的匠户制度、学徒制度等是最为重要的工匠制度。

工匠精神文化是工匠的本质文化聚合体，集中反映了工匠的生活状态、心理特质、观念价值以及思想本质。在价值取向层面，作为个体的工匠精神明显具有职业价值、行业理念、行为指向以及群体思想的现实引领与指导功能，并具有稳定行为、凝聚力量、规范伦理与激发活力的社会化效能。因此，工匠精神文化是工匠文化中最为核心的力量聚合体。

工匠文化体系的完整性是建构中华考工学的历史基础，即不间断的中华工匠文化发展是中华考工学创构的文化依赖与史学基础。

4. “工匠精神”信仰

中华工匠精神是工匠在长期的劳动实践中形成的共同信念、行为规范与价值标准的综合。在信念层面，中华工匠精神集中体现了“天人合一”的宇宙精神；在行为层面，中华工匠人文内涵的意义，偏向于专注精神、藏美精神、守信精神、法度精神等；在价值层面，中华工匠精神主要体现于工匠的制器之致用或民用精神。宇宙精神是工匠对物、自然以及世界的整体认知，专注精神体现工匠生产手作物对民众消费的一种责任与尊重，藏美精神是工匠自我思想与价值的物化价值观，守信精神是工匠对人的生命尊严的维护及其伦理道德的敬畏，法度精神是工匠对手作物塑造以及对自然宇宙尺度的肯定，民用精神彰显工匠对民众生活的关切以及工匠之所以为工匠的价值理想。可见，工匠精神是工匠的灵魂与生命，它们的内涵指向均被嵌入工匠的自身、职业、产品及其使用等诸多层面，并被稳定成一种职业素养、行为态度与价值思想。显然，工匠精神超越了一般的工具理性立场，并不因重复的手作或被工具行为所制约，而在劳动过程中追求一种更高的人文价值理性。实际上，工匠精神是人类生存所必需的，也是人类臻于完善之追求的产物。抑或说，工匠精神是一种尊重人本身及其价值的精神，体现出工匠对人类生命及其意义的关照。由此观之，在本质层面，“工匠精神”是一种人文价值理性，而且这种价值理性是在时间与空间两个维度上共同铸就而成的。

在分析中发现，中华考工学在核心概念、研究方法、文化体系、价值信仰等层面上均有一套自己的范畴概念与理论体系。这就是说，“中华考工学”在历史与逻辑上是存在的，而且有自己的历史渊源、发展脉络和基本走向（见图4）。在历史渊源层面，《考工记》是中华考工学理论体系建构的首创范本。在发展脉络层面，从《考工记》到《考工典》的发展轨迹中，中华考工学理论发展大致经历了先秦开创期、汉唐发展期、宋元成熟期、明代转型期、清代总结期。可见，在基本走向层面，“考工学”的走向已经成为中华古代工匠文化理论的基本走向。

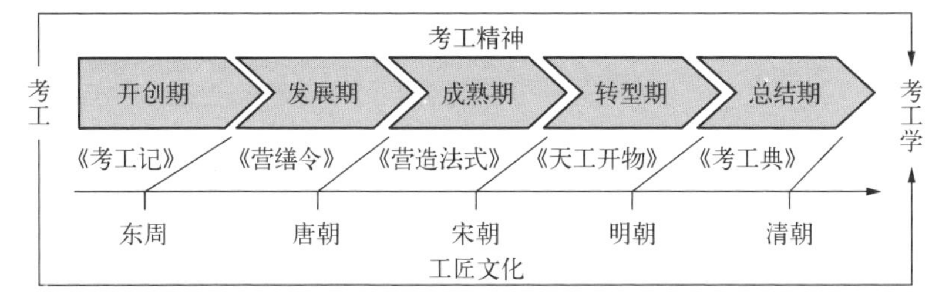

▲ 图 4 中华考工学理论历史与逻辑

三、中华考工学：理论体系形态及其传承创新

尽管中国古代考工学文本不如史学文本发达，但存有的考工学文本在理论形态上是各具特色的，尤其在理论体系层面，中华考工学的发展脉络或粗线条彰显出“四种模式”的理论体系形态（见表 1）。

表 1 中华考工学理论模式类别

考工学理论	作者	作者身份	模式	备注
开创期：先秦时期				
《周易》	［西周］姬昌	周文王	Ⅳ—1	作者有争议
《墨子》	［东周］墨子	思想家、科学家	Ⅱ—2	
《考工记》	［东周］齐国	官方	Ⅰ—1	
发展期：汉唐时期				
《淮南子》	［汉］刘安	淮南王等	Ⅳ—3	作者有争议
《古今刀剑录》	［南朝］陶弘景	医药家、文学家	Ⅱ—2	
《齐民要术》	［北朝］贾思勰	农学家	Ⅵ—2	
《五木经》	［唐］李翱	进士	Ⅱ—3	
《唐六典·营缮令》	［唐］李隆基	官方	Ⅰ—1	或张说等编

续表

考工学理论	作者	作者身份	模式	备注
成熟期：宋元时期				
《仪礼释宫》	［宋］李如圭	进士	Ⅱ—3	
《梦溪笔谈》	［宋］沈括	政治家、科学家	Ⅱ—2	
《营造法式》	［宋］李诫	官方	Ⅰ—2	
《考古图》	［宋］吕大临	理学家、金石学家	Ⅱ—3	
《梓人遗制》	［元］薛景石	木工工匠	Ⅲ—2	
《陶记》	［元］蒋祈	陶瓷理论家	Ⅱ—1	作者或宋人
转型期：明朝时期				
《大明律·工律》	［明］朱元璋	皇帝	Ⅳ—2	
《鲁班经匠家镜》	［明］午荣	工部御匠司司正	Ⅰ—2	
《髹饰录》	［明］黄大成	髹漆工匠	Ⅲ—1	
《园冶》	［明］计成	造园家	Ⅲ—1	
《装潢志》	［明］周嘉胄	装裱工艺家	Ⅲ—2	
《农政全书》	［明］徐光启	政治家、科学家	Ⅳ—2	
《天工开物》	［明］宋应星	推官、科学家	Ⅱ—2	
《神器谱》	［明］赵士祯	右丞寺副、发明家	Ⅱ—2	
《清秘藏》	［明］张应文	监生、鉴赏家	Ⅲ—1	
总结期：清朝时期				
《清工部工程做法》	清工部	官方	Ⅰ—1	
《闲情偶记》	［清］李渔	戏曲理论家	Ⅱ—1	
《景德镇陶录》	［清］蓝浦	瓷器理论家	Ⅱ—1	
《雪宧绣谱》	［清］沈寿、张謇	刺绣家	Ⅲ—2	
《考工典》	清廷	官方	Ⅰ—1	

第一种模式：国家介导下的以《考工记》为典型的考工学理论形态（Ⅰ），它包括官方集体颁布形态（Ⅰ—1）与官员主持编著形态（Ⅰ—2），前者如《考工记》《营缮令》等，后者如《营造法式》等。“国家介导”意味着中华考工学理论是国家意志或集体行为介入与指导下而形成的理论形态，这是中华古代社会对中华考工学理论形态构建的核心特色。

第二种模式：学者介导下的以《天工开物》为典型的考工学理论形态（Ⅱ），它包括理论学者形态（Ⅱ—1）、技术科学学者形态（Ⅱ—2）与官员学者形态（Ⅱ—3）。理论学者形态如《闲情偶记》等，技术科学学者形态如《墨子》等，官员学者形态如《五木经》等。“学者”在中国古代所包含的人才是多样化的，士大夫、官员、帝王、落魄文人、“科技者”（工巧者）等，均被纳入古代学者系列，他们无形中为中华考工学理论体系建设作出了多种贡献。

第三种模式：工匠介导下的以《髹饰录》为典型的考工学理论形态（Ⅲ），它包括理论与实践兼具型的工匠形态（Ⅲ—1）与实践型工匠形态（Ⅲ—2），前者如《园冶》等，后者如《梓人遗制》等。中国古代工匠介导下的中华考工学理论形态是不多见的，因为考工的身份与地位决定了他们无法实现考工理论创作，这种局面一直到“士”“工”分野较模糊的明代才被打破。

第四种模式：知识系统介导下的以《周易》为典型的考工学理论形态（Ⅳ），它包括三种形态：理论元形态（Ⅳ—1）、半独立形态（Ⅳ—2）和内隐形态（Ⅳ—3）。理论元形态如《周易》等，半独立形态如《齐民要术》等，内隐形态如《淮南子》等。历史知识系统是中国特色考工学理论存在的最大空间，这主要是中国古代“抑商重农”以及士大夫“君子不器”的立场所致，以致中国古代较少出现考工学文献理论，而大部分考工知识及其理论只能内隐于哲学、史学、文学等知识体系中。

上述四种理论形态是中华考工学理论形态的呈现方式。显然，在建构中华考工理论的主体层面，中华考工学不同于西方设计学所涉猎的设计师、设计理论家以及设计艺术家等，而主要以官方、帝王、工匠、学者、官员、科学家以及科举落榜者等为主体，以致出现了不同形态的考工学理论。同时，上述四大模式理论形态各自有自己的思想体系、学术体系和话语体系，它们共同建构出中华考工学的特色理论体系。

在传承创新层面，从《考工记》到《考工典》，中华考工学理论体系是一脉相承的，在历史的传承与发展中谱写着中华考工学理论体系。另外，对中华考工学理论体系的阐发、建构与再发现，就是对中华传统文化理论的传承与发展，就是中华民族文化自信与自豪的表现。中华考古学理论蕴含了中华民族传统的工匠文化，积淀了中华民族精神中宝贵的工匠精神，也代表了中华民族最为深沉的精神追求与精神标志，对延续与发展中华文明起到了极大的推动作用。

四、发掘中华考工学理论体系的当代意义

中华考工学理论体系是真正意义上的有中国底蕴、中国特色的思想体系、学术体系和话语体系——中华特色设计学理论体系。提出与阐发中华考工学理论体系具有重大的学术意义与现实价值。

在当代，中华考工学的“体系性”发掘意味着传统中华设计学研究的混乱局面应当被秩序替代，因为中华考工学本来就有自己的有机整体及形态。对此的发掘与研究至少具有以下价值要义：第一，中华考工学既是中华文化理论的基本构成之一，也是中华国学的重要组成部分。对中华考工学理论体系的发掘与阐发，对于完善与增补中华国学理论具有重大的理论意义与学术价值。第二，中华考工学是20世纪以前的中华特色设计学理论体系，廓清与挖掘中华工匠文化理论建构体系，对于阐发中华古代工匠文化理论体系及其要义具有显而易见的传统文化传承与创新发展的价值。第三，中华考工学理论体系的发现与阐发，不仅将改变中华特色设计学理论体系写作的整体构建方法，还将增益于当代中国设计学理论建设与创新发展。第四，中华考工学理论体系的开掘与建构，必将使得中华特色设计学及其文化获得世界范围内的身份与地位，也必将增添中华民族理论文化自信心，或为建设社会主义文化强国而增强国家文化软实力。

简言之，在全球化背景下，中华考工学的发现与发掘不仅是中华考工文化历史与发展逻辑的回归，还是中华考工文化理论对世界文化的巨大贡献。因此，加快构建中华考工学理论体系建设是当代中国设计学者义不容辞的时代使命与职责。

注 释

① 中国特色设计学理论大致包括三个历史时期的三大学术体系：中华考工学（1911 年之前）、工艺美术学（1911—1949 年）与现代设计学（1949 年至今）。“考工学”（2004 年）、“中华考工学”（2004 年）、“中华考工学体系”（2004 年）、“中华工匠文化体系”（2010 年）等概念的提出者是邹其昌。他于 2004 年在其博士后报告《〈营造法式〉艺术设计思想研究论纲》（清华大学博士后出站报告 2004—2005，合作导师为李砚祖教授）中，积极倡导构建中国当代设计理论体系，并对其展开了长期的系统研究。报告以《营造法式》为突破口，深入挖掘中华传统设计文化资源，进而提出了中华传统设计理论体系是一种以《易》《礼》体系为思想源头的中华考工学体系形态的理论系统。由此，中华设计理论体系由“中华考工学体系”和“现代设计理论体系”（还在建设中）两大历史形态构成。其间有一个过渡性的“工艺美术”形态。可参见邹其昌《简论中国设计思想史研究的意义、对象及其历程》[《南京艺术学院学报（美术与设计版）》2011 年第 5 期]，邹其昌《宋元美学与设计思想》（人民出版社，2015 年）第十章“中国古代设计思想史简论”，宋应星著、邹其昌整理《天工开物》（人民出版社，2015 年）之“《天工开物》校勘说明”和邹其昌、范雄华整理《〈三才图会〉设计文献选编》（上海大学出版社，2018 年）的“出版前言”，以及“中华考工学设计理论体系研究系列”论文，如《论〈三才图会〉设计理论体系的当代建构》（《创意与设计》2018 年第 6 期）等。邹其昌作为首席专家在其主持的国家社科重大项目“中华工匠文化体系及其传承创新研究”成果中较为系统地提出了“中华工匠文化体系”等概念。

② 被引进的《垸髹致美》是“西漆东渐”的时代产物，其知识语境与中国的洋务思潮有密切关系。光绪二十五年（1899 年）小仓山房石印本《富强斋丛书正全集》（64 册，又名《西学富强丛书》，清袁俊德辑）汇辑有关西学之译著 80 种成此编，以备求强救国者采撷。该丛书涉及漆学的有 1884 年刊行的美国髹漆文本《垸髹致美》（一卷），它是《西艺知新》续集之一，由美国 Leroy J. Blinn 所著（傅兰雅口译，徐寿笔述，徐华封校）的一本西学髹饰录，内容涵盖东洋漆的种类、配方及上漆工艺（参见王扬宗：《江南制造局翻译书目新考》，《中国科技史料》1995 年第 2 期）。

③（清）阮元校刻：《十三经注疏》（《周礼注疏》），北京：中华书局，2009 年，第 1395 页。

④ 孙亚冰：《从甲骨文看商代的世官制度——兼释甲骨文“工”字》，宋镇豪主编《甲骨文与殷商史——庆祝中国社会科学院历史研究所建所六十周年》（新 4 辑），上海：上海古籍出版社，2014 年，第 26—38 页。

⑤ “考工”本属于动宾结构的动词短语，但在《考工记》中，“考工”作为专门负责考核工匠技术规范的官职，已虚化为名词。这里的“记”可作为名词中心语，“考工”即为这个名词的修饰语。虽古代“考工”同“百工”“工”“工匠”等词语已在名词中心语层面产生同化现象，但不能将“考”理解为虚化了的“助词”。理由有三：一是汉代以前还没有出现虚词，虚词最早也只出现在唐中后期；二是虚词必须依附实体词而存在，不能单独构词（句），如“考了试”，不能说“了试”；三是作为一种专业职位的行为动词是可以名词化的，如“监工”可作为“工”的名词独立存在。如此，“考工记”词构即“考工＋记”，而不是“（考）工＋记”。“考工”作为一种官职存在，它独特的概念谱系也为“考工记”之“考工”动词虚化为名词佐证。换言之，“考工”概念的语义是丰富的，它是以“工匠”语义为中心的，兼具官职、制度、百工等内涵的中国特色设计学概念语系（参见陈戍国点校：《周礼·仪礼·礼记》，长沙：岳麓书社，2006 年）。

第三章

-

从考工记到考工学：考工学的诞生

以方法论视角，“考工记”开创了中华考工学知识生产的方法论范例。“考工记”创生了中华考工学理论的边缘性描述、非连续性建构和异质性转换，确立了中华考工学知识的描述边界、时空区分和国别类型的基本原则，形成了中华考工学理论的边缘性体系、非连续性体系和异质性体系的基本框架，进而建构了中华考工学的话语体系、学术体系和思想体系的理论特色。澄明此论，有益于当代中国设计学学科理论体系的建构及其路径选择。

从人类诞生的那一刻始，作为“工匠”的人类始终要从事制造工具、绘制图像、建造房子、刻痕画纹以及结网织布等与生活生产相关的匠作行为。同时，人类的高等文化或文明智慧也在经验性的匠心哲学中不断涌出。譬如春秋战国时期的儒家（“藏礼于器”）、道家（“大巧若拙”）、法家（“规矩天下”）等思想智慧，无不从工匠经验中镜像、模仿和抽象而成。因此，作为一种手工文化，中华工匠文化是中华传统文化的重要组成部分。

尽管中华工匠文化（或“考工文化”）历史悠久，但一直以来，当代的我们对中华工匠文化理论的体系性理论研究是缺乏的。早在春秋战国时期，《考工记》的降生就意味着中华工匠理论（“中华考工理论”）已然降生。《考工记》作为具有中国特色的考工学理论巨著，或已开启了中华考工学理论体系建构的先河，其“考工记”开创了中华考工学知识生产的范例。然而，近现代以来，由于受到“西学之道”或“苏俄之道”的影响，中华考工理论体系的现代建构（“中国现代设计学理论体系”）基本遵照他者模式，特别是西方现代设计学模式对中国设计学理论体系的建构影响深远。改革开放以来，在文化学术界大力倡导“改革之道”的主流思想下，人们对中华传统文化的阐发与传承出现了新自信、新局面和新气象。但对于中华考工文化而言，至今还没有出现具有中国特色的中国设计学（东方设计学的主流）话语体系与理论体系。然而，从东周时期的《考工记》到清代的《考工典》，中华考工学理论体系是一脉相承的。抑或说，中华考工学已然被西方现代设计学的文化理论体系疏远或遮蔽，以致我们的视界、思想与话语均已发生偏向。

作为国学，中华考工学理论体系建构已迫在眉睫。这是因为，一个失去“自我”设计理论话语体系和思想体系的时代是令人窒息的。但在中华考工学理论体系建构中，我们首先要考虑或遭遇的问题是：中华考工理论体系如何建构？这是中华考工学理论体系建构的核心问题。毋庸置疑，这一核心问题恐要涉及中华考工理论体系建构的方法论问题，这是建构中华考工理论体系的关键性问题。不解决这个知识生产的方法论问题，一切急于去建构任何名义上的工匠文化理论体系或是虚构的体系框架，都是盲目的。一切急于提出任何名义上的中华考工学的理论体系也是主观性臆测行为，或是概念的盲目创新。

遗憾的是，被主观设定的考工学理论或设计学理论频频遇见，诸如“中华设计学”“中华造物学”“东方设计学”等自称完备的体系性理论构想也屡屡被学界提及。综观研究史略，这些理论体系的构建无一例外地从整体性、完整性与统一性的“自我设定”的先验论思维入手，而后在部分造物文献中寻觅、整理与抽象出中华工匠造物思想，进而按图索骥或填充主观设定的理论框架。尽管人们在工匠造物文化文献的研究中发掘出较多自称为“重大发现”的造物文化密码，却较少有学者研究中华工匠造物文献中知识生产的方法论。

实际上，我们对《考工记》《营造法式》《天工开物》《梦溪笔谈》《园冶》《长物志》《闲情偶寄》《髹饰录》等一批具有范式性的中华考工理论的方法论研究是极其有限的，这对于书写中华考工理论体系或中华设计学理论体系建构是极其不利的。《考工记》对中华早期工匠文化理论的“考述”方法，对于建构中华考工理论体系具有重大的方法论指引价值，因为“考工记”开创了中华考工知识话语叙事或生产方法的范例，并为后世书写工匠文化理论提供了有效的文本式样。为此，在研究或书写考工文化理论体系之前，首先要搞清楚前人是如何书写考工文化理论或建构考工文化体系的，然后才有可能书写或建构真实的中华考工理论体系。

一、“考工记”的方法论范式

从方法论层面看，《考工记》开创了中华“工论”的知识生产或“考述”方法。抑或说，中华“考工学”的方法论体系从《考工记》的考述体系中已然应运而生。作为一种“工论”的知识生产的方法论，“考工记”为建构中华考工学提供了重要的奠基性的方法论范式。

▲ 图 1　湖北当阳出土的春秋漆簋

在东周儒家“重道轻器”“君子不器”的时代，“考工记”的方法论书写是如何遮蔽这些政治主流话语的？这或是“考工记”的知识考古学的“叙事功绩”与“方法范式”。概而言之，这种有关“工论”的知识生产至少有以下三大隐性特征：边缘性描述、非连续性建构和异质性转换。这或是“考工记”最为惯习性的知识生产方式，它明显地带有福柯式的“知识考古学”所描述的核心思想痕迹。在文化“早熟”的东周社会，“百家争鸣”与“群雄逐鹿”为诞生“考工记”这样的考工理论范式提供了绝佳机会。当然，在此不打算详解诞生这种考工学理论体系建构的方法论背后的社会动因。只是强调，这种史无前例的“考工记”为中华考工理论体系建构提供了难能可贵的方法论思维，为中华文化理论体系的建构提供了宝贵的知识生产范式。

中华考工理论体系是一个涵盖创物文化、手作文化、制度文化与精神文化的集丛性理论体，在这个知识集丛里，工匠创物是（设计思想）原点，工匠手作是（设计技术）关键，工匠制度是（设计管理）保障，工匠精神是（设计文化）核心[①]。那么，如何建构中华考工理论体系的方法论思维呢？这恐怕只能从《考工记》中获得，因为《考工记》为中华考工知识叙事提供了它独特的知识生产方法论范式：边缘性描述、非连续性建构和异质性转换。

第一，边缘性描述。所谓“边缘性描述”是指《考工记》的考述视野是开放的，它并没有局限于齐国或同时期的某单一工种的知识话语，它把研究的视野投放至齐国及其以外的各个“边缘性”诸侯空间或历史时期，较为详细地考述早期中华考工文化理论的体系性内容。譬如《考工记》曰：“粤无镈，燕无函，秦无庐，胡无弓车。粤之无镈也，非无镈也，夫人而能为镈也；燕之无函也，非无函也，夫人而能为函也；秦之无庐也，非无庐也，夫人而能为庐也；胡之无弓车也，非无弓车也，夫人而能为弓车也。”[②]很明显，这是《考工记》对齐国以外的粤、燕、秦、胡等“边缘地”的造物类别及其相互转换的工匠知识话语的边缘性描述。《考工记》曰：“郑之刀，宋之斤，鲁之削，吴粤之剑，迁乎其地而弗能为良，地气然也。燕之角，荆之干，妢胡之笴，吴粤之金锡，此材之美者也。”[③]可见，这是基于齐国以外“边缘性”的郑、宋、鲁、吴粤、燕、荆、妢胡等诸侯空间造物的考述，它并没有局限于齐国本身的工匠知识话语的片面性分析。同时，《考工记》的边缘性思维方法还体现在它并非局限在东周时期，而是把考述的时间推演到历史时间层面。《考工记》曰：“有虞氏上陶，夏后氏上匠，殷人上梓，周人上舆。故一器而工聚焉者，车为多。”[④]这是《考工记》对考述造物的历史技术史的考述与引用。实际上，《考工记》的边缘性思维或为一种“边界思维”。边界不仅是标志位空间及其内容有效性的标尺，也是任何文化自足的基本条件。对于中华考工文化理论及其体系研究而言，“划分边界”或“跨越边界”是研究的基础性思维方法：前者是为了清晰考工文化理论的异质性特征；后者是为了拓展考工文化理论的边缘性空间。抑或说，前者是为了考工文化理论体系存在的自足性得以保障，而后者是为了考工文化理论体系存在与他者的社会性得以全面彰显。《考工记》边缘性思维方法在“划分边界”或“跨越边界”上为后人确立了有效的范式。

第二，非连续性建构。所谓“非连续性建构”是指《考工记》所采用的知识话语叙事并非想建构一个连续的完整知识体系，但它却“缓和地”把考工文化“前面的、周围的和后面的”非连续性的知识话语都贯通了；同时，也打通了东周时期的门类工匠造物理论，从而确立了中华考工文化体系的确定性与特殊性。《考工记》通篇没有出现“从观念的模糊领域走向序列的特殊性”[⑤]，它所推进的《考工记》的时间序列是自由的。但是文本中处处透视出“工”与“士”的互动与疏离，并在“工”与“礼”的不连续性中显示它们之间的耦合、互动或连续性。换言之，《考工记》把“矛盾作为它的历史性的原则随着话语进展而运转”[⑥]，进而在非连续性中建构早期中华考工文化理论范式。实际上，任何历史知识本身的存在都是非连续性存在的，《考工记》或认识到了知识序列的不连续性特征。

▲ 图 2　齐故城博物馆藏战国瓦当

第三，异质性转换。所谓“异质性转换”是指《考工记》的知识话语叙述方法重视在差异性与相似性中建构中华考工文化的理论体系。这些异质性或包括大小，或包括强弱，或包括阴阳，或包括内外，或包括深浅，或包括尊卑。《考工记》就是通过大小、强弱、阴阳、内外、深浅、尊卑等知识话语建构出早期中华考工文化的异质性理论体系。这种异质性转换得益于先秦社会文化哲学的成熟与养分，是《周易》《老子》等文化思想在《考工记》中的应用，是《论语》《庄子》等哲学思想在《考工记》中的继承。

二、内在困难

从“考工记”到“考工学”的转换，这里涉及中华考工学理论之“学”的问题。“考工记”仅仅作为一种方法论理论存在是可行的，而“考工学”已然从方法论理论范式转换为一种具有异质性的工匠文化理论体系存在的“学”问了。那么，“考工”是如何成为“学”的呢？这是一个很大的跨越，也是一个较为复杂的学科理论问题。它至少包含了以下三大内在性转换困难：其一，中华考工文化何以能独立于中华文化思想体系之外而成为一门“学”问的；其二，中华考工文化何以能从文献史料中析出富有特色的工匠文化“学”的；其三，中华考工文化在世界性文化结构中何以成为具有国别性的“学”问的。实际上，任何知识之“学”的诞生，在它的历史发展性上，必然有其属于本学问的思想体系、范式运动、文本文献和话语体系，并在世界知识体系中有属于它自己民族文化的异质性结构。

第一个内在困难是关乎工匠文化理论研究的“边缘性问题”，即如何研究考工文化理论在中华知识结构中分离而成为独特性的中华考工学理论。抑或说，在中华庞大的知识体系中，哪些知识范式属于工匠知识？这个“分辨”与“区隔”的内在信条或尺子又是什么？这其中的定性困难是较大的，但又是我们必须面对的。如果这个“边界”设定宽了，那么，中华考工文化理论或成为“杂学”；反之，中华考工学理论或将变成“汉学”或“小学”。在现行研究成果或教材体系中，诸如中国美学、中国历史、中国设计学等多数为中国汉族的知识体系，这就遮蔽了汉族以外其他民族文化的研究。也有的是研究范围过窄，边界又不是很清晰，造成研究体系的范围过小。在此，《考工记》的思想体系或方法论，或能提供考述工匠知识范围的边缘性思维方法，为解决知识范围的“分辨”与“区隔”提供可参考范式。

第二个内在困难是关乎中华考工学理论研究的“非连续性问题”，即它能在各个时间的文献史料片段式的工匠技术、工匠制度、工匠民俗、工匠精神等话语中建构出相对连续性的中华考工学理论，以至于我们能清晰地看到先秦考工学理论、汉代考工学理论、唐代考工学理论、宋代考工学理论、元代考工学理论、明代考工学理论、清代考工学理论等中华考工学理论的体系性框架及其内容。同时，如何看到这些非连续的工匠知识在线性结构上是相对完整的，这也是在有限的文献中“分辨”与“区隔”的内在困难。特别是对于中华工匠文献的“考工”知识体系的复杂性、哲学化与隐喻化偏向，从中抽象出中华考工学理论的内在困难是可想而知的。

第三个内在困难是关乎中华考工学研究的“异质性问题”，即它能引出欧洲工匠文化理论、亚洲工匠文化理论、美洲工匠文化理论、非洲工匠文化理论等具有异质性工匠文化理论体系，或能看到中国工匠文化理论、日本工匠文化理论、美国工匠文化理论、德国工匠文化理论、意大利工匠文化理论等。原因是：中华考工学理论体系是属于世界文化理论体系的一部分，那么，如何书写属于世界文化理论体系中的中华考工学，这是一个关乎该研究的异质性叙事问题。但考工文化理论叙事的异质性书写所要求的中华考工学应具有的世界性视野，对于我们来说是十分困难的。换言之，如果我们对世界工匠文化不能全面理解或通透其非连续性理论文化，则很难书写出中华考工文化体系的异质性理论。

三、汲取传统方法论路径

在上述中华考工学理论书写的三大内在困难中，边缘难题是区分“学”的理论纯度问题，非连续性难题是区分“学”的理论转换问题，异质性难题是区分“学”的理论国别性问题。中华考工学理论体系研究的纯度问题是保障“学”之血统不受非血统学科侵扰；转换问题是确立“学”之体系相对连续以及能体系化呈现；国别问题是确保“学”的世界性地位与身份得以体现。

对于中华考工学理论体系建构而言，或必须首先要解决这三大内在困难。在中国，“考工”作为“学”的历史源远流长，从东周的《考工记》到清代的《考工典》，这期间诞生了较多“考工记”的文献史料[7]。就知识话语类别来看，这些考工历史文献话语叙事方法，大致包含了“考工记”的三种知识考古学路径，即边缘性描述路径、非连续性建构路径和异质性转换路径。

第一，边缘性描述路径：以《鲁班经》为典型。作为考工文化“经”的范式方法理论，《鲁班经》之“经”为建构中华考工文化提供了边缘性描述的路径模型。明万历年间，北京提督工部御匠司司正午荣汇编的《鲁班经匠家镜》系行业的集大成体系性著作，又称《鲁班经》，现存最早版本系明万历年间（1573—1620 年）汇贤斋刻本[8]（故宫博物院藏）。内容涉及建造民宅择吉法、古建筑用尺合吉、古建筑的构形与择吉、家具制作、风水歌诀和魇镇禳解符咒、修造择吉全纪、灵驱解法洞用直言秘书等，涵盖了古建筑的行规、择日、仪式、符咒、灵驱、方位、布局、结构、式样、框架、陈设、秩序、工序等宇宙信仰体系。实际上，《鲁班经》所描述的宇宙信仰知识或是一种宗教文化。它在建筑文化系统中充其量是一种风水学，属于建筑文化的边缘性描述。《鲁班经》工匠文化的边缘性描述，恰恰透视出古代考工文化体系的丰富性与现实性。就丰富性而言，《鲁班经》的描述内容不仅丰富了中华古代考工文化的民俗知识系统，还丰富了工匠造物中的仪式内涵或行为文化；就现实性而言，《鲁班经》中所描述的建筑行规、择日系统、仪式符咒、方位布局、结构式样、陈设秩序等工匠文化，或是中华社会文化以及工匠处境的“晴雨表”或“温度计”。譬如建筑工匠的仪式符咒或风水歌诀等工匠自创的行业宗教文化，是工匠在行为中获得身份、地位或文化感的选择，也是古代中华工匠制度对工匠奴役和剥削的被动产物。因此，《鲁班经》的边缘性描述扩大了中华考工文化的场域，丰富了中华考工理论体系的内容。

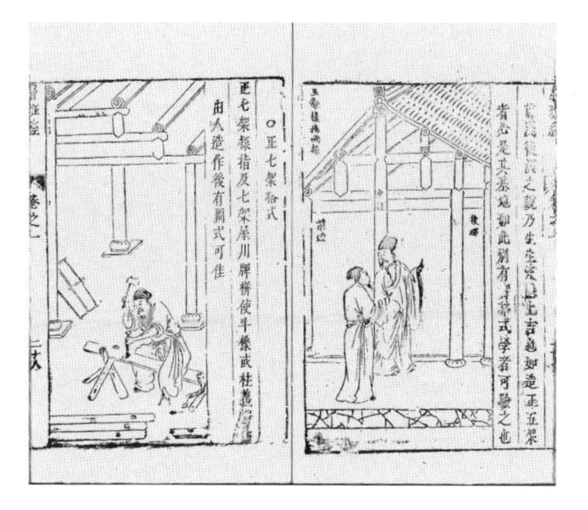

▲ 图 3 《鲁班经》中建筑师与工匠

第二，非连续性建构路径：以《闲情偶寄》为典型。作为工匠文化“寄”的范式方法理论，《闲情偶寄》之“寄”为建构中华考工文化提供了非连续性建构的路径模型。《闲情偶寄》的方法论理论体系是基于日常世界的基本结构视野，在日常审美或日常行“乐”的主旨性思维结构中演绎完成作者非连续性的“闲情”之建构，并在知识叙事方法上主张“缺漏”立法与“支离”立论，从而达到知识叙事的整体可信或实证性。对于李渔来说，他不认为《考工记》或《仪礼释宫》为《闲情偶寄》做了理论知识准备。抑或说，正是这种连续性或预设的知识设计导致不能自圆其说。于是，《闲情偶寄》在叙事结构、理论、为文、立论等层面遵循了非连续性叙事原则。在结构层面，《闲情偶寄》的编目极富有非连续性的“闲情”，从中可窥见一个日常性美好的非连续性世界：（卷一）词曲部（上）、（卷二）词曲部（下）、（卷三）声容部、（卷四）居室部、（卷五）饮馔部与（卷六）颐养部。但这个非连续性世界里的连续性又是明显的。在此编目中我们能一眼窥见类型化的部门美学，也“缓和”地发现基于生活之乐的工匠文化的“前面、周围和后面”的非连续性的知识话语。在知识考古学层面，分解历史学家的“编织起来的所有这些网络”[9]，旨在使它差异增多，从而建立“差别系统”。在理论层面，《闲情偶寄》所采用的知识话语叙事方法是“喜新而尚异”（见“凡例”），即在正统文化思想中发出闲情的新异之光。《闲情偶寄》把闲情置于古典美学思想之“乐”的范畴之中，因此，词曲、声容、居室、器玩、饮馔、颐养等非连续性知识话语被“乐”统一了起来。在文本层面，《闲情偶寄》的知识话语叙事是创新的，并非借助连续性知识话语而展开的。《闲情偶寄·凡例》曰：“作而兼之以述，有事半功倍之能，真良法也。鄙见则谓著则成著，述则成述，不应首鼠二端。宁捉襟肘以露贫，不借丧马以彰富。有则还吾故有，无则安其本无。不载旧本之一言，以补新书之偶缺；不借前人之只字，以证后事之不经。观者于诸项之中，幸勿事事求全，言言责备。此新耳目之书，非备考核之书也。”[10] 在方法层面，《闲情偶寄》更愿意用“支离”创立论点，并“自谓立论之长，犹胜于立法”。《闲情偶寄·凡例》之“戒支离补凑”曰：“有怪此书立法未备者，谓既有心作古，当使物物尽有成规……使如子言而求诸事皆备，一物不遗，则支离补凑之病见，人将疑其可疑，而并疑其可信。是故良法不行于世，皆求全一念误之也。”[11] 从李渔看来，“支离”或“缺漏”是历史的必然，并认为“史贵能缺”，因为如此，它就有“实证性”，即“缺斯可信”，这是典型的考古学思想。福柯在《知识考古学》中曾指出：“同思想史相比，考古学更多地谈论断裂、缺陷、缺口、实证性的崭新形式乃至突然的再分配。”[12] 福柯的思想与李渔之“一物不遗，则支离补凑之病见，人将疑其可疑，而并疑其可信”的观点异曲同工。

第三，异质性转换路径：以《髹饰录》为典型。作为工匠文化“录”的范式方法理论，《髹饰录》之“录”为建构中华考工文化提供了异质性转换的路径模型。《髹饰录》的描述方法论是基于宇宙学知识话语，采用自然宇宙的运行模式，凭借日月星辰、春夏秋冬、山河湖海等自然伦序比拟或转换为髹漆知识。譬如以“日辉”比拟“金”，以“月照”比拟“银”，以“电掣”比拟“锉”，以“露清”比拟“桐油”，等等。又譬如《髹饰录》在“利用第一”篇主要谈及髹漆的工具和原料，所描述的方式就采用了宇宙学理念，建构了工匠的工具论和原料论。这些宇宙学结构元素有天运（旋床）、日辉（金）、月照（银）、宿光（蒂）、星缠（活架）、津横（荫室中之栈）、雷同（砖石）、电掣（锉）、云彩（各色料）、虹见（五格揩笔觇）、霞锦（钿螺、老蚌、车螯、玉珧之类）、雨灌（髹刷）、露清（桐油）、时行（挑子）、春媚（漆画笔）、夏养（雕刀）、暑溽（荫室）、寒来（圬）、昼动（洗盆并帉）、夜静（窨）、地载（几）、土厚（灰）、山生（捎盘并髹几）、水积（湿漆）、海大（曝漆盘并煎漆锅）、潮期（曝漆挑子）、冰合（胶）等。相对于髹漆而言，宇宙学话语被转换为工匠文化理论，这明显是一种异质性叙事的方法论。《髹饰录》的知识叙事方法是明末社会文化的一面镜子。在明代社会理学思潮的主导下，“宇宙便是吾心，吾心即是宇宙”成为当时知识分子的共识。因此，《髹饰录》的知识叙事方法是明末新市民阶层反抗理学的产物，它的知识叙事话语场域与明代社会及其后世的主流哲学话语场域有同构的交集。

▲ 图 4　江苏苏州出土的嵌螺钿黑漆经箱

四、基本原则与框架

在阐释中发现，中华考工理论体系的存在与建构，必然要处理“学”的边缘性、非连续性与异质性这三大原则问题，并据此确立边缘性考工理论、非连续性考工理论与异质性考工理论这三大考工理论框架。

第一，边缘性原则与边缘性考工理论。在知识领域，如何建构考工理论系统，这是一个关乎考工知识边缘性的问题。“边缘”意味着逃离中心或去中心化，进而扩大了知识叙事的范围和场域，以防止知识生产被民族化情绪所迷乱。对于中华考工理论体系建构而言，边缘性原则有利于它的知识生产实现知识场域的全面性，不至于把中华考工理论写成汉族考工理论，而忽视了汉族以外更为广阔的其他民族的考工理论。因此，在梳理中华古代重要工匠、文献、工程、匠俗等关乎中华工匠理论体系的知识单位的时候，要做到有边缘性思维原则，从而保障这些知识单位内的知识容量是具有说服力的。同时，边缘性思维原则也能保证知识生产的边界问题，因为边缘性思维是以某一“中心”理论为原点而建构的具有辐射状的场域思维。具体地说，边缘性思维能将分析对象分成若干个分析单元，进而将其单元意义生成多样的分析板块，最后形成一个分析场域的知识体系或批评理论。

与边缘性考工理论对立的是中心性考工理论，后者的学术偏向是明显的，往往以自我或自我空间为中心展开考工知识叙事。譬如在内陆，人们往往以内陆性考工知识为中心，标榜自我考工知识体系；若在海洋，人们往往以海洋性考工知识为中心，进而以“海洋主位”的视角考察考工知识。毋庸置疑，在中国近代以来的考工学理论体系中，我们基本围绕内陆性的中心性考工理论展开，进而也就失去了宝贵的海洋性考工理论。当然，也有部分学者对此现象已有关注，并从海洋主位的视角考察中国海洋考工理论，但显然又陷入了另一极端。

第二，非连续性原则与非连续性考工理论。在学科门类领域，如何建构中华工匠理论体系，是一个关乎中华工匠知识非连续性的问题。非连续性原则叙事的分析重点是分析差别，并在差别之下，区分细微的差别。“区分”工作是考古学的重要内容，在知识话语中深度辨析可能存在的事件层，准确地将诸多变化呈现出来，并试图用知识转换的方式替代这些不做区分的参考变化[13]。因此，对于中华工匠理论体系建构来说，非连续性造物理论的呈现应当是我们的叙事目的，这种知识呈现是一种知识系统、序列的转换，它要分析各个时期所形成的考工文化系统（譬如先秦考工文化系统、汉代考工文化系统、隋唐考工文化系统、宋代考工文化系统、元代考工文化系统等）的不同成分之间的彼此转换机制，或分析同一时间段所形成的考工文化序列（譬如汉代青铜器文化序列、汉代漆器文化序列、汉代编织文化序列、汉代陶器文化序列、汉代建筑文化序列、汉代灯具文化系列等）的具有特征关系的相互转换的机制，或分析所形成的不同类别的工匠文化系统（譬如漆器文化系统、陶瓷文化系统、建筑文化系统、铁器文化系统、纺织文化系统等）之间的转换机制。因此，“区分”成为这些非连续性知识的转换工作方式。区分的结果是最终建立中华考工文化的差别系统，否则它可能与其他知识的边界划分不清，以致我们写成了一部支离拼凑的中华考工理论。

因此，区分是非连续性考工理论架构最为明显的特质，也是中华考工学书写的内在动力。在理论上，区分就是异质性的内在表现，也就是差异化行为的路径。没有知识区分度的中华考工学是不存在的，也是没有意义的。或者说，如果一味围绕西方现代设计学去建构中国设计学理论体系，它就是没有区分的理论体系，那么，世界的设计理论体系也就失去了存在的理论与意义。在亚洲，东方的设计学理论或中华考工理论是独一无二的，在世界设计理论体系中是具有区分度的。

第三，异质性原则与异质性考工理论。在世界范围内，如何建构中华考工理论，这是一个关乎中华考工文化异质性的问题。异质性原则是非连续性原则的继续，也是非连续性原则分析或“区分”的产物。相同时期的考工理论中不同类别的文化是有异质性的，不同时期的考工文化更具有异质性。最为关键的是：在世界范围内，中华考工理论的异质性是明显的，否则中华考工理论是很难属于世界的。因此，建构一部具有中国特色的考工理论实质是书写一部“异质性造物理论”，其根本特征或要求是确立中华考工理论体系的特殊性，并沿着中华考工话语的“外部边缘”去追踪它的“内在序列”，从而确立它的异质性或特殊性。

异质性考工理论是非连续性考工理论的表现形态，因为“异质”是“区分”的产物；没有区分的理论体系，也就不存在异质理论体系。任何理论体系都是异质性理论体系，否则就没有存在的必要。考工学理论体系同样也是具有异质性的理论体系。

在阐释中发现，中华考工学知识生产的方法论表现为一种“知识考古学”的偏向，聚焦于边缘性原则、非连续性原则与异质性原则的书写，并在此合力下实现了对中华考工学的国别性书写。因此，我们认为，“考工记”是中华考工理论体系建构的首要方法论问题或根本路径问题。它不但能确立中华考工学知识的边界，还能区分中华考工学理论的学科类别，更解决了中华考工学理论的国别性和世界性书写难题。在“考工记”的知识生产的方法论分析中，也自然会得到附带性研究启示。或者说，从更深层次书写哲学看，中华考工理论体系的建构要坚守三大原则，即边缘性原则、非连续性原则和异质性原则。

进一步地说，若要坚守边缘性原则，即要放弃中心性原则。那么，我们的设计学（史）、美学（史）或艺术学（史）等便要重写，因为诸如中国设计史、中国工艺史、中国美学、中国艺术学等，它们近乎等同于汉族的设计史、工艺史、美学、艺术学等，或近乎是大陆性的设计史、工艺史、美学、艺术学等，抑或是西方结构化的设计史、工艺史、美学、艺术学等。可见，我们的设计学（史）、美学（史）或艺术学（史）等是有缺失的，至少丢弃了多民族的、海洋性的和中国特色的话语体系与思想体系。以此看来，我们的设计学（史）、美学（史）或艺术学（史）等确实是要重写的。

若要坚守非连续性原则，即要放弃整体性原则。那么，对于我们在写考工学或历史的时候，则要放弃主观设定的时间结构或地域结构，这样也就不会出现以时间为序或以空间为序的书写方式了。尽管这种书写历史的方法给书写带来了有利的一面，但它整体性的时空设定是前置的或先入为主的。更何况时间或空间本身是非连续的，“整体”不过是我们的假设。如此看来，我们的设计学（史）、美学（史）或艺术学（史）等也是要重写的。或者说，一切按照时空为序的设计学（史）、美学（史）或艺术学（史）是有缺失的，至少丢失了时空序列“间”的知识，譬如汉代到唐代之间，或唐代到宋代之间的知识序列最容易被忽视。

若要坚守异质性原则，则意味着放弃统一性原则。那么，我们在书写考工学或考工史的时候，就能注意到考工知识的异质性传达与生产，就能在“边界”和“区分”中阐释知识的个性及其内在本质。或者说，异质性书写既是边缘性书写（边界）的深入延续，又是非连续性书写（区分）的必然。任何知识生产都是异质性生产，没有了异质性的知识生产，也就没有了边界性生产和区分性生产。中华考工学理论体系的建构，若放弃异质性书写，则只能是拾人牙慧或趋同他者的理论。

简言之，坚守边缘性原则、非连续性原则和异质性原则是建构中华考工学理论体系的关键，也是书写中华考工史的关键。实际上，在“考工记”的分析中也发现，这三大原则也是适合中国艺术、中国美学和其他中国文艺理论书写的。

注 释

①潘天波：《工匠文化的周边及其核心展开：一种分析框架》，《民族艺术》，2017年第1期。

②（清）阮元校刻：《十三经注疏》（《周礼注疏》），北京：中华书局，2009年，第1957页。

③（清）阮元校刻：《十三经注疏》（《周礼注疏》），北京：中华书局，2009年，第1958页。

④（清）阮元校刻：《十三经注疏》（《周礼注疏》），北京：中华书局，2009年，第1959—1960页。

⑤（法）福柯：《知识考古学》，谢强、马月译，北京：生活·读书·新知三联书店，2007年，第153页。

⑥（法）福柯：《知识考古学》，谢强、马月译，北京：生活·读书·新知三联书店，2007年，第167页。

⑦这包括《墨子》《齐民要术》《梓人传》《五木经》《营缮令》《漆经》《工艺六法》《仪礼释宫》《梦溪笔谈》《营造法式》《都城纪胜》《梓人遗制》《天工开物》《长物志》《园冶》《髹饰录》《帝京景物略》《鲁班经匠家镜》《大明律·工律》《闲情偶寄》《协纪辨方书》《大清工部工程做法》《景德镇陶录》《装潢志》《漆园糟》《绣谱》《存素堂丝绣录》《蚕桑萃编》《陶说》《陶雅》《陶录》《古窑器考》《窑器谈》《说瓷》《瓷史》等一大批考工文化体系性文献。

⑧（明）午荣汇编：《鲁班经》，北京：华文出版社，2007年，“序”第2页。

⑨（法）福柯：《知识考古学》，谢强、马月译，北京：生活·读书·新知三联书店，2007年，第188页。

⑩（清）李渔著，单锦珩点校：《闲情偶寄》，杭州：浙江古籍出版社，2014年，第7页。

⑪（清）李渔著，单锦珩点校：《闲情偶寄》，杭州：浙江古籍出版社，2014年，第8页。

⑫（法）福柯：《知识考古学》，谢强、马月译，北京：生活·读书·新知三联书店，2007年，第188页。

⑬（法）福柯：《知识考古学》，谢强、马月译，北京：生活·读书·新知三联书店，2007年，第191页。

第四章

-

《考工记》的合“礼”与技术

作为体系性的技术文本，《考工记》意味着东周齐国工匠文化思想正式出场，也标志着侯国官方合“礼”性技术渐趋成熟。《考工记》详记齐国6种官营手工行业及其30类工种，或率先创构了侯国官营工匠文化体系，这包括诸类工种的行业结构、社会职能、造物技术、生产规范、营建制度以及考核评价等早期中华工匠文化体系。连同《考工记》的技术体系本身一同成熟的，还有东周时期这种合“礼”性技术体系的文化逻辑。《考工记》既涵盖了中国式“齐尔塞尔论题”[①]的最初模型与要义，又显露出齐国士大夫与百工的互动行为潜伏着彼此区隔化偏向及其后遗效应风险。

所谓“齐尔塞尔论题”（Zilsel Thesis），即“学者—工匠问题”。该问题是由奥地利科学哲学家埃德加·齐尔塞尔（Edgar Zilsel，1891—1944年）率先提出，并认为资本主义的兴起直接导致高级工匠与学者之间的社会互动。齐尔塞尔对学者与工匠关系的思考，是基于近代欧洲早期的技术发展与科学诞生的背景，并聚焦于1300—1600年间形成的大学学者、人文主义者与工匠这三大阶层的论证，其核心指向是工匠与学者之间的互动产生了近代科学。实际上，有关“齐尔塞尔论题”一直是西方近代科技史学界较为活跃的研究命题。譬如艺术史学家潘诺夫斯基（Panofsky E.）在首肯齐美尔社会学理论论题之后，在其力作《西方艺术中非文艺复兴与历次复兴》（*Renaissance and Renascences in Western Art*）[②]中认为，工匠与学者的融合，直接引发了西方近代技术革命与文化创新。但霍尔（Alfredd Rupert Hall）在《科学革命时期的学者与工匠》（*The Scholar*

▲ 图1　潘诺夫斯基

and the Craftsman in the Scientific Revolution)[3]（1957 年）一文中认为，学者只接受了部分工匠传统的问题与思维方法，学者与工匠在科学革命时期的互动是有限的。最为引人注目的，是帕梅拉·隆（Pamela O. Long）在《工匠 / 实践者与新科学的兴起：1400—1600》（*Artisan/Practitioners and the Rise of the New Sciences: 1400—1600*）[4] 中提出了著名的工匠与学者的"交易地带"（Trading Zones）理论。显然，该理论已然大大超越了"学者—工匠问题"的二元论知识体系。

近代欧洲工业革命之后的技术进步史显示，工匠的手作经验、量化方法以及技术思维等文化知识及其智慧为欧洲科学技术的发展提供了极好的理论储备，以至于在奥地利学者齐尔塞尔看来，近代欧洲的科学家群体已然是学者与工匠广泛互动的显著标志，工匠在新科学的产生中起到了某种决定性作用。实际上，"齐尔塞尔论题"不仅是欧洲近代科学技术史研究的重要线索，也适用于中国古代工艺文化史研究。在东周时期，学者（"士"）与工匠（"工"）的互动或能从《考工记》中得以全面体现，并能初步认知东周社会"士"与"工"的有限性互动及其潜在的区隔化端倪以及风险。

在微观社会学层面，"社会互动"（social interaction）是研究社会学的基本分析单位，它是个体走向他者或社会群体的重要关节点。作为一种理论社会学分析工具，"社会互动论"有利于领会期待或被期待特定社会以及它的个体行动，也包括期待理解这种行动的价值理念及其社会意义。同时，"工"作为技术性的群体行动，必然附着或链接其背后的社会制度及其文化理念。抑或说，对东周社会"士"与"工"的有限性互动分析，还涉及"技术社会学"（Sociology of Technology）[5] 的方法论，它或有利于领会期待东周"工"与"士"发展的社会机制、社会功能及相互关系，尤其能期待领会东周"工"为了适应礼制而实践的"合理性技术"（桑巴特、韦伯）。不过，东周社会为这种合"礼"性技术作出贡献的并非工匠这一群体，而是由帝王、诸侯、贵族、官吏、民众、武官、史官等各个阶层组成的。换言之，"技术社会学"可以作为一种理论分析工具，它无疑有利于阐明东周社会及其语境下的"士"与"工"的合"礼"性技术互动的发展。在接下来的讨论中，拟以《考工记》为具体考察个案，较为详细地阐释东周"齐尔塞尔论题"的应然与实然，并就此讨论"士"与"工"的社会互动所引发的相关复杂的东周社会性问题。

一、《考工记》研究的社会学限度：东周、齐国与官营

作为工匠文化的体系性创构理论，《考工记》是中国古代第一部官方手工技术理论文化的体系性著作，它详细记述或创构了齐国官营手工业的6种行业结构体系与30个工种的理论体系，包括每个工种的行业结构及其职能、制造体系、设计规范体系、生产技术与管理体系、营建制度体系等，内容涉及东周的礼器、乐器、兵器、车辆、陶器、漆器、练染、建筑、水利等领域，还涉及天文历法、生物分布、数学计算、物理力学、化学实验等准自然科学知识。《考工记》或成为中国早期侯国工匠文化体系的早熟范型。

就研究现状而言，学界对《考工记》的研究成果颇丰。在史上，郑玄、王安石、林希逸、杜牧、戴震、孙诒让、徐昭庆、徐光启、卢之颐、程遥田等均对《考工记》做过深入研究，并取得了吾辈恐难企及的学术成果。不可否认，今人对《考工记》的研究也取得了长足进展，李砚祖、邹其昌[⑥]、李立新、徐艺乙、戴吾三、闻人军等学者从不同层面曾与《考工记》接触与对话。他们主要集中在艺术人类学、文化考古学、设计技术学、造物美学、环境生态学、历史文化学、知识社会学以及文献译注等视角的领会与阐释。毋庸避讳，目前学界也存有三种有悖于《考工记》的阐释模式：第一种是主观阐释模式，这种阐释多为主观臆测或不假思索的思考。譬如认为《考工记》是中国造物学的源头[⑦]，或认为《考工记》是一部东周科技著作[⑧]等。第二种是衍生模型阐释，这类阐释中的“衍生”是文本阐释的一种“可怕”行径。譬如认为《考工记》中有“生态主义”“和合主义”“机械主义”“美学思想”等文化知识体系。第三种是过度阐释模式，这类阐释主要是文化解读的“冒进主义”思维特征。譬如依据《考工记》的“大兽”“小虫”之词语，或“橘逾淮而北为枳，鸜鹆不逾济，貉逾汶则死”的语句，对此就下结论齐国有“动物类型学”与“植物地理学”，进而认为齐国的“生物科学”发达，这显然是一种过度的阐释。

上述三种研究模式，显然容易造成一个缺陷，那就是“放大”了《考工记》的知识体系及其文化价值。实际上，对《考工记》的研究基点，恐怕首先要建立“东周”（时间维度）、“齐国”（空间维度）与“官营”（社会维度）这三个立体思维维度。只有基于此三维思维模式，才能将《考工记》

置于特定的时效范围、地理区间与社会场域，方能阐释或部分阐释它的本然与应然。

第一，在时间维度，《考工记》是一部东周的手工业技术文本。西周末年以来，原来以血缘为关系的庞大宗族等级制度发生了动摇，周王室在自然灾害（祭祀不灵）、频繁战争（生灵涂炭）、荒酒乱政（昏君奢靡）中导致天命神学发生动摇，中国思想开始走向诸子时代。在政治经济层面，天下诸侯之间日趋激烈的竞争态势，必然在技术层面呼唤《考工记》这样的技术知识范型出场。

第二，在空间维度，《考工记》是一部齐国的手工业技术文本。在一定程度上，齐国以姜太公为代表的道家学术在鲁国儒家文化的近水楼台旁，获得了儒道融合发展的先机。《史记·齐太公世家》记载："太公至国，修政，因其俗，简其礼，通商工之业，便鱼盐之利，而人民多归齐，齐为大国。"[9]因此，《考工记》诞生于齐国有其独特的社会空间优势，它也标志着齐国文化整体性协同发展逐步走向成熟，并在合"礼"性技术层面显示出侯国的技术水平。

▲ 图 2　齐萦姬盘

第三，在社会维度，《考工记》是一部合"礼"性技术文本。尽管齐国"因其俗，简其礼"，但《考工记》还是一部合"礼"性技术文本，因为它是通过官制来建构与呈现的工匠文化系统的范型，并在生产工艺或营建制度中处处"受益"于殷周以来的礼制文明。抑或说，伴随战国中后期齐国与鲁国的文化融合，齐鲁两个诸侯国礼制文化的内在互动也是必然的。

简言之，对《考工记》研究的社会学限度是明显的。在忠实文本的基础上，时间、空间及其背后的社会场域当是同《考工记》对话的基本立场。唯有此立场，方能不失客观、有效与真实地解读《考工记》，包括对该作品中

“齐尔塞尔论题”的解读，否则会陷入盛气凌人的主观主义或机械论的陷阱。

二、《考工记》的考工理论体系及其创构方式

作为侯国官方技术性文本，《考工记》在“记”之前，必然有一个“记”的整体设计与规划，它关涉到所“记”的内容体系、叙事方法及写作目的等创构要件。

在内容系统层面，《考工记》创构了“考工学”的五大体系（见图2），即百工体系、造物体系、技术体系、制度体系与精神体系。基于国家职业系统理念下，《考工记》所记“百工体系”包含工匠职业的行业分工（六大行业）、工种类别（30个工种，实际出现25个）、技术层次（4类“岗位职称”）、身份等级（8个等级）等内容。基于行业分工，《考工记》所记“造物体系”包含制车、兵器、礼器、陶器、乐器、练染、工程、水利等内容。基于造物维度，《考工记》所记“技术体系”包含工匠技术的职责、程序、规范、标准、配料、检验等。基于工匠生产与管理，《考工记》所记“制度体系”包含工匠的管理、评价、奖惩、考核等内容。在“精神体系”方面，《考工记》所记工匠的精神体现有“圣人之作”的创物精神、“髻垦薜暴不入市”的诚信精神等。

在创构方式层面，作为侯国官营技术文本，《考工记》所“记”百工

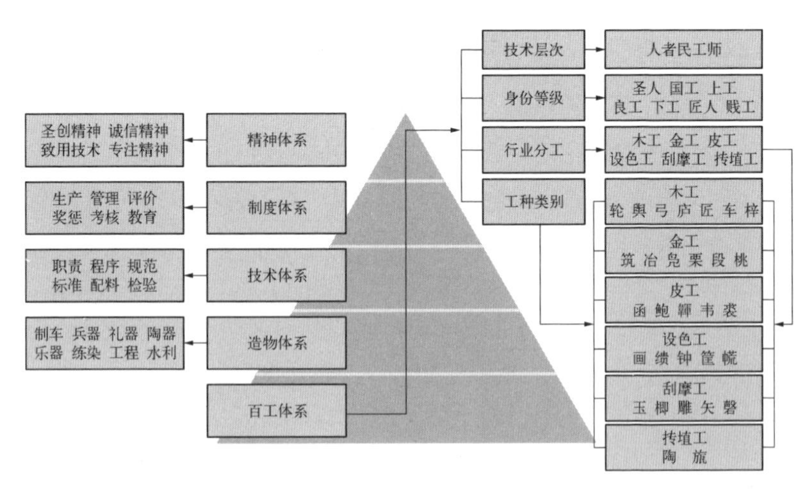

▲图2 《考工记》：“考工学”理论体系

是通过经验（技术）、镜像（参照）、借用（列举）、象征（礼制）等方式创构的。譬如“六齐”之不同器物含锡量并非来自科学实验的结果，而是直接来自工匠的经验技术总结。“天有时，地有气，材有美，工有巧”之“圣人”难以把控的思维是通过镜像自然而获得的，并在“轸之方也，以象地也；盖之圜也，以象天也”的“观物取象”中实现造物。同时，“燕之角，荆之干，妢胡之笴，吴粤之金锡，此材之美者也”也是列举思维的方法论。至于“国中九经九纬，经涂九轨，左祖右社，面朝后市，市朝一夫”的象征性营建方法，直接来自西周以来的礼制。因此，在写作目的层面，《考工记》的合“礼”技术性也是明显的。不过，《考工记》曰：“审曲面势，以饬五材，以辨民器，谓之百工。”这句话既是对百工的定位，也是对《考工记》写作目的的间接定位。

简言之，《考工记》的考工体系是东周侯国多重文化思想的技术化集成，也是三代以来的神本系统向人本系统转向的重要理论范型，它具有人文性（实用）、技术性（科学）与礼制性（宗教）的三重属性。《考工记》所昭示的齐国对技术体系的思考方式显露出合“礼”性之目的，也是符合东周社会发展需要的。

三、《考工记》中的“士”和“工”的基本内涵及其互动

在《考工记》中，“士”与“工”有着丰富的原始基本内涵及其文化本质，他们的互动也是富含了中国式“齐尔塞尔论题”的最初模型与要义。

1. “士”：作而行之

《考工记》中的“士”，或为“士大夫”。“士”本作“王”，乃斧钺之形。抑或说“士”与为“工”所造的象征权力的礼器战斧有关，或为“武夫”也[10]。自管仲起，“士”始为“四民”之首，并受“学在官府”教育制度等影响，专门习文练武之“士”成为知识分子的泛称。

在东周，“士”的地位等级仅次于“大夫”。《考工记》依次记有“天子之弓”“诸侯之弓”“大夫之弓”“士之弓”，也可看出“士”的地位还是较低的，并且有上士、中士、下士之别。因此，《考工记》中的“士”与

"士大夫"还是有区别的。士大夫乃"作而行之"，即知行统一，处于"王公"与"百工"之间的群体。但郑玄注"士大夫"为"亲受其职，居其官也"，应该是指服务于"王公"或国家的官吏。不过，《晋书·夏侯湛传》指出："仆也承门户之业，受过庭之训，是以得接冠带之末，充乎士大夫之列。"[11]可见，士大夫乃是指有一定身份、官职的知识分子。随着春秋时期的变革，士大夫开始分化成谋士、武士、文士（从事教育）、游士（游说）等各种职业。秦汉后期，作为趋向于"文"的知识分子之"士"慢慢固定。

2. "工"：作为圣人或匠

在甲骨文中，"工"之形类似于有手柄的刀斧或曲尺一类的工具，后引申为手持工具干活的人。《考工记》曰："知者创物，巧者述之守之，世谓之工。"这句话道出了"工"的形成或有三个阶段：(1) 知者创物（圣人）；(2) 巧者述之守之（巧匠）；(3) 工（百工）。换言之，"工"的不祧之祖或为圣人。商代以来的"工商食官"制度决定了"工"或为官家手作奴，但他们的智慧或源于圣人。《考工记》曰："百工之事，皆圣人之作也。"[12]在哲学层面，圣人，即指有限世界中的无限存在。换言之，工匠能创造无限存在，即"知者创物"。这正好印证了《考工记》所曰："粤无镈，燕无函，秦无庐，胡无弓车。粤之无镈也，非无镈也，夫人而能为镈也；燕之无函也，非无函也，夫人而能为函也；秦之无庐也，非无庐也，夫人而能为庐也；胡之无弓车也，非无弓车也，夫人而能为弓车也。"[13]这就是说，工匠是巧于某一专业的特殊技能之人，进而能烁金为刃、凝土为器，作车行陆、作舟行水。这就是说，"工"专业性技术分工是细致的。因此"有虞氏上陶，夏后氏上匠，殷人上梓，周人上舆。故一器而工聚焉者"。显然，东周"工"的造物是集体行为。

青铜时代的"工"，兵器、乐器等是他们的主要造物对象。兵器制造源于频繁战争的需要，《考工记》中多有造利器、战车、皮甲、弓箭等记载。乐器或"神器"与"礼器"主要来自西周以来的礼乐制度，《考工记》中的制钟、玉器（祭祀）、射侯（礼乐）、施色（礼服）等均以"礼"而作。因此，《考工记》中的乐器乃是以礼制为核心文化系统而创作的。于是"纳礼于器"成为东周特有的造物文化理论。《礼记·表记》载："殷人尊神，率民以事神，先鬼而后礼。先罚而后赏，尊而不亲。”[14]可见，占卜事神成为殷商人普遍的文化现象，那么，“工”担负起了事神礼器创造之责。李光地《榕村续语录》曰：“‘器’字有二义：一是学礼者成德器之美，一是行礼者明用器之制。”[15]可见，“纳礼于器”是由中国古代德器之“工”与行礼之“士”的互动而生成的。

在“工”的层面，《考工记》明确肯定了工匠在社会中的地位。《考工记》曰：“国有六职，百工与居一焉。”[16]意思是国有六职，即为王公、士大夫、百工、商旅、农夫和妇功。同时认为：“百工之事，皆圣人之作也。”可见，在百家争鸣时代，“工”的社会地位仅次于王公与士大夫。

▲图3　河南安阳出土的商代甲骨

从“工”的技术“职称”系统看，《考工记》中出现了人（者）、氏、工（匠工、国工、良工、上工、下工）、师（梓师）等岗位职称级别。《考工记》记载工之“者”的有圜者（中规）、方者（中矩）、立者（中县）、衡者（中水）、直者（如生）、继者（如附）等，记载工之“人”的有辀人、舆人、轮人、函人、韗人、筐人、玉人、雕人、矢人、旊人、梓人、匠人等，记载工之“氏”的有筑氏、冶氏、桃氏、凫氏、栗氏、段氏、韦氏、磬氏、裘氏等。

从“工”的技术“身份”看，《考工记》出现了圣人、国工、上工、良工、下工、匠人、贱工等有差别的技术身份阶层。“圣人”指向创物，具有特别智慧的神工。“国工”指有高级技术的特殊人才，并且他的技术是独一无二的。《军势》曰：“伎与众同，非国工也。”[17]所谓“上工”，即大师。《仪礼注疏》曰：“大师，上工也。”《考工记》中记载上工有（虞氏）上陶、（夏后氏）上匠、（殷人）上梓、（周人）上舆等。

从行业与分工看，《考工记》记载“百工”有六大序列与30类工种。这六大序列为木工、金工、皮工、设色工、刮摩工与抟埴工，其中木工分轮、舆、弓、庐、匠、车、梓等7类工种，金工分筑、冶、凫、栗、段、桃等6类工种，皮工分函、鲍、韗、韦、裘等5类工种，设色工分画、缋、钟、筐、㡃等5类工种，刮摩工分玉、楖、雕、矢、磬等5类工种，抟埴工分陶、旊等2类工种。

3. “工”与“士”的合“礼”性技术互动：角色借用

在词源学上，“工”与“士”具有家族相似或文化学意义传承特征。“巫”字甲骨文横直从工。另见《说文》“工”部曰：“与巫同意。”巫部曰：“与工同意。”可见，“巫”与“工”同义，均与上古巫术祭祀工具有关。《白虎通》曰：“士者，事也。”所谓“事”，即巫事也。《曲礼》中有“大士”记载，“大士”即“大巫”，它是区别于一般民巫的官巫。这些上古通古今之道的“士”被提拔至朝廷，则成为史巫或史官。

《考工记》本身的著述就是“工”与“士”的合“礼”性技术互动产物。目前，尽管《考工记》之“记”是何人所“记”或为“悬案”，但有一点是可以肯定的，即《考工记》与有知识文化的“士”或“士大夫”是有关系的，因为在“学在官府”的春秋社会，“工”是无法实现《考工记》的著述行为的。因此，《考工记》的著述就是古代“士”与“工”互动的合“礼”性技术行径。抑或说，《考工记》借用著述的方式率先证实了“工”与“士”的一次合“礼”性技术完美合作。显然，对于齐国之“士”而言，《考工记》显然是一种面向合“礼”的实践技术文本书写，它确乎是顺应春秋以来激烈的诸侯竞争而出场的。

《考工记》的“工”观借用儒道思想，是东周社会思想整体的协调性发展的产物。就《考工记》的知识谱系而言，它得益于儒道融合的齐国社会。因此，《考工记》中的很多造物思想及其礼法制度的知识谱系具有传承性特征。譬如，《考工记》的“阴阳观”即来自道家的部分思想。《考工记》曰：“凡斩毂之道，必矩其阴阳。阳也者，稹理而坚；阴也者，疏理而柔。”[18]又曰：“水之，以辨其阴阳，夹其阴阳，以设其比。”[19]显然，这些阴阳观是老子“万物负阴而抱阳，冲气以为和”的一种继承。再譬如，《考工记》中的“五色观”即来自《易经》之思想。《考工记》曰：“画缋之事，杂五色。东方谓之青，南方谓之赤，西方谓之白，北方谓之黑，天谓之玄，地谓之黄。”[20]这种五行相生的思想直接源于《易经》，又摒弃了道家“五色令人目盲”的观点。《考工记》曰：“匠人建国，水地以县，置槷以县，视以景，为规，识日出之景与日入之景，昼参诸日中之景，夜考之极星，以正朝夕。”[21]这种法天象地的思想也源于《易经》。特别是《考工记》中的营建制度，它主要来自《周礼》。譬如《考工记》曰：“国中九经九纬，经涂九轨，左祖右社，面朝后市，市朝一夫。”[22]很显然，这些礼法或技法是西周以来礼制思想的整合与演绎。

“工”对“士”有角色依赖。在“学在官府”的春秋战国，“工”是离不开“士”的，“士”或为“工”提供思想或创作的文化。《考工记》曰：“粟氏为量。改……其实一升。重一钧，其声中黄钟之宫，概而不税。其铭曰：‘时文思索，允臻其极。嘉量既成，以观四国。永启厥后，兹器维则。’”[23]这明显暗示，在铸造黄钟之时，“工”与“士”是借助铭文而实现互动的。同时，铭文显然也是合“礼”性技术的一种传达媒介或载体。

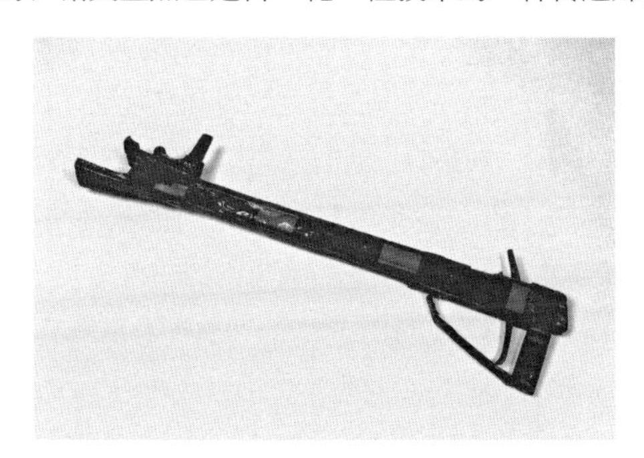

▲ 图 4　河北老河口出土的战国漆弩机

“受器之礼”也是“工”与“士”的角色互动方式。《诗经・小雅・彤弓》曰：“彤弓弨兮，受言藏之。”[24]题解《毛序》曰：“《彤弓》，天子锡有功诸侯也。”[25]锡，赏赐也。彤弓，即用大漆髹成的弓。《诗经》之“彤弓受言”不仅折射出西周社会的战争与兵役，还折射出西周社会贵族王室要员获得漆器的方式是赏赐。“受器”之礼在《周礼・大宗伯》中有记载：“一命受职，再命受服，三命受位，四命受器，五命赐则，六命赐官，七命赐国，八命作牧，九命作伯。”[26]这里的受器方式显示出“士”与“工”在礼仪上实现了角色借用。

《考工记》所显示的“工”与“士”之间的合“礼”性技术互动，明显呈现出齐国对东周礼法或技法的整合性协同发展特征。毋庸置疑，尽管齐国“因其俗，简其礼”，但西周以来的礼制思想还是很难彻底在齐国消亡，并在一定程度上表现于侯国造物系统中。

四、“工”与“士”的合“礼”性技术：在互动与区隔中权衡

在《考工记》中，王公、士大夫、百工三者职业分工的区隔化偏向是明显的。王公只管“坐而论道”，士大夫“作而行之”，百工只负责“审曲面势，以饬五材，以辨民器”。这种社会系统下的职业分工，显然与管仲之“四民分业论”有相似之处。不过，“士”与“工”的身份也彰显出他们之间的区隔化端倪主要体现在三个方面：

第一，“工”与“士”在社会理想的偏向中互动与区隔。从《考工记》中看，“工”与“士”的社会化职能差异直接引起他们的社会理想偏向。“士”的社会理想偏向于合“礼”性技术社会政治，“工”的行为理想偏向于造物设计，并处于“士大夫”国工官之下而被“奴役”。因此，齐国工匠与其他诸侯国工匠一样，其身份与活动空间是受到严格限制的。

第二，“工”与“士”在社会思维的偏向中互动与区隔。“工”与“士”的社会理想偏向差异，又引起行为思维的差异。“士”的社会思维及定性方法具有合“礼”的社会性，而“工”的行为思维是合“礼”的技术性。合“礼”的社会性思维所偏向的是基于家国天下的宏观的整体宇宙观，而合“礼”的技术性关注的却是微观的经验性的实用物质性。因此，这两种思想导致后来的儒家以“君子不器”的思想出场，而遮蔽了“工”的文化性与社会性。

第三，“工”与“士”在社会行为的偏向中互动与区隔。上古技术显示出最为原始的“工”与“士”行为的合理性与同一性。因为“技术追求合理性，是利用合理的思考和行动，来克服不合理因素的人类相对自然的行为”[27]。但殷周以来，“工”与“士”的行为在某种程度上，均在“礼”的合理性因素中追求社会与自然的统一：一方面，“士”为了践行或实现“礼”的仪式，必然依赖于“工”的造物行为而获得“礼”之器物；另一方面，“工”又在造物中学会了技术性的计量思维或准科学知识。因此，在技术层面，《考工记》是东周时代一部不可多得的技术与准科学文本。《考

工记》载有30项专门的生产部门，说明春秋战国时期至少有30个生产技术系统。法国人R. 舍普认为，一个技术体系“总是与一个由知识、技能、论述及可以被广义的技术思想一词所涵盖的一切组成的整体相伴随”[28]。30项生产部门，即30种专门化的创造活动，它的结果就是“技术创造”。同时，30项专门的生产部门也是春秋战国时代的“实验室”，进而产生了史无前例的准科学知识。抑或说，《考工记》已然开始将“工”的量化思维里包含部分数学科学。譬如《考工记》曰：“九和之弓，角与干权，筋三侔，胶三锊，丝三邸，漆三斞。”[29]这里的“漆三斞”之“斞”，同“庾”，是古代斗类容器或计量单位，相当于毫升。中国历史博物馆藏一容器为5.4毫升，铭文今译为一又二分之一斞强，可以推算，“漆三斞”，即10.8毫升（5.4÷1.5×3）弱。可以说，定量化思维是早期定性化思维的一种巨大进步，这些量化思维方法为后期科技的进步奠定了重要基础。

显然，社会理想决定社会思维及其社会行动。“士”的“礼法”理想与“工”的造物“技术”在礼制中实现了互动，在互动中隐藏了区隔化风险。

五、“工”与“士”的合“礼”性区隔及其技术后遗效应

《考工记》所显现的“工”与“士”的合“礼”性区隔，直接导致“士”较少对“工”的技术进行哲学思考，“工”也只能在“受之述之”的技术教育或从传承方式上实现知识传承；同时，“士”与“工”之间的合作潜能被遮蔽，进而使得“士”与“工”的互动在有隔阂的思想语境下完成，更迫使中国科学文化始终受制于经验技术：

第一，“士”与“工”的区隔导致“士”较少对“工”的技术进行哲学思考。东周“士”的哲学思考偏向于社会哲学，尤其是合“礼”性政治哲学，而对自然哲学的思考仅偏向于宇宙起源论或物质论，并将这些思考又嵌入了宗教神话以及帝王统治权的合法理由上。因此，东周哲学固化在合“礼”性社会政治、宗教神话以及神权文化上。东周哲学家对工匠的历史、技术以及教育的思考缺乏，导致技术知识的发展没有向科学领域进军。诸侯战争与原始宗教是不允许哲学家在技术文化上的反思有所作为的，因为分裂动荡的诸侯国统治者必须要找到神权与人之间的代言人及其制度。于是，孔子及其仁政思想出现了，老子及其道家思想出场了，墨子的兼爱思想诞生

了，韩非子及其法家思想也兴起了。因此，整个社会的一切文化都被政治化或宗教化了，也包括工匠技术及其文化，被理解或未被理解的，均未纳入哲学层面的思考。近代欧洲哲学的繁荣以及人文主义学者对技术文化的反思力度，造就了近代欧洲科学的快速发展，这一点或能反证东周科学未能获得发展先机的原因。

第二，“士”与“工”的区隔导致“工”只能在“受之述之”的技术教育或从传承方式上实现知识传承，这明显不利于科学的启蒙与发展。“受之述之”的知识传承为技术发展提供“固有的基础”。这里的“之”就是工匠之经验技术知识，而且是一种能与现在或将来衔接的经验技术史。早期的希腊文明与中国的先秦一样，注重的是经验技术史，因此，也没有书写诞生科学史。《考工记》中所载攻轮、舆、辀、钟等，主要意图在于这些工具作为一种手段或方法被用于战争、生活、宗教等领域，而这些造物的技术主要不是来自“实验室”，而是来自经验技术。换言之，《考工记》并没有记载东周时代的科学活动，即在实验室里专门为了解决某一技术问题而展开有计划的实验研究，并将这种实验研究结果有目的地用于生产生活中。譬如，就如何解决天不时、地不气与材不美等问题，对于《考工记》而言，它只能归咎于“材美工巧，然而不良，则不时，不得地气也”。实际上，对于科学家而言，可以通过研究新材料或新技术来解决这些自然缺陷。举个例子，将蒸汽机的汽缸改成电磁铁，这样就解决了线性发动机的不足，进而发明了电力发动机。墨子是个例外，但毕竟像墨子这样的学者是很少的，他在技术变革层面作出了超越时代的贡献。

第三，“士”与“工”在区隔与互动中呈矛盾化的演进趋势，使得“士”与“工”之间的合作潜能被遮蔽。“士”与“工”的合作潜能是巨大的，可惜东周哲学家或学者没有看到这一点。《考工记》只看到了“工”的分工，而没有注意到“士”与“工”的合作。《考工记》曰：“凡攻木之工七，攻金之工六，攻皮之工五，设色之工五，刮摩之工五，抟埴之工二。”[30]这些分工巨细的工匠是术有专攻的，并主张不冶它技。如果东周将《考工记》中的天文学、地理学、物理学、化学、力学、声学、建筑学、数学等学科合作发展，那将是另外一种天地。

第四，“士”与“工”的区隔导致“工”与“士”的身份彼此孤立，很难自由融合而充分互动。抑或说，“士”与“工”的互动是在有隔阂的思想语境下完成的。科学诞生的条件应是有一批“士”为“实验室”而存在，因为科学知识的诞生与演变主要发生在实验室，东周之“工”的活动只是专门化的创造性活动，即技术创造。身份的孤立直接导致东周技术的发展实际上是没有科学目标的，它的发展方向取决于当时社会战争、宗教以及社会农业发展目标，同时也导致“士”对自然哲学的思考与工匠技术哲学的思考是没有区分度的，或出于一种混沌的原始状态。

简言之，在中国东周社会，合“礼”性技术文化是非常发达的，但少有科学文化发展的土壤与空间。尽管《考工记》中显示出“工”与“士”的合“礼”性互动迹象，但这种互动是在区隔化风险中演进的，它不利于科学知识的生产与发展。抑或说，《考工记》既涵盖了中国式“齐尔塞尔论题”的最初模型与要义，又昭示出齐国士大夫与百工在互动中潜伏着彼此的区隔化偏向及其后遗效应风险。

注 释

① 有关“齐尔塞尔论题”，参见（荷）H. 弗洛里斯·科恩：《科学革命的编史学研究》，张卜天译，北京：商务印书馆有限公司，2022 年。

② Panofsky E. *Renaissance and Renascences in Western Art*［M］. New York: Routledge, 1960.

③ 转引自 Martini M. *The Merton-Shapin Relationship from the Historiographic Debate Internalism/Externalism*， *Cinta De Moebio,* 2011（42）:295.

④ Long P O. *Artisan/Practitioners and the Rise of the New Sciences, 1400-1600.*（The Horning Visiting Scholars Series.）Corvallis: Oregon State University Press， 2011.

⑤（日）仓桥重史：《技术社会学》，王秋菊、陈凡译，沈阳：辽宁人民出版社，2008 年。

⑥ 邹其昌：《〈考工记〉与中华工匠文化体系之建构——中华工匠文化体系研究系列之三》，《武汉理工大学学报（社会科学版）》，2016 年第 5 期。该文详细分析了《考工记》的工匠文化体系建构范式。所谓“《考工记》范式”，作者认为：“（它）主要是指国家管理者层面从整体社会结构组织来规范或建构工匠文化体系，突出了工匠文化的社会职能、技术文化、行业结构、考核制度、评价体系等核心要素系统，使之成为中华工匠文化体系创构期的重要范本，也是后世中华工匠文化体系建构的关键性文本或理论模式。”该文作者提出的《考工记》为“中华工匠文化体系创构期的重要范本”，值得学界注意，并就“中华工匠文化体系”这一全新命题展开研究，这必将有补于中国传统文化的发掘、传承与创新，也增益于世界文化的多样性发现与发展。

⑦ 实际上，战国之前的五帝和夏商时期的上古历史资料的匮乏与无知，很难断定《考工记》是中国造物学的源头，任何现有技术都与曾经的历史密切相关。

⑧《考工记》最多算是齐国的官方技术文本，言之为“科学技术”需要进一步证明或论证。东周社会是否有“科学”的存在是需要研究的，或最多说齐国有“准科学”的存在，因为“科学知识的演变主要发生在实验室里”。（法）R. 舍普等：《技术帝国》，刘莉译，北京：生活·读书·新知三联书店，1999 年，第 83 页。

⑨（汉）司马迁：《史记》（第 4 册），北京：中华书局，2010 年，第 2507 页。

⑩ 俞水生：《汉字中的人文之美》，上海：文汇出版社，2015 年，第 3 页。

⑪（唐）房玄龄等撰：《晋书》，北京：中华书局，1974 年，第 1492 页。

⑫（清）阮元校刻：《十三经注疏》（《周礼注疏》），北京：中华书局，2009年，第1958页。

⑬（清）阮元校刻：《十三经注疏》（《周礼注疏》），北京：中华书局，2009年，第1957页。

⑭（清）阮元校刻：《十三经注疏》（《礼仪注疏》），北京：中华书局，2009年，第2079页。

⑮（清）李光地著，陈祖武点校：《榕村续语录》，北京：中华书局，1995年，第615页。

⑯（清）阮元校刻：《十三经注疏》（《周礼注疏》），北京：中华书局，2009年，第1956页。

⑰（唐）魏徵等撰，沈锡麟整理：《群书治要》，北京：中华书局，2014年，第373页。

⑱（清）阮元校刻：《十三经注疏》（《周礼注疏》），北京：中华书局，2009年，第1962页。

⑲（清）阮元校刻：《十三经注疏》（《周礼注疏》），北京：中华书局，2009年，第1998页。

⑳（清）阮元校刻：《十三经注疏》（《周礼注疏》），北京：中华书局，2009年，第1985页。

㉑（清）阮元校刻：《十三经注疏》（《周礼注疏》），北京：中华书局，2009年，第1374页。

㉒（清）阮元校刻：《十三经注疏》（《周礼注疏》），北京：中华书局，2009年，第2005—2006页。

㉓（清）阮元校刻：《十三经注疏》（《周礼注疏》），北京：中华书局，2009年，第1982—1983页。

㉔（清）阮元校刻：《十三经注疏》（《毛诗正义》），北京：中华书局，2009年，第902页。

㉕（清）阮元校刻：《十三经注疏》（《毛诗正义》），北京：中华书局，2009年，第901页。

㉖（清）阮元校刻：《十三经注疏》（《周礼注疏》），北京：中华书局，2009年，第1641—1643页。

㉗（日）仓桥重史：《技术社会学》，王秋菊、陈凡译，沈阳：辽宁人民出版

社，2008 年，第 211 页。

㉘（法）R. 舍普等：《技术帝国》，刘莉译，北京：生活·读书·新知三联书店，1999 年，第 11 页。

㉙（清）阮元校刻：《十三经注疏》（《周礼注疏》），北京：中华书局，2009 年，第 2024 页。

㉚（清）阮元校刻：《十三经注疏》（《周礼注疏》），北京：中华书局，2009 年，第 1959 页。

第五章

-

先秦的关系户：士与匠

在科技层面，先秦工匠造物和探索自然的活动场所即为他们的准科学实验室，官营专门化、垄断性作坊的创造性活动或为先秦百工的技术创造。换言之，先秦百工兼具准科学家与技术专家的双重身份。以工匠为参照群体的先秦学者，不仅顺应社会发展提出了自身需要的可遵循的社会秩序、价值伦理及治国方略，还在镜像、参照、模范、介导、著述等社会互动或角色借用中实现了对工匠的知识叙事及技术的知识记述。但先秦学者与工匠的早熟性互动有潜在的区隔风险，以致日后工匠技术与自然哲学的协同发展被植入了致命的“阿喀琉斯之踵”。

对学术史研究而言，尽管学界对先秦社会的学者或工匠文化的解读是多样而丰富的，它包括先秦社会语境下的宗教文化、士人文化、技术文化、工匠文化、器物文化、工艺文化、设计文化、制度文化、经济文化等，但从先秦学者与工匠之间社会互动的深层次视角研究的文字还不多见。这种研究现状，无疑不利于理解先秦社会及其语境下的工匠文化的发展。在接下来的讨论中，拟以《周易》《老子》《论语》《墨子》《韩非子》等为具体考察个案，较为详细地阐释“齐尔塞尔论题”在先秦的表现形态及其核心指向，并就此讨论相关学者与工匠之间的社会互动所引发的复杂的社会问题。

一、先秦社会的“士”与“工”：从“文明以止”到“人文化成”

先秦时期是中国文化思想的起源、初步定型与发展阶段，特别是老子思想与孔子思想以及战国中后期思想学术的“高度成熟”，或者是一种“早熟”，基本奠定了中国文化在世界文化谱系中的身份与地位。

第一，五帝时期。五帝时期是中国文明的起源阶段，所谓“五帝时期”是指黄帝、颛顼、帝喾、尧帝与舜帝五个帝王统治的历史阶段。人类社会早期的大事要数“图腾崇拜”的产生。如果说文字可以记神谕、定历法，那么，图腾则是为了辨祖先、记标志、图象征等传播思想的文化产物。半坡遗址出土的人面鱼纹暗示了原始工匠造物中“人鱼同源”的朴素宗教思想。姜寨遗址出土的有鱼、蛙、鸟复合图案的彩陶盆，当是原始工匠“人文化成”之物。人类早期“学者”，或是初民宗教思想的建设者与传播者——巫。五帝时期的“巫”肩负着多样的“人文化成”或“文之化器”的职能。从历史

▲ 图 1 陕西西安出土仰韶文化彩陶盆

记载看，黄帝时期，宫室建筑、食用器具、车辆等造物设计应当取得了突破性成就。作为“巫”或“工”，如黄帝作宫室、作瓦甑、作舂、作车、作弩等，轩辕作指南车，赤将为木正，宁封子为黄帝陶正等。作为“学者”，黄帝著述有《难经》《归藏易》《胜负握机》《黄帝兵法》等。另外，黄帝部落首领高元负责宫室营造，尧时工官鲧治水利、工官工共发明弓与创制规矩准绳，等等。换言之，五帝时期“巫”的身份是多元的。

第二，夏商周时期。殷周时期，巫史是中国的第一代“学者”，他们掌管天文星象、历数史册、造物设计等一切宗教或“科学文化”活动。应该说，巫史也是中国社会的第一代“工匠”，从事与管理各种手工艺活动。在殷商时代，占卜事神成为商代人普遍的文化现象。《礼记》载：“殷人尊神，率民以事神，先鬼而后礼。先罚而后赏，尊而不亲。”[①] 原来的符号刻划远远不能适应凡事必卜的殷商社会的发展，于是，与之相应的“刻辞”——记录占卜的书面文本——甲骨文系统诞生了。一个超自然与人事的新神灵——“帝”，被“工”刻写在特定的甲骨空间。作为“学者”的殷商史官将占卜祭祀编辑成书，或将上帝（至上神兼祖先神）和社（社神）、河（黄河，河神）、岳（岳神）以及地祇等自然神祇的崇拜与文字传播作同步发展。沉睡的黄河殷商国力及其文化，就在这样的崇拜祭祀与书面甲骨文字的传播中被释放，使得殷商神权与政权受到承认并逐步趋于稳定。可见，作为“工”刻画的甲骨卜辞在文化传播与传承上的作用是显赫的。

第三，春秋战国时期。战国以来始兴的知识分子“士”显赫于世。不过，他们的学说活动主要围绕朝廷官方的政治活动。诸如老子、孔子、孟子、韩非子等知识分子的学术行为，基本上是围绕家、国、天下与宇宙系统而展开的，工匠造物不过是他们借用来叙事的角色对象。在“士”的层面，东周诸子都不约而同地表现出一种普遍的政治关怀。作为“士”阶层的文化偏向，普遍具有国家“行政化”目标倾向，即政治教化目的性强。在“工”的层面，先秦诸侯之间竞争激烈，诸子百家思想极其活跃，工匠也成为他们关注与重视的对象。《考工记》与《墨经》两部开山设计工艺名著的出炉，就是顺应这种社会的需求而诞生的。“工”作为一个独立阶层的出现，它是战国以来社会上不可忽视的重要群体，但其活动主要围绕官府造物及其生产工具。夏朝名匠有禹、公刘、仇生、乌曹、昆吾氏、伯益等。周代以来，名匠层出不穷，如姬旦、姬虎、士弥牟、楚庄王、楚灵王、弓工、西门豹、驷赤、史起、敬仲、商阳、子西、轮扁、匠庆、公子鱼、梓庆、鲁鄙人、公输般、墨翟、管仲等[②]。可见，先秦社会的名匠辈出，在社会发展中肩负着重要角色。

简言之，先秦时期的中国文化是以宗教为发展纽带，以祖先神（包括自然神）为崇拜对象，在氏族组织（国）或国家制度（天）的发展偏向中谱写着早期中国文化，并在“文明以止”与“人文化成”中发挥着“士”与“工”的社会价值。

二、先秦学者与工匠的互动机制：从“镜像”到“著述”

先秦学者与工匠的互动方式是多样的，呈现镜像、参照、模范、著述等动态递升互动机制。它近乎内含中国古代学者与工匠互动的所有方式、机制及逻辑形态，因此，先秦学者与工匠的互动“高度成熟”，或是一种“早熟”形态。

1.《易经》：工匠文化之镜像

在人类早期，“镜像”是人们认识世界的一种朴素的呈现方式，即在他者的镜像下不断认识自我。正如法国精神分析学家雅克·拉康（Jacques Lacan 1901—1981 年）所言，从镜像阶段开始，（人类）婴儿通过镜子认识到“他人是谁”，才能够意识到“自己是谁”。工匠及其文化是先秦学者社会行动与思想出场的一个镜像对象。这里所谓的“镜像对象”，指的是先秦学者在思想上镜像工匠文化的诸多技术标准、手作思想与精神理念，并提供思想镜像框架的目标对象。譬如《易经》是先秦学者镜像工匠及其文化思想的经典文本，它是中国古代自然哲学与人文实践知识互动而产生的文化镜像体。因此，《易经》不仅是中国自然哲学包括工匠思想的源头，也是中国社会实践知识的理论根源。

《易经》原本是占卜之书，但它是早期“学者”对实践知识包括工匠知识镜像的直接产物。所谓“知识镜像”，是指学者将他者文化镜像为自我主体的心象，进而在反转与互动中建构新的自我知识。譬如《易经》中“开物成务”“制器尚象”“法天象地”“厚德载物”“五行相生”“备物致用”等朴素造物命题的出现，实质就是学者对工匠知识镜像后生成的知识。在拉康看来，镜像是对客体反复认同的结果。换言之，《易经》是学者对工匠及其文化反复认同，并反转为自我知识系统文本的产物，也是早期“学者”镜像工匠实践知识的哲学化呈现的早熟文本，并富有典型的哲学化与理性特色。作为学者的作者，在“形而上”的知识叙事中镜像出古代工匠造物的宇宙学与本体论体系，为中国后来造物镜像做了很好的思想准备与范式储备。

2. 《老子》与《论语》：工匠文化之参照

伴随社会文明的进步与发展，先秦学者认知自然的方式也逐渐发生了变革，初期的镜像思维逐渐被参照群体思维所取代。所谓“参照群体”，指的是学者在心理上所从属的、认同的，为其树立和维持诸多标准规范的，并提供比较价值框架的目标群体。譬如工匠群体就是春秋战国时代学者社会行动与思想出场的重要参照群体。

在道家层面，工匠群体是一种“否定性参照群体”，因为在道家的代表人物老子看来，“人多伎巧，奇物滋起”，进而造成社会秩序的混乱。换言之，老子以工匠作为参照群体是基于否定的立场。从知识生成视角看，老子热衷于对自然现象的经验观察，并以自然为肯定性参照群体，以还原自然的理念而实现社会的清静无为的理想。因此，老子对包括工匠经验的手作、技术及其思维的观察，是基于国家与自然的立场所做出的有选择性的判断。

在儒家层面，《论语》是儒家的经典，热衷于对社会逻辑理性的思考，以期望实现社会结构的稳定与道德的教化。由于工匠文化在个性特征、规范作用以及比较价值上具有儒家所需要的参照思想，于是工匠就成为儒家的参照群体。譬如，对梅顿（1957 年）而言，个体对参照群体的选择要依赖于个性特征。工匠造物讲究的是“工匠精神”，并在专业、专注与专攻上只做好一件事。对此，孔子持反对意见，进而提出“君子不器”与“玩物丧志”的思想。因为在孔子看来，作为学者的君子必须心怀天下与国家，必须做到思不器、行不器与量不器，必须“志于道”。但鉴于“道”与“器”的关系，器本身也具有承载文化的功能，于是孔子又认为“道器不离”，意在强调器之载道的功能价值，并提出“经世致用”的思想。另外，凯利（1952 年）也认为，“参照群体”不仅具有比较评价作用（appraisement），还具有很强的规范作用（normativeness）。儒家借用“百工居肆以成其事，君子学以致其道”等文化思想来规范人的行为与道德伦理，进而崇尚礼乐与仁义，提倡忠恕与中庸之道，主张德治与仁政，重视伦常关系。实际上，儒家对工匠群体的参照是矛盾的，即否定参照群体与肯定参照群体兼而有之。尤其是儒家“奇技淫巧”的否定性参照群体思想对技术性发展往往是具有破坏性的，因为学者强调了实用性或伦理性的造物思想，却遮蔽了工匠潜在的技术进步的可能。

简言之，儒道学者“重道轻器”的立场，催生了学者与工匠区隔的“二阶冲突”，即在国家“重道轻器”的基本国策干预下，导致了学者、工匠与国家层面的文化冲突。在传统意义上，工匠将来自学者的文人思想转移到造物的语图叙事的文化符号设计中，却遮蔽了自我造物的技术可持续发展与进步。显然，“君子不器”的宏大治国理想，却被“重道轻器”的立场遮蔽了社会发展所需要的技术文化；同时，学者治学失去了工匠原有的经验技术、量化方法与手作思维，也扩大了学者与工匠之间的区隔鸿沟。

3. 《韩非子》：工匠文化之模范

在社会互动理论看来，个体间的互动是来自他们之间的吸引。先秦法家学者与工匠之间的个体互动是基于相互趋同或吸引的社会价值理念，这种吸引来自“工”的“物理模范”与“士”的“思想模范”之间的趋同性。

法家是战国诸子中后起学派之一。管仲、商鞅、慎到、申不害、李斯等是法家重要人物。最为显赫的是韩非子，他是一位十足的功利主义者，将法、势、术等诸多思想糅于一身，并积极提倡“以法治国”的思想。因此，法家在“奉法者强则国强，奉法者弱则国弱”的理念支配下，形成了一套中央集权君主专制主义的治国理念，并充分利用“法”的思想框架，来构型法家的理想社会治理模型，而活跃于战国的“模”“范”“型”“规”“矩”“绳”等工匠造物的工具及其方法论，自然被法家用于社会治理。

在理论上，先秦工匠的职业实践知识为法家学者的理想思维发展及其社会制度的产生提供了范本。据史载，法家者流，盖出于理官。所谓“理官”，是指古代主管狱讼之官，法家之学大概与他们所从事的社会职业密切相关。

4. 《墨子》：工匠文化之介导

墨子生活于“百家争鸣”的战国时代，时有“非儒即墨”之说。如果说“仁”与“道”是儒学和道学的核心思想，那么，墨学的核心思想则为“兼”。在理论上，墨家在理性逻辑的哲学思想与自然现象的经验观察之间做了一次很好的“调和”。

在本质上，墨家之“兼学”的形成是战国社会结构性变化的产物。墨学之“兼”是以消解“专制”“不平等”等为代价的理性觉醒为己任。抑或说，“兼”是对“天命论”的抗争，或是对当时社会矛盾的一种调和，显然也是对当时作为士阶层的儒家学者与工匠之间区隔的一次调和。因此，墨子的“兼学”是社会进步以及思想发展的产物。

墨子之所以能实现对工匠文化的介导与互动，也是因为工匠文化在当时社会发展中的力量所引起的，因为“铁器”是引起战国时代社会结构性变化的根本介质。新工具的崛起意味着很多“现实”产生变化，譬如，“无故富贵”的贵族权力与权利开始动摇，掌握新工具与土地所有权者开始“暴富”……这些政治、经济、阶层、制度等社会性结构的“位移”，是春秋战国时期社会转型的集中表现。

在经验技术层面，墨子亲自参与手工造物，并精通手工技艺，可与当时的巧匠公输般相比。他自诩为“上无君上之事，下无耕农之难”的士人。墨子将造物经验技术做了深层次的科学理性思考。科恩在《科学革命的编史学研究》中援引李约瑟的话说：“在中国思想史上，这些墨家文本要比其他任何文本更接近于西方科学的精神。”[3] 可见，墨子是中国早期学者介入工匠造物的最具代表性的人物。

▲ 图 2　湖北荆州出土的织绣

在介导层面，墨子主张“节用”而不修“文采”，认为“当为宫室不可不节”，因为在他看来，“女子废其纺织而修文采，故民寒；男子离其耕稼而修刻镂，故民饥”[4]。不过，墨子对“巧”的看法不同于儒道的思想。他认为：“故所为功，利于人谓之巧，不利于人谓之拙。”[5] 在镜像与参照层面，《墨子·天志》曰：“子墨子言曰：‘我有天志，譬若轮人之有规，匠人之有矩。’轮匠执其规矩，以度天下之方圆。”[6] 墨子的“匠人有矩，以度天下”的思想值得注意。作为学者的墨子与作为工匠的墨子在技术知识层面达到了深层次积极互动，这在先秦社会是很少见的一种文化兼合现象。

5. 《考工记》：工匠文化之著述

《考工记》是中国古代第一部官方手工知识著述，记述了齐国官营手工业各个工种的设计规范和制造工艺。

在“工”的层面，《考工记》首先肯定了工匠在当时社会中的独特地位，并认为：“国有六职，百工与居一焉。”[7] 即国有六职，为王公、士大夫、百工、商旅、农夫和妇功。同时认为："百工之事，皆圣人之作也。"[⑧]可见，先秦"工"的社会地位是较高的。

在科技层面，《考工记》乃是一部珍贵的先秦科技文本，显示出先秦社会至少有30个生产技术系统。一个技术体系"总是与一个由知识、技能、论述及可以被广义的技术思想一词所涵盖的一切组成的整体相伴随"[⑨]。《考工记》所记载的30项专门的生产部门显然是春秋战国时代的"实验室"，并开始显现出"工"的量化思维及其科学方法论。

实际上，《考工记》用著述的方式率先证实了工匠与学者的一次完美合作。对于传统中国儒家知识分子而言，《考工记》显然顺应了战国时期诸侯国之间文化与技术的激烈竞争。

三、先秦学者与工匠互动的进程逻辑：互动与区隔的权衡

历史中没有绝对的互动，也没有绝对的区隔。这种说法来自历史以及历史学家考证后获取的重要启示。也许我们被先秦学者与工匠的互动所取得的辉煌文化成就而折服并蒙住了双眼，以致认为这段时期的学者与工匠是没有区隔的。这显然是错误的，也是不符合事实的。

先秦学者对工匠文化的社会互动与角色借用的不朽功绩在于：他们在"镜像—参照—模范—介导—著述"等具体互动中完成了对工匠自身的经验考察与技术指导，包括对工匠的文化、技术以及思维的引领，并取得了显而易见的成效。《易经》《老子》《论语》《墨子》等文献中所折射出来的工匠经验、工匠技术、工匠科学、工匠思维、工匠精神、工匠制度、工匠手作、工匠理念、工匠行为、工匠器量等，无不彰显着学者对工匠文化借用的互动效应。但先秦学者对工匠文化的借用却显示出"匠人有矩，以度天下"的普遍政治偏向。因此，先秦学者与工匠的积极互动存在一种潜在的区隔风险。

由于人类早期受自然环境、技术工具、思维能力等多种因素的制约，"学者"与工匠必然在互动中实现集体性生存的发展。于是，"镜像思维"成为通过他者认识自我的重要路径，这显然是社会思维的一种权衡。当社会发展到足以使自己思维相对精确或成熟的阶段，人们对自然的考察便由早期的自然思考转向自觉参照阶段。在此阶段，学者与工匠文化的选择性参照，是建立在肯定性目标群体与否定性目标群体的双重参照中完成对工匠文化的

借用与反思的，进而为学者对社会的思考有所参照。那么，当参照群体对学者的思考发生失效或出现社会性矛盾之时，学者必然要做出思想的调整或进一步的干预。因此，作为一种行为规范或准则的“模范”思维便诞生了。学者试图借用工匠的“模范”来治理动荡的社会秩序，以期望实现齐家治国平天下的理想。当“模范”思维无法实现治理国家，并在一定程度上又疏离了工匠文化之时，学者必然要亲自介导工匠文化，即介入与指导工匠文化，进而实现科学、技术的发展，以期望实现社会的稳定发展。那么，当这种介导思想出现时，自然就有“著述”行为的出场，因为只有这样，才能将工匠文化及其知识得以传播和继承，进而更好地为社会发展服务。

简言之，先秦学者与工匠的逻辑互动进程显示，他们是在互动与区隔中做权衡式的发展。作为学者，他们基本以家国政治为中心，在与工匠文化互动中实现自我互动与社会互动，进而为自己的思想立场与政治理想服务；而作为工匠，他们在手作经验、技术科学、量化思维、工具器度、造物模范等多个维度为学者借用思想提供源泉，并在自己的造物行为中实现为大众的生活提供器具。因此，学者与工匠之间的互动是天然的，但他们之间的区隔也是天然的，因为他们各自的关注中心与聚焦的立场有相对的权衡偏向。

四、先秦学者与工匠的互动早熟及其反思

上述研究发现，先秦学者与工匠在心理上与生理上的互动发展是过于“早熟”的，并在科学、技术以及其他文化发展史上留下了宝贵的知识财富；与此同时，它也种下了诸多生理“异常”或“病灶”，以致在后来很长时间里都在为此付出代价：

第一，先秦学者基于宇宙或国家的“整体”高度，并在自然探索与发现中不断发展自身需要的经验、宗教、技术以及其他文化。因此，先秦的自然哲学与工匠技术并没有严格的界限，人文哲学与工匠经验也没有严格的区分。由于受到较低的技术、能力以及知识系统的限制，早期人类在对待自然、手作以及其他宇宙文化的态度或认知论时，一般从混沌的自上而下的整体或朴素的自下而上的经验技术入手来思考一切，以至于我们认为，先秦社会文化在“整体”高度上的发展已经趋于一种早熟。从先秦学者与工匠的互动机制也可看出，它基本蕴含了中国古代学者与工匠互动的所有方式及其可

能的机制。不过，需要指出的是：文化早熟也是一种文化生理发育的异常，它需要未来文化成长去弥合早期的异常而为其付出艰巨代价。

第二，先秦工匠造物或民众探索自然的活动场所，近乎是他们的科学“实验室”，而先秦官府管理下的专门化的手工作坊或官营垄断性“企业”的创造性活动，实则就是“百工”的技术创造。换言之，两周时期的“百工”兼具科学家与技术专家的双重身份。同时，诸如甲骨上所刻划的卜辞、青铜上所镌刻的铭文、漆器上所髹绘的图像文字等历史文献昭示，先秦的学者或知识分子介导了“百工”的造物活动，特别是如黄帝、周文王、墨子、范蠡等本身又兼具学者与工匠的双重身份。这就是说，先秦“百工”的造物文化现象不是孤立的，而是一个多元主体参与的宗教、科学、技术、人文、官府等复合的文化系统现象。因此，《易经》《老子》《考工记》等具有早熟特征的文化巨著的诞生是不足为奇的。这些巨著，或哲学文本、或科学文本、或技术文本，我们很难区分或严格判断它分属于何种领域。在世界科技文化史上，先秦学者与工匠的互动以及所产生的文化是独一无二的。

第三，先秦学者与工匠的互动早熟有潜在的相互区隔的风险。实际上，战国以来兴起的知识分子“士”或学者，在身份与地位上还没有完全独立，他们的学说活动主要还是围绕侯国的政治活动，而并非在造物及其知识生产上。诸如老子、孔子、孟子、韩非子等学者的学术行为，基本上是围绕家、国、天下与宇宙系统而展开的，并明确提出“君子不器”“重道轻器”“玩物丧志”等意在区隔工匠及其文化的思想。管子最早提出“士农工商”之“四民分业论”，将“工”作为一个独立阶层提出，并认为“处工就官府”与“工之子恒为工”的思想。韩非子径直说：“匠人有矩，以度天下。”很显然，先秦学者对待百工的哲学立场，是以匠人之理而度天下之治的。因此，先秦学者与工匠的早熟性互动力有致命的“阿喀琉斯之踵”，为中国社会后期工匠技术以及自然哲学的发展植入了难以治愈的病灶。

注 释

①（清）阮元校刻：《十三经注疏》（《礼仪注疏》），北京：中华书局，2009年，第2079页。

②喻学才：《中国历代名匠志》，武汉：湖北教育出版社，2006年，目录第1—2页。

③（荷）H. 弗洛里斯·科恩：《科学革命的编史学研究》，张卜天译，长沙：湖南科学技术出版社，2012年，第570页。

④（清）孙诒让撰，孙启治点校：《墨子间诂》，北京：中华书局，2001年，第37页。

⑤（清）孙诒让撰，孙启治点校：《墨子间诂》，北京：中华书局，2001年，第481页。

⑥（清）孙诒让撰，孙启治点校：《墨子间诂》，北京：中华书局，2001年，第195页。

⑦（清）阮元校刻：《十三经注疏》（《周礼注疏》），北京：中华书局，2009年，第1956页。

⑧（清）阮元校刻：《十三经注疏》（《周礼注疏》），北京：中华书局，2009年，第1958页。

⑨（法）R. 舍普等：《技术帝国》，刘莉译，北京：生活·读书·新知三联书店，1999年，第11页。

第六章

-

中华考工之问：“学者—工匠问题”

在“齐尔塞尔论题”视域下，中国古代学者与工匠之间的互动具有中国特色的理论体系、运行机制与社会逻辑。学者与工匠的互动主要围绕造物、技术、制度、精神等四大体系展开，并通过镜像、参照、模范、介导、著述等方式形成了学者与工匠之间的互动机制。中国古代学者与工匠的互动是有选择性的，这种选择性互动为学者与工匠之间的区隔植入了潜在的病灶。澄明中国古代学者与工匠的互动关系，有利于辨识当代学者参与文化产业的社会意义。

学者与工匠都是社会分工的产物，他们与社会绝非是单向度的联系，而是复杂的多元“场域”的互动。绝大多数学者与工匠问题都根源于社会，最终解决的办法应该回到社会。在社会学层面，所谓“场域”，皮埃尔·布迪厄（Pierre Bourdieu, 1930—2002 年）认为：“一个场域可以被定义为在各种位置之间存在的客观关系的一个网络（network），或一个构型（configuration）。正是在这些位置的存在和它们强加于占据特定位置的行动者或机构之上的决定性因素之中，这些位置得到了客观的界定。”[①] 换言之，“场”或“场域”（field）被定义为一种行为概念模式，它通常指向社会人在特定时空中所发生的客观关系构型及其相互影响的因素逻辑场域。他人或自我所建构的“场域”，是表征在社会空间中彼此相对的独立性及其区别化存在或被客观界定的概念模式。学者与工匠的互动是社会中表征人社会行为的一组特定场域。一是关于学者行为的概念模式，二是关于工匠行为的概念模式。从分析的角度看，学者与工匠的互动均指向他们特定社会位置中客观关系的一个构型与场域，特别是他们的行为均被行动所发生的社会场域所影响。

那么，如何对学者与工匠的“场域互动”展开理论研究呢？布迪厄指出：“从场域角度进行分析涉及三个必不可少并内在关联的环节。首先，必须分析与权力场域相对的场域位置……其次，必须勾画出行动者或机构所占据的位置之间的客观关系结构……除了上述两点以外，还有第三个不可缺少的环节，即必须分析行动者的惯习。”[②] 布迪厄提出了场域分析的三个变量环节——场域位置、场域关系与场域惯习，显示出能作为分析学者与工匠及其场域互动关系的社会学研究的限度或变量。在位置层面，中国古代学者场域里的学者、知识分子或士大夫，作为行动者，显然是“被支配阶级的支配集团”（被国家支配，但支配工匠），而工匠场域里的工匠、匠师或工官的行动者却是“被支配阶级中的被支配集团”（受一切支配）。换言之，工匠处于权力场中的被支配位置。在关系层面，中国古代学者与工匠的场域互动关系，主要是围绕各自行动主体或机构所占据的造物、技术、制度、精神等系统而构型的，并通过镜像、参照、模范、介导、著述等方式形成了学者与工匠之间的互动机制。在惯习层面，中国古代学者场域的惯习显示出一种特别的“优士统治”及其政治化治国倾向，而工匠场则被这种惯习倾向支配表现出一种善意的合“礼”性技术表达，以满足学者场域里的主体对宗教或政治的“高峰体验”。

一、学者与工匠的互动体系：结构与逻辑

布迪厄指出：“在高度分化的社会里，社会世界是由大量具有相对自主性的社会小世界构成的，这些社会小世界就是具有自身逻辑和必然性的客观关系的空间，而这些小世界自身特有的逻辑和必然性也不可化约成支配其他场域运作的那些逻辑和必然性。”③ 古代中国社会里学者与工匠的互动就是“具有相对自主性的社会小世界”，并具有自身结构和必然性逻辑体系。

1．互动体系结构：一对本体与四大层次

从文化类型学上看，学者与工匠的互动理论体系是围绕“一对本体”与“四大层次”作结构性场域展开的。“一对本体”即学者与工匠，“四大层次”即造物互动体系、技术互动体系、制度互动体系、精神互动体系这四大层次（见图1）。

造物互动体系。该体系包括四对互动范畴（一大理论、三大构成）。一大理论，即技术美学与文化哲学；三大构成，即造物理念与学者理念、造物逻辑与学者逻辑、产品与著述。

在技术美学与文化哲学高度，工匠的技术美学惯习看似来自手作文化传统，但中国古代工匠在身份上的依附性或被支配地位，导致这种美学惯习直接受制于学者场域（官、侯、士、王）里消费工匠器物的上层社会；反之，上层学者场的惯习美学思潮或文化哲学理念，也影响工匠场域（工、工官、匠师）的技术造物。譬如唐以来的科举制度使得民间文化进入士大夫阶

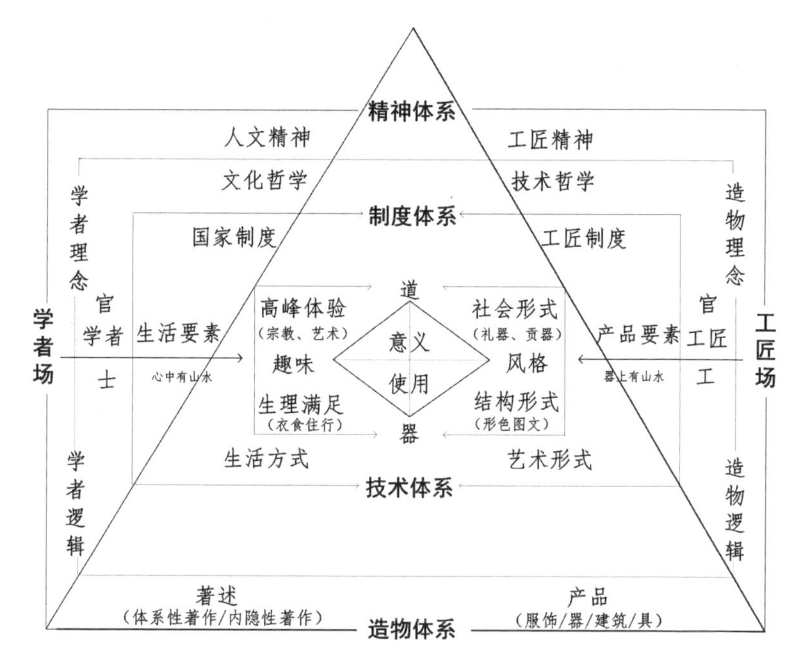

▲ 图 1　学者与工匠的互动场域理论体系

层，以至于宋代的宫廷美学惯习充满了简朴淳厚的民间文化气息，而工匠造物（如宋瓷、宋几、宋漆等）的技术美学也因此走向简洁、一色与沉静的文化偏向。另外，内敛含蓄的宋代理学文化哲学与工匠的技术美学互动也是明显的。宋代赵佶的《听琴图》中所见雅细、瘦高的“宋几”与清雅、简远的“宋画”是互动的与相匹配的。这就是说，在技术美学与文化哲学两个互动层面，工匠与学者的互动场域具有同构迹象，并由此形成了造物理念与学者理念、造物逻辑与学者逻辑、产品与著述的三大构成性互动形式。

技术互动体系。该体系包括一对互动和两对支撑范畴；其中，一对互动范畴，即（器物）艺术形式与（消费）生活方式，两对支撑范畴，即艺术形式的结构形式（图、文、形、色、质）与社会形式（礼器、贡器）、生活方式的生理满足（衣、食、住、行）与高峰体验（艺术、美学、宗教），这些支撑性范畴又形成了结构形式与生理满足的互动、社会形式与高峰体验的互动。

艺术形式与生活方式是同构的。工匠的制器在结构形式与社会形式上必须满足人们的生活方式，特别是在生理满足与高峰体验两个维度上。器物的结构形式与社会形式的“固化”，即所谓器物的风格；消费器物的生理满足与高峰体验的“聚焦”，即形成所谓对器物的审美趣味。譬如在明清时期，中国风格显著的器物在欧洲宫廷刮起一场中国风，即表明明式器物风格或清式器物风格在结构形式上的相对稳定，并在欧洲宫廷形成一股中国趣味的时尚美学潮流。另外，器物总是一定社会形式的产物。在作为关系的、行为的、理想的形式社会里，器物的结构形式是社会形式的载体与媒介。举例而言，砍砸结构场域的旧石器与磨制结构场域的新石器就是两种社会场域的对应物；红陶（仰韶文化）结构场域、灰陶（大汶口文化）结构场域、黑陶（龙山文化）结构场域所对应的社会关系的形式显然也是不同的；同样，青铜器在夏商周汉时期的结构场域也各具特色。当然，器物的结构场域所彰显的社会场域，在生理满足与高峰体验上所形成的趣味特色也是有差异的。总之，器物上的“青山绿水”与消费者心中的“青山绿水”在趣味的层次上是趋于同构的场域，并具有文化的家族场域相似性。

制度互动体系。该体系即工匠制度与国家制度的互动。工匠制度是国家制度的意志体现，国家制度是工匠制度制定的依据。先秦有“工商食官”“处工就官府”的工匠制度；三国曹魏邺都有“东西堂”制，南朝出现了雇佣工匠制度与纳资代役制度，“军事编制”是北魏管理杂户与伎作户的制度；隋代有“将作寺与监（令）”制度；唐代有“纳资代役”与“和买”工匠制度；宋代实施“雇佣制”“番役制”“官匠（军匠）和民匠（差雇或和雇）体系”“团行”等工匠制度；明代有“匠户制度”（沿袭）、“工匠班次更定与班次征银”“五种轮班新制”“出银代班”“班匠银”“轮班匠一律征银”“以银雇工”等工匠制度；清代有“计工给值雇佣制”“免征匠班银”等工匠制度。中国古代各个时期的工匠制度，均是国家制度的演绎与彰显；抑或说，伴随国家制度的变化与更迭，工匠制度也随之发生变革。

精神互动体系。该体系即工匠精神与人文精神的互动。工匠文化是人类社会最为重要的与生活系统密切相关的知识系统，它的周边聚集了创物、手作、制度、精神等特质文化。工匠精神是工匠文化中的核心文化，它反映出社会文明与生命谱系。上古时期制器文化基本围绕宗教而展开，致使早期中国制器思想带有明显的原始宗教人文精神。半坡遗址出土的人面鱼纹陶器暗示了原始先民朴素的生命伦理及其宗教思想：人鱼同源，有家族亲缘关系。

姜寨遗址出土的有鱼、蛙、鸟复合图案的彩陶盆，或是一定社会关系与文化机制视觉化表现的产物。制器上图腾视觉习惯于传统是天命神学的人文哲学基础，它不仅是先民精神性的信仰心体，还是一种物质性的崇拜实体。抑或说，上古时期的工匠制器通过宗教化人文精神渗透到制器活动中，从而增益于上古工匠制器技术的发展与变革，大大推进了上古制器技术文化的发展。

2. 互动理论体系：五大互动场域

在逻辑层面，布迪厄认为："一个场域的动力学原则，就在于它的结构形式，同时还特别根源于场域中相互面对的各种特殊力量之间的距离、鸿沟和不对称关系。"④就学者与工匠的互动而言，这些特殊力量之间的距离、鸿沟和不对称关系包括工与士、使用和意义、风格与趣味、产品与生活、产品与著述这五大互动场域。因此，从哲学本质上看，学者与工匠的互动理论体系由思维（逻辑）体系、功能体系、形式体系、要素体系和著述（理论）体系构成。

互动思维体系：互动的合理性及其场域逻辑。在思维层面，工与士在造物逻辑与学者思维上有共享偏好。工匠在物性、物美与物语上的思维逻辑是技术与人文的抽象，因为在器物"物性"的改性过程中，它是需要技术做支撑的，而器物的图文叙事（物美与物语叙事）是工匠及其时代人文逻辑的体现。譬如《诗经》中有大量的工匠物语（如漆器叙事），它们既是"士"的

▲ 图 2　南宋马和之《诗经·唐风图》局部

载体思想传达，也是西周工匠造物文化的彰显，它们的身上涵盖着诸多制器逻辑与士人礼乐思维。可见，“士”作为形式社会中的知识分子，他们对社会文化的反思及其形成的思维逻辑在一定程度上必然反映在造物逻辑之中。

互动功能体系：功能主义的互动内核。在功能层面，使用和意义是学者与工匠互动之功能内核。这个互动功能体系用哲学的语言描述，即器与道的互动，在技术史领域，即为技术使用与人文意义的互动。任何器物的基本功能不外乎有使用功能与人文功能，或偏向于使用功能（生活器物），或偏向于人文功能（纯艺术品），或两者兼具（生活性艺术产品）。中国传统艺术中的“道器不二”命题，显示出器物使用和意义层面的互动性，并体现出技术与人文的同构性特征。先秦“以器达礼”或“藏礼于器”的制器逻辑，就是典型的造物在使用和意义层面的同构性偏向。当然，在技术与人文的互动中，先秦造物的技术是从属于人文需要的，或先秦制器的人文偏向是处于支配位置的。

互动形式体系：形式主义的互动外核。在形式层面，风格与趣味是学者与工匠互动之形式外核。这种形式外核是形式社会在器物上的跨越，即借助器物的风格彰显形式社会的人文风尚，并在器物使用中显示一种带有“形式意味”的审美风格，即趣味。譬如汉代人的“满实”趣味，与汉代器物形式上图案纹饰的“满实”是相通的；宋代士大夫的乡村野趣，与宋代绘画以及陶瓷画风格也是趋同的。可见，学者场域的趣味本是工匠场域的风格所致，而工匠场域的风格本源于学者场域趣味的介入与反哺。

互动要素体系：产品要素与生活要素的结构性匹配。在结构层面，产品与生活在要素层面具有同构性理想，并且在结构性匹配过程中实现了由器向道的转变，从而实现了使用和意义上文化能力的第一次蜕变。抑或说，“器上有山水”与“心中有山水”在要素层面呈现结构性匹配，并在“山水”要素的同构中实现了由一般水平的器向哲学审美高度的道的跨越。于是，就出现了“以玉作六器，以礼天地四方”[5]的“纳礼于器”的现象。另外，产品要素也是生活要素在功能上的需求与满足，一切不符合生活要素的产品要素是多余的，或器物设计是不成功的。对此，学者的生活要素对工匠的产品要素是有介导惯习的。尤其在古代，作为贡器的产品要素基本是按照学者场域生活要素来设定的。

互动著述体系：理论定型及其类别划分。在劳动成果层面，产品与著述在理论上被制造与记录，从而实现了工匠与学者理论成果偏向的彼此互动。作为工匠的产品与作为学者的著述，在类别上具有同等意义的尺度与价值。产品的价值主要依赖于消费者对它的归类，抑或说，产品式样及其物类被消费阶层划分后，也就产生了不同类的产品著述及其文献。《考工记》《仪礼释宫》《梦溪笔谈》《营造法式》《梓人遗制》《天工开物》《长物志》《园冶》《髹饰录》《闲情偶寄》《清工部工程做法》《景德镇陶录》《装潢志》《存素堂丝绣录》《蚕桑萃编》等工匠著述文本，均在不同程度上呈现出物类批评的视野及其产品样态哲学。在文化传承层面，产品与著述均能作为定型化理论样态传承人类文化及其精神。

二、学者与工匠的互动机制：从镜像到著述

在互动机制层面，学者与工匠是通过器物这个中介共同塑造的。“对置身于一定场域中的行动者（知识分子、艺术家、政治家或建筑公司）产生影响的外在决定因素，从来也不直接作用在他们身上，而是只有先通过场域的特有形式和力量的特定中介环节，预先经历了一次重新形塑的过程，才能对他们产生影响。”[⑥] 纵观中国古代学者与工匠的互动机制（见图3），主要有以下几种形式：

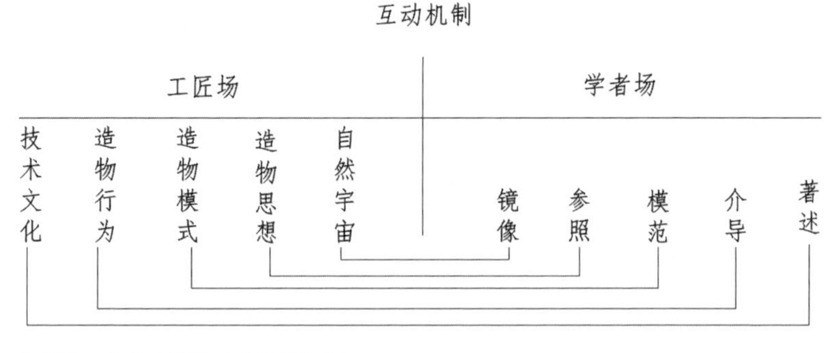

▲ 图 3　学者工匠的互动场域机制

1. 镜像

在人类早期，镜像通常是人们认识世界的一种直观呈现方式，即在他

者的镜像下认识自我。法国精神分析学家雅克·拉康（Jacques Lacan，1901—1981年）认为，从镜像阶段开始，（人类）婴儿通过镜子认识到“他人是谁”。工匠文化是学者行动与思想出场的镜像对象之一。所谓“镜像对象”，指的是学者在思想上镜像工匠文化的诸多技术标准、手作思想与精神理念，并提供思想镜像框架下的目标对象。《诗经》曰：“如切如磋，如琢如磨。”[⑦] 这是一种诗歌意象的镜像，并透视出工匠的职业道德精神。再譬如《易经》就是先秦学者镜像工匠及其文化思想的经典文本，它是中国古代自然哲学与人文实践知识互动而产生的文化镜像体。《易经》中“开物成务”“制器尚象”“法天象地”“厚德载物”“五行相生”“备物致用”等朴素造物命题的出现，实质就是学者对工匠知识镜像后生成的知识。在拉康看来，镜像是对客体反复认同的结果。

2. 参照

伴随社会文明的进步与发展，镜像思维逐渐被参照群体思维所取代。所谓“参照群体”，指的是在心理上所从属的、认同的，为其树立和维持诸多标准规范的，并提供比较价值框架的目标群体。工匠群体就是学者社会行动与思想出场的重要参照群体。譬如在老子看来，“人多伎巧，奇物滋起”[⑧]，进而造成社会秩序混乱。换言之，老子以工匠作为“参照群体”，做社会性技术控制批评。在孔子看来，作为学者的君子必须心怀天下与国家，必须做到思不器、行不器与量不器，必须“志于道”。但鉴于“道”与“器”的关系，器本身也具有承载文化的功能，于是孔子又认为“道器不离”，意在强调器的载道的功能价值，并提出“经世致用”的思想。实际上，儒家对工匠群体的参照是矛盾的，即否定性参照群体与肯定性参照群体兼而有之。

3. 模范

在社会互动理论层面，个体间的互动是来自他们之间的吸引，并以对方为模范规约自己的行为及思想。譬如先秦法家学者与工匠之间的个体互动是基于相互趋同或吸引的社会价值理念——“范型”之“法”，这种吸引来自“工”的“物理模范”与“士”的“思想模范”之间的趋同性。法家在“奉法者强则国强，奉法者弱则国弱”的理念下，形成一整套中央集权君主专制主义法治国家的制度与理论。在逻辑上，器物文化的哲学思想偏向是人类文化进步的重要力量。法家充分利用“法”的框架来构型他们的理想社会，这与战国时代以铁器、青铜器为代表的先进生产力或造物文化不无关系。特别是活跃于战国的“模”“范”“型”“规”“矩”“绳”等工匠造物的工具及其方法论，很容易让想象力丰富的法家联想“法”的内在逻辑及其社会治理力量。在理论上，社会职业实践也是理性思维偏向而产生制度文明的重要推手。或者说，先秦工匠的职业实践知识为法家学者的理想思维发展及其社会制度的产生提供了思想模范。

4．介导

学者与工匠之间的关系论，类似于医学上的“介导论”。所谓“介导”，原指利用某种物质作为媒介，将供体转移给受体，从而使得受体的内在基因型及其表现型发生变化。举例而言，尽管清代学者受制于文字狱及其他社会羁绊，仅能在朴学中考证技术，或在译介中引进西技，但学者的实业救国精神呈现出积极态势，这无疑为清代工匠之“艺”向技术性再造以及工匠之“技”向科学化迈进提供了支持，进而打通了学者与工匠之间“交易地带”的通道，实现了学者对工匠文化的有效介导。清代学者程瑶田、汪莱、邹伯奇，先后用数学、力学、几何学等方法研究古代打击乐器石磬的重心与悬空位置，从而充分认识与解决了《考工记》所载古代工匠对石磬重心设计的问题，极大地发展了古代工匠文化及其知识体系。清代学者李锐《日法朔余强弱考》（1799 年）与顾观光《日法朔余强弱补考》（1843 年），是继承中国传统数学知识研究历法的典范著作，也是学者结合西方知识介入天文技术科学考证的范本。由于文人学者的参与，清代工匠文化被注入了一种特有的文人气息与艺术情怀。

5．著述

“著述”是学者工匠的互动理论途径。《考工记》《五木经》《梦溪笔谈》《营造法式》《梓人遗制》《天工开物》《农政全书》《长物志》《园治》《髹饰录》《闲情偶寄》《装潢志》《考工典》等，都是古代学者通过“著述”的方式与工匠进行的互动。在“工”的知识叙事层面，工匠知识的著述为后世技术创造提供了理论支撑；同时，为产生科学技术提供了可能性条件。用“著述”的方式可证实工匠与学者的场域互动。但在中国古代，“重文轻技”的史学传统使得工匠类著述并不多，且很少出现如《考工记》与《考工典》这样的体系性著作。

三、学者与工匠的互动后遗效应：在区隔中疏离

布迪厄指出：“场域是力量关系——不仅仅是意义关系——和旨在改变场域的斗争关系的地方，因此也是无休止的变革的地方。”[⑨] 在中国古代，学者与工匠的互动是有选择性的，这种互动为学者与工匠之间的区隔植入了潜在的病灶（见图4）。

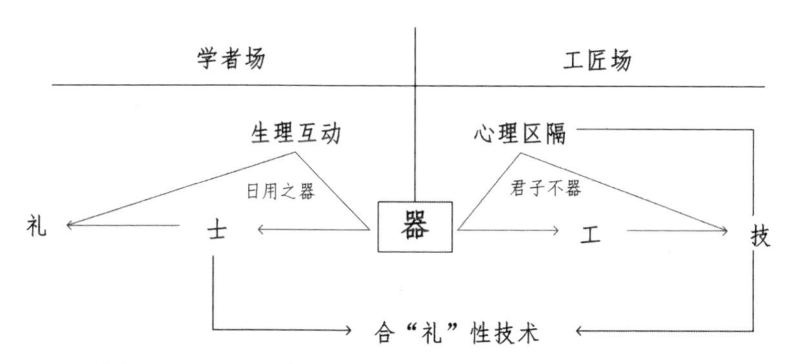

▲ 图 4　学者与工匠的互动后遗效应

在先秦，《诗经》极力宣扬“优士统治”及其礼法思想，进而在一定程度上将工匠文化置入社会边缘，但另一方面又在“纳礼于器”的造物行为中装载礼法制度及其伦理思想。于是，工匠制器被纳入合“礼”性目的之下，并严格限制工匠的技术性发展空间。《礼记·月令》曰：“命工师效功，陈祭器，案度程，毋或作为淫巧，以荡上心，必功致为上。物勒工名，以考其诚，功有不当，必行其罪，以穷其情。”[⑩] 从这段话中能读出，先秦学者与工匠的互动关系中至少存在三层心理区隔要义：一是“陈祭器，案度程”，即工匠所生产的对象是有选择性的，主要是制作合“礼”性的祭器，并且严

格按照“礼法”制度下的“度程”技术规范；二是错误地将“荡上心”的原因归咎于工匠手作的“淫巧”之器，而实际上，器与心之间没有必然的逻辑伦理；三是“工师”考效“工”之不当，或定其罪是一种明显的区隔行为，因为“处工就官府”的工匠制度下，“工”的身份自由性很差，其行为被“物勒工名”，是一种强迫性规定。

在汉唐，作为士阶层的学者，与工匠之间存有区隔与互动的双层结构关系。学者作为潜在区隔主体或互动供体，占据了工匠的主导作用，并对工匠的介导掺杂明显的支配地位与政治色彩。在身份层面，“虽工亦匠”的态度迫使工匠隐于社会较低等级地位；在技术层面，“奇技淫巧”的观点遮蔽或剥夺了工匠技术的发展；在文化层面，“重道轻器”的立场也催生工匠只能依照自然观察及世袭经验为手作文化原型。但汉唐学者与工匠之间矛盾的文化心理被“开放”的汉唐帝国情怀与文化制度以及工匠文化自身魅力所冲淡，并在文化生理上表现出学者与工匠之间的隐性化双边互动。

在宋代，理学的科学性是有限的，加之工匠文化本身的顽固性以及宋代学者自身的局限性，学者与工匠的互动效应也是有限的：它一方面无法满足自然科学发展所需的内在潜质，终将无力使宋代科技跃至近代自然科技水平；另一方面，宋代的工匠文化也因受制于内外文化制度，只能停留在经验表层而无法实现科学的理性发展。

在明代，学者与工匠的双向互动俨然昭示着16—17世纪中国社会的主体边界被突破，主流理学招致实学思潮的反抗，新的社会秩序与价值伦理被重构。尽管晚明学者与工匠的互动仅在有限范围内展开，但这场历史性的社会化互动却引发了明朝人文主义思想的松动、新知识群体的诞生以及中国科学技术的缓慢变革。

在清代，学者对工匠的介导存在制度性、文化性的保守主义缺憾，这种介导损伤无疑反证了晚清唯技术思潮在人文主义领域的局限性。于是，晚清部分学者开始理性地反思科技无法解决社会矛盾的问题，并迸发出对科学主义的怀疑以及坚守中华传统文化的呼声。

简言之，“工”与“士”的社会理想偏向差异，又引起行为思维的差异。“士”的社会思维及定性方法具有合“礼”的社会性，而“工”的行为思维是合“礼”的技术性。合“礼”的社会性思维所偏向的是基于家国天下的宏观的整体宇宙观，而合“礼”的技术性却关注的是微观的经验性的实用物质性。因此，这两种思想导致后来的儒家以“君子不器”的心理区隔思想出场，而遮蔽了“工”的文化性与社会性。“作为各种力量位置之间客观关系的结构，场域是这些位置的占据者（用集体或个人的方式）所寻求的各种策略的根本基础和引导力量。场域中位置的占据者用这些策略来保证或改善他们在场域中的位置，并强加一种对他们自身的产物最为有利的等级化原则。”⑪ 这导致儒家又必须在“日用之器”上力求生理互动。

四、初步结论及当代反思

在中国古代学者与工匠的互动中，学者处于支配地位，工匠处于被支配位置。他们之间的互动主要围绕各自行动主体所占据的造物、技术、制度、精神等场域向社会各个层面铺开，并通过功能、形式、要素、逻辑、著述等五种互动机制构建互动理论体系。毋庸置疑，古代中国学者显示出一种特别的“优士统治”的价值惯习，迫使工匠被动地走向善意的合“礼”性技术表达，这在一定程度上禁锢了古代中国工匠场在技术进步上的步伐，以致产生了学者与工匠在心理上区隔，但在生理上互动的悖论现象。

透视古代中国学者与工匠的互动及其逻辑悖论，有利于在两个历史层面解答当代社会发展中的“学者”与“工匠”关系的问题：第一个历史层面的问题是梳理“过去的历史”，以增益于当代社会中继承发展传统工匠文化的历史经验；另一个历史层面是启迪“正在持续的历史”，以利于反思当下社会发展正在消失的传统工匠文化及其带来的产业文化影响。当代社会发展中“学者”与“工匠”关系的问题，主要体现在知识分子（学者群体）与现代手工业或文化产业群体（工匠群体）的分离，并出现了知识分子对工匠手工业的“心理区隔”现象。在此，至少能发现以下暂时性问题及其解决对策：

第一，在当代，学者对当代工业产业的介导是不够的，应该建立工业产业学者与产业工匠实践的场域互动机制。这与国家在宏观政策上对学者如何走向市场的引领上缺乏动力机制有关，进而出现学者逐渐疏离产业文化的现象，以至于中国制造在世界上的文化品格有待提高，特别是在产品的品牌、品类与品格上缺少中国话语特色与文化品格。因此，学者与产业的场域互动是当代社会发展的必然要求，建立健全当代工业产业学者与产业工匠实践场域的互动机制势在必行。

第二，在当代，学者与产业的互动存有误区，应建立有适度张力的高校与产业的协同发展机制。部分学者认为，大学学者不应该过度介入产业，高校不能成为社会的“培训班”或“知识的工厂”[12]。或者说，学者的使命不能完全与市场结合。部分学者则认为，大学不与市场紧密结合，就失去了大学在社会发展中的应有担当，大学学者应当不断随着社会经济的发展而调整自己的理论研究，即“大学要联姻社会”[13]。鉴于古代学者与工匠的互动经验，这两类观点的误区在于各自有所偏向。较为正确的做法就是保持学者与产业的适度张力，他们的场域互动有利于双方的协调发展，即建立高校学者与产业实践发展的协同发展机制。

第三，在当代，学者在市场经济中主动介入社会产业的积极性有待提高，服务社会的责任意识和主动意识有待加强。这主要是由于在市场经济环境下，大部分学者的“经济获得”不多，尤其在主动介入社会产业行为上明显缺乏积极性。当然，这种问题的出现还有政策设计的问题。因此，若要消解这种介入的“心理区隔”问题，还是要在建立和完善激励机制上想办法。

注 释

①（法）布迪厄、（美）华康德：《实践与反思：反思社会学导引》，李猛、李康译，北京：中央编译出版社，1998 年，第 133—134 页。

②（法）布迪厄、（美）华康德：《实践与反思：反思社会学导引》，李猛、李康译，北京：中央编译出版社，1998 年，第 143 页。

③（法）布迪厄、（美）华康德：《实践与反思：反思社会学导引》，李猛、李康译，北京：中央编译出版社，1998 年，第 134 页。

④（法）布迪厄、（美）华康德：《实践与反思：反思社会学导引》，李猛、李康译，北京：中央编译出版社，1998 年，第 139 页。

⑤（清）阮元校刻：《十三经注疏》（《周礼注疏》），北京：中华书局，2009 年，第 1399 页。

⑥（法）布迪厄、（美）华康德：《实践与反思：反思社会学导引》，李猛、李康译，北京：中央编译出版社，1998 年，第 144 页。

⑦（清）阮元校刻：《十三经注疏》（《毛诗正义》），北京：中华书局，2009 年，第 677 页。

⑧（魏）王弼注，楼宇烈校释：《老子道德经注校释》，北京：中华书局，2008 年，第 149 页。

⑨（法）布迪厄、（美）华康德：《实践与反思：反思社会学导引》，李猛、李康译，北京：中央编译出版社，1998 年，第 142 页。

⑩（清）孙希旦撰，沈啸寰、王星贤点校：《礼记集解》，北京：中华书局，1989 年，第 489—490 页。

⑪（法）布迪厄、（美）华康德：《实践与反思：反思社会学导引》，李猛、李康译，北京：中央编译出版社，1998 年，第 139 页。

⑫ 金耀基：《大学之理念》，北京：生活·读书·新知三联书店，2001 年，第 23 页。

⑬ 陆军恒：《可持续发展视角下大学十类关系研究》，北京：教育科学出版社，2017 年，第 185 页。

第七章

-

《考工记》：中华工匠精神核心基因

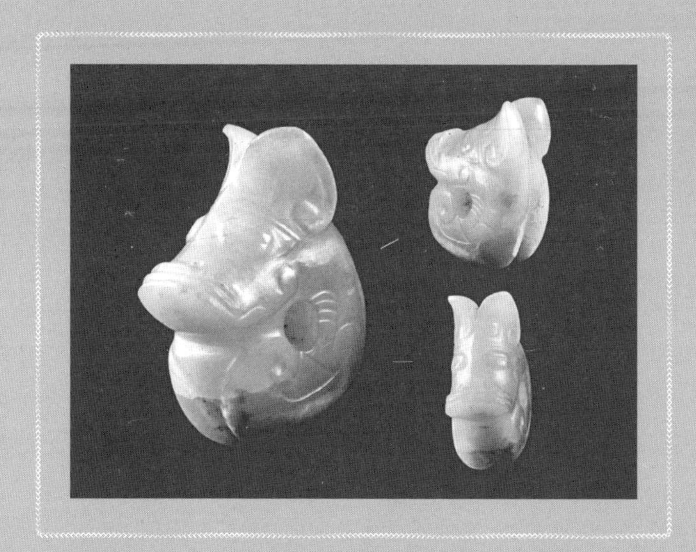

《考工记》是中华工匠文化的元典，它潜藏的中华工匠精神核心基因是由信念、行为与价值三部分构成，并具有物质性与信息性的双重属性：在物质层面，中华工匠精神主要是通过工匠行为（法象、工巧、美饰、善合）而体现于物态化（行为基因）的形式存在；在信息层面，中华工匠精神主要凭借工匠信念（宇宙）与工匠价值（致用）而凸显出工匠的生活态度、生存方式与价值信仰。发掘中华工匠精神基因，能增益于中华工匠精神基因传承的社会化路径选择，并能复兴中华民族精神，从而为应对全球化贡献中国方案、中国经验与中国精神。

发掘中华传统工匠精神富矿，复兴传统中华工匠精神，对于当前中国社会以及产业制造而言，是一个非常紧迫的时代议题。2016 年，“工匠精神”被写入中国政府工作报告，中华工匠精神逐渐成为复兴中华传统文化与中国职业精神的标识性概念。

中华传统工匠精神作为范式概念的热出场，涉及两个基本的连带性问题事实：一是当前中国工匠精神日渐失落或职业信仰已然失落，并威胁到当前产业制造及其整个社会的职业精神；二是复兴中华传统工匠精神意味着中国传统文化里一定富藏着宝贵的工匠精神。显然，第一个问题是社会事实，第二个问题是文化事实。因此，中华工匠精神的出场是一个“社会—文化问题”的双重事实。可见，当前中国“社会—文化问题”事实激发了中华工匠精神的出场。

就社会现状看，近年来的中国制造及其产品在海外的销量持续攀升，但中国品牌产品在国际市场的占有份额却不多。中国制造在品牌、品类与品质层次上明显落后于一些欧美发达国家，造成如此文化逆差局面的原因之一，或是中国产业制造缺乏专注、持久、精益求精的中华工匠精神。那么，第一个连带问题事实看来是一个真命题。问题的复杂性在于，第二个连带问题事实是否属于真命题就并不那么简单了，它必须回溯至中华传统工匠精神基因层面探讨。

在方法论层面，思考“中华工匠精神基因”问题，可实现两种思维或方法论的根本转向：一是从“外因”向“内因”转向，即从中华工匠精神的外在事实描述转向中华工匠精神的内在客观性状之探索；二是从“末端”向“顶端”转向，即从传承中华工匠精神的社会化路径研究转向中华工匠精神的本体化的基本属性研究。为何要实现中华工匠精神研究的这两种转向呢？原因在于：如果我们仅专注于对中华工匠精神的事实描述（是什么），那么就很容易将其停留在表层、简单与直观层面（缺少为什么）；如果我们只滞留于工匠精神社会化的末端研究，试图捡回并传承中华工匠精神，而忽视中华工匠精神的本体属性及其形成的关键基因组的顶端探讨，就容易出现本末倒置的研究风险。当前在研究中华工匠精神上，对中华工匠精神的事实描述较多，而较少有中华工匠精神核心基因的回溯性阐释。

在接下来的讨论中，将以《考工记》为研究对象，以其“中华工匠精神”为研究核心，以遗传学之“基因理论”为分析工具，在中华工匠精神基因的组谱绘制、核心特质与价值功能三个理论框架上，较为详细地探讨《考工记》中控制中华传统工匠精神性状的核心遗传基因，以期阐明中华工匠精神核心基因组的存在方式（客观性状）、根本特质（本体属性）与遗传功能（主要价值），进而为当前中国传承中华工匠精神提供目标内容与可依赖的理论支撑。

一、《考工记》：一个潜藏中华工匠精神的文本

《考工记》是中国战国时期齐国官方的工匠文化的体系性文本。在社会学研究层面，它应当在战国时期、齐国属地与官方考工三个限度内考察。因此，在社会学限度内，《考工记》作为体系性考工文本，它创构了具有官方代表性的中华传统考工文化理论体系（可称之为“中华考工学”）。《考工记》的理论体系由五大核心体系构成，即百工体系、造物体系、技术体系、制度体系与精神体系。“百工体系”与“造物体系”涵盖齐国官营手工业的六大行业结构与30个造物工种；“技术体系”包含工匠技术的职责、程序、规范、标准、配料、检验等要素；“制度体系”包含工匠的管理、评价、奖惩、考核等要素；“精神体系”包含工匠的宇宙精神、创物精神（法象、工巧、美饰、善合）、致用精神等要素。显然，《考工记》作为传统工匠文化文本是体系性的，尤其是它的“精神系统”是工匠在信念、行为与价值上的完整呈现。

在社会维度，尽管齐国“因其俗，简其礼”[①]，但《考工记》还是一部合“礼”性的工匠技术文本，因为《考工记》是通过官制文化范型来创构齐

国工匠文化系统的，其思想得益于西周以来的礼乐文化。抑或说，《考工记》的出场，它作为考工理论体系，或是东周齐国礼乐文化的技术化集成与工匠文化的思想再现。在本质上，《考工记》是三代以来的“神本系统”向“人本系统”转向的重要标志，它俨然确立了人（工匠）在整个文化系统中的地位。因此，在工匠主体性上，《考工记》的合“礼”性造物理念与技术叙事已然蕴含了中华传统工匠主体精神的核心基因。

在遗传学上，一种生物体基因总是支持与维系着它的生命基本构造和特种性能，并储存着个体生命的族源、血型、生长、变异、凋亡、遗传、进化等过程的全部基因信息。所谓“中华工匠精神基因”，乃是中华工匠精神的思想根脉与文化抗体。就文化或精神遗传而言，中华工匠精神基因是中华民族精神基因的重要组成部分，它的基本构造与本质性能或体现了中华民族精神基因的生命性状，更存储了中华民族精神基因里的重要生命信息。换言之，中华工匠精神基因必然是中华民族精神基因不可或缺的一部分，因为中华工匠精神的物质载体内含中华民族精神基因的重要内容信息。发掘《考工记》之中华工匠精神的核心基因，对于复兴中华工匠精神以及中华民族精神都具有毋庸置疑的社会价值。

那么，中华工匠精神基因的根本属性是什么呢？就生物体而言，它的一切生命现象都与基因有关，基因也是决定生命性状的内在因素。因此，基因具有双重属性：物质性（存在方式）和信息性（根本属性）。同样，《考工记》所体现的中华工匠精神基因也具有物质性与信息性的双重属性。在物质属性层面，中华工匠精神的存在方式主要是借助工匠行为而体现为物态化的造物形式；在信息属性层面，中华工匠精神的根本属性主要凭借工匠信念与工匠价值而凸显出工匠的生活态度、生存方式与价值信仰。可见，“物质性”与“信息性”为发掘《考工记》之中华工匠精神核心基因组提供了思维途径与分析框架。

二、中华工匠精神的核心基因图谱：“三序列”与“六要素”

在构成形态的物质性与信息性层面，中华工匠精神是传统工匠在长期实践中慢慢形成的信念指向、行为规范与价值标准的综合形态。换言之，中华工匠的核心精神主要体现于中华工匠的信念观、行为观与价值观。那么，就遗传基因而言，中华工匠精神的核心基因组则大致由信念基因（宇宙）、行为基因（法象、工巧、美饰、善合）与价值基因（致用）构成。信念基因与价值基因属于中华工匠精神基因的“信息性基因”呈现，行为基因属于中华工匠精神基因的“物质性基因”呈现。简言之，中华工匠精神的核心基因（当然还有其他基因）组由“三序列”（信念、行为、价值）和“六要素”（宇宙、法象、工巧、美饰、善合、致用）构成（图 1）。其中，信念基因主要指向宇宙精神；行为基因大致包括法象精神、工巧精神、美饰精神、善合精神；价值基因主要为致用精神。

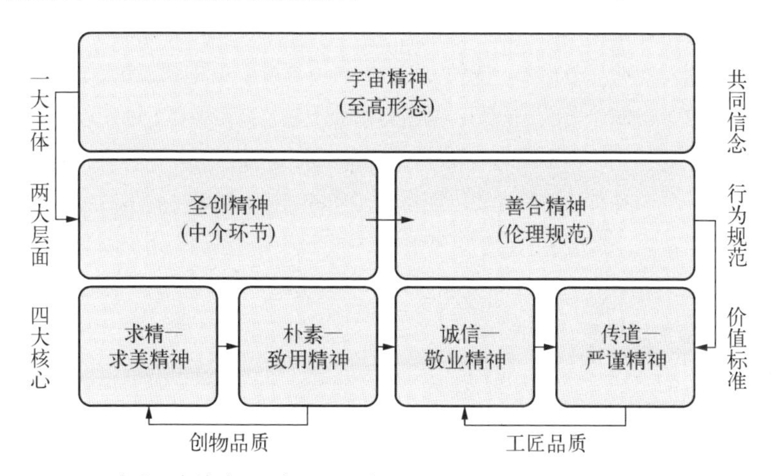

▲ 图 1　中华工匠精神核心基因组图谱

第一，信念基因，即“宇宙精神”。宇宙精神是中华工匠的最高信念，它不仅表现了中华古代工匠对自然宇宙的敬畏，还表现了中华古代工匠“取法自然宇宙”的造物思维。《考工记》曰：“凡斩毂之道，必矩其阴阳。阳也者，稹理而坚；阴也者，疏理而柔。”[②] 这里的“矩阴阳”的斩毂之道，即显示出工匠依法宇宙的圣创理念，并就此确定了阳之稹理和阴之疏理的造物之道。再如《考工记》曰：“以其笴厚为之羽深。水之，以辨其阴阳，夹其阴阳，以设其比。”[③] 这就是说，宇宙阴阳之道被工匠利用，并广泛应用到各种造物活动中。同样，“天有时，地有气”的天地观也是中华工匠汲取宇宙运行之法则而取法至造物之中的核心宇宙精神。

第二，行为基因，即工匠造物行为所呈现的法象精神、工巧精神、美饰精神、善合精神等核心基因序列。“天有时，地有气，材有美，工有巧，合此四者，然后可以为良。”[④] 这句话的内涵是中华工匠精神的行为基因组最佳（“良”）要素：法象（天有时，地有气）、工巧（工有巧）、美饰（材有美）、善合（合此四者）。行为基因是工匠通过物态化而体现出来的，并形成了工匠造物的基本行为模式与核心规范。法象精神或为“取象精神”，是中华工匠造物在模范层面的物态化呈现，即工匠通过模拟自然宇宙而形成的造物模范。《考工记》曰：“轸之方也，以象地也；盖之圜也，以象天也；轮辐三十，以象日月也；盖弓二十有八，以象星也。”[⑤] 可见，天地日月之宇宙物象均是工匠审曲面势之物象，以饬五材之意象，以辨民器之形象。“取象精神”是一种具有定质与定性的双重特征的比类观，它是东周工匠思维早熟的显著标志。因为，工匠的比类思维需要诸如比喻、举例、比拟、互文、对偶、指代、分承、变易等修辞手法，甚至需要工匠在这些修辞话语背后探觅到比类事物的内涵序列——异质、矛盾、对比、转换、个性、共性——的特殊哲学思维性状。换言之，《考工记》所彰显的工匠在比类思维偏好上具有非常成熟的哲学思维性状。

“工巧精神”是中华工匠在造物中高超技术的完美呈现。就技艺性而言，中华工匠具有“智者”与“巧者”的双重身份。《考工记》曰：“知者创物，巧者述之守之，世谓之工。”[⑥] 在此，足以能看出中华古代工匠的“智创”乃“圣人”之作。《考工记》曰：“百工之事，皆圣人之作也。”[⑦] 换言之，中华工匠的工巧精神就是一种智创精神。同时，“工有巧”或“三材既具，巧者和之”[⑧] 也是工匠的技术指标与核心要件。在清代，《考工典》[⑨] 专设“工巧部”，其下由“名流列传”（1篇）、“总论”（1篇）、“艺文”（1篇）、“纪事”（1篇）、“杂录”（1篇）等构成。其中，“名流列传”部分按章编年体分纲目录历代著名工匠，“总论”收录历代对工巧之评书，“艺文”收录文学作品中描述工巧、可采、精要的辞藻，“纪事”作为“汇考”的补充而收录一些有关工巧之琐细可传者，“杂录”载有对工巧考究未真者或经书中对工巧的旁引曲喻之处。可见，从《考工记》到《考工典》，中华工匠之“工巧精神”是一脉相承的。

“美饰精神”是中华工匠在造物中的美学思想传达，也是工匠造物在生存、生活与生命层次的艺术化追求。《考工记》所凸显的“天有时，地有气，材有美，工有巧”的思想，暗示了工匠的美饰精神依赖于造物的材料（材料之美）与技术（工巧之美），同时也取法于天地之时气（自然之美）。换言之，中华古代工匠对“美”的基本立场是：美在关系及其物质性上的自然显现。换言之，这种对造物的关系之美（善合四者为良）、物质之美（材有美）与自然之美（天有时，地有气）的追求，体现了中华古代工匠朴素的唯物美学观。

“善合精神”是中华工匠在造物中的哲学立场或生态关怀，也是中华工匠在整体思维下的宇宙认识论的体现。《考工记》之“善合精神”是贯穿始终的，并体现于信念、行为与价值的各个层面。“天有时，地有气，材有美，工有巧，合此四者，然后可以为良”（天地之善合，美巧之善合），“三材既具，巧者和之”（材料之善合），“辀注则利准，利准则久，和则安”[10]（善合之久安），“九和之弓”（善合之“礼”），“为天子之弓，合九而成规”[11]（善合之“制”），等等：它们均反映了工匠造物行为的善合精神。“善合精神”是中华工匠精神最完美的生命呈现形态，也是中华工匠行为基因中的精髓与核心。在思维层面，“善合精神”是“善合理念”在行为的物态化上的展现。中华工匠的善合理念是“天人合一”或“中庸为美”在造物上的具体呈现，也是实现和谐、包容、合一等的可靠途径。

实际上，行为基因组的四大精神，即是工匠宇宙精神在行为上的具体显露，因为法象、工巧、美饰、善合均遵循宇宙法则与自然规律的。

第三，价值基因，即“致用精神”基因，这是中华工匠在价值层面上最为主要的呈现。因为在工匠看来，“凡试梓饮器，乡衡而实不尽，梓师罪之”[12]，又或“审曲面势，以饬五材，以辨民器，谓之百工”[13]。此处对“百工”的界定，揭示了对中华工匠的价值基因：致力于民器，器致用于民。当然，中华传统工匠的价值基因是多方面的，但最为主要的是致用基因。不过这里的“致用”之“用”是多层面的，有日常生活之用，有祭祀之用，也有美饰之用。

简言之，在中华工匠精神核心基因组中，“信念基因”是中华工匠精神的本体灵魂，“行为基因”是中华工匠精神物态化的关键要素，也是信念基因与价值基因的中介性基因；即信念基因通过行为基因而实现其价值基因，而“价值基因”是工匠精神的共同信念与行为规范施行的理想准则与生命追求。

三、中华工匠精神基因的遗传：以《髹饰录》为中心

在文本层面，《考工记》既是中华工匠文化的元典，又是中华工匠精神的首次出场。从体系上看，《考工记》之中华工匠精神的首次出场显示出一

种成熟的“基因表达”，因为它展现了中华工匠精神的核心序列基因，并具有一定体系性的组序特征。

在文化遗传上，东周《考工记》之中华工匠精神的核心基因，如同遗传学学科内的基因一样，即是“带有可复制的遗传信息的DNA片段”。抑或说，遗传基因一般有两个核心特征：一是基因能忠实地复制自己，以确保生物的基本性状；二是能遗传或繁衍后代，以保持基因的生命延续。当然，受精卵或母体受到环境或遗传的干扰，后代遗传基因组也有可能会引发某种程度的缺陷或突变。那么，《考工记》之中华工匠精神基因是如何被复制或遗传的呢？在此，可以通过明代黄成的《髹饰录》[14]窥见一斑，也足以明辨《考工记》之中华工匠精神基因是早熟的，基本确立了中华工匠精神的核心基因组，因为它的核心基因通过从东周到明代长时间的遗传或变异之后，却在《髹饰录》中依然能透视其基因组序列的早期性状与核心功能。

在工匠精神的内涵层面，《髹饰录》所折射的中华工匠精神序列也是由信念、行为与价值构成的。在体系上分析，《髹饰录》之中华工匠精神的核心理论体系，由“宇宙精神”主体（共同信念）、“圣创精神、善合精神”两大层次（行为规范）、“求精—求美的精神、朴素—致用的精神、诚信—敬业的精神、传道—严谨的精神”四大核心指向（价值标准）构成。与《考工记》相比，《髹饰录》遗传的中华工匠精神序列是“宇宙精神”与“朴素—致用的精神”，而变异的工匠精神序列是原来的“行为基因”变成了“圣创精神”与“善合精神”，这两种工匠精神恰恰是中华工匠精神最完美的呈现形式。在进化论意义上，《考工记》之中华工匠“行为基因”中的“法象精神、工巧精神、美饰精神”被“圣创精神”所替代，这种基因重组也可说是工匠精神基因成长与变异的结果。

第一，复制与遗传“宇宙精神”。对于髹漆工匠黄成而言，他的髹漆世界就是一个漆艺宇宙或自然宇宙。在结构安排上，他精心设计的《髹饰录》分为乾、坤两集，寓意全书本身就是一个自然宇宙。在叙事体例上，《髹饰录》在“利用第一”篇谈及髹漆的工具和原料，所采用的描述方式是依据宇宙学理念建构了工匠的工具论和原料论。抑或说，《髹饰录》知识叙事模式采用自然宇宙的运行模式，凭借日月星辰、春夏秋冬、山河湖海等自然时空伦序比附漆艺知识，譬如以“日辉”比拟“金”，以“月照”比拟“银”，以“电掣”比拟“锉刀”，以“露清”比拟“桐油”，等等。这些宇宙隐喻的比附思想是作者宇宙精神的直接书写，抑或说宇宙模式是《髹饰录》叙事的核心思维方法，并彰显出工匠的宇宙精神。

▲ 图 2　明代漆盒

第二，遗传与复制了“圣创精神”与“善合精神”。在圣创层面，《髹饰录》提出了工匠的圣者或神者之造化思想。《髹饰录·乾集》曰：“凡工人之作为器物，犹天地之造化。所以有圣者有神者，皆以功以法，故良工利其器。”[15] 黄成在此将工匠造物或界定为“天地之造化”行为，确立了作为工匠职业的“圣者”或“神者”在整个造物系统中的作用，具体表现为“功”与“法”两个维度的行为价值。工匠的“圣创精神”是一种极具活力的创新思想。《髹饰录》开篇所言及工匠造物犹如造化，即《考工记》所载“圣创”。《考工记》曰：“知者创物，巧者述之守之，世谓之工。”[16] 这句话道出了“工”的形成或有三个阶段：知者创物（圣人）；巧者述之守之（巧匠）；工（百工）。换言之，“工”的不祧之祖或为“圣人”，那么，工匠的行为即为“圣创”。可见，此处的“工匠精神”就是“圣创精神”。《考工记》曰：“百工之事，皆圣人之作也。”[17] 在哲学层面，“圣人”即指有限世界中的无限存在。换言之，工匠能创造无限存在，即“知者创物”。在造物源层面，所谓“圣创”，即创新思想。可见，《髹饰录》之“圣创精神”是对《考工记》所载工匠创物思维的一种遗传与变异。另外，“善合精神”即中华工匠的哲学行为规范。在黄成看来，工匠造利器如四时，所用美材如五行，这关键的行为规范在于“善合”与“采备”。在哲学层面，《髹饰录·乾集》指出：“四时行、五行全而物生焉。四善合、五采备而工巧成焉。”[18] 实际上，“采备”之伦理也需“善合”之精神。“楷法第二”篇曰“巧法造化”“质则人身”“文象阴阳”[19]。这里的髹漆“三法”之“法”，或为法天、法人与法自然，即天地人

“三法合一”的髹漆理念。对于工匠精神而言，髹漆“三法”集中体现了工匠的“善合精神”。很明显，《髹饰录》之“善合精神”是对《考工记》之“善合精神”的复制与遗传。

第三，遗传与进化中华工匠精神的价值基因。《髹饰录》之“求精—求美”“朴素—致用”“诚信—敬业”“传道—严谨”的精神，是对《考工记》之工匠精神的致用基因的遗传与进化。《髹饰录》所载“六十四过”[20]，即表现工匠在技术品质层面精益求精的精神。在创物功能层面，“朴素—致用”的精神是创物的功能需要，也是工匠对创物被使用的价值标准。《髹饰录》给工匠造物提出了非“荡心”与非“夺目”的美学标准。“楷法第二”篇载工匠髹漆“二戒”曰“淫巧荡心”“行滥夺目”[21]。在制器形式装饰美学上，工匠得戒除“淫巧荡心”“行滥夺目”之滥饰。换言之，黄成主张创物要有朴素与致用之美，这种“朴素—致用”的精神就是中华工匠精神的求善求用精神。在工匠品质层面，“诚信—敬业”的精神是工匠的行为伦理需要，也是创物对工匠提出的职业价值标准。“楷法第二”篇载髹漆之“四失”，即在行为伦理上，工匠不可有“制度不中（不鬻市）”“工过不改（是谓过）”“器成不省（不忠乎？）”“倦懒不力（不可雕）”[22]之失范。黄成反对“四失”，即体现出工匠的“诚信—敬业”的精神，中华工匠精神就是求真求诚的精神。同时，“传道—严谨”的精神是工匠的知识传承需要，也是创物对工匠提出的品质价值标准。“楷法第二”篇载工匠髹漆“三病”曰“独巧不传”“巧趣不贯”“文彩不适”[23]。《髹饰录》认为“独巧不传”为工匠之病，一改传统“述之守之”的工匠文化传承理念。在心理以及行为技巧上，工匠谨防“独巧不传”“巧趣不贯”“文彩不适”之病理。“三病”思想反映了黄成对工匠的知识传承立场，即主张中华工匠“传道—严谨”的精神，它或是一种发展进步的精神。可见，《髹饰录》之中华工匠精神在价值标准上已然走出了早期《考工记》所追求的“致用之美”，并在“求精—求美”“朴素—致用”“诚信—敬业”“传道—严谨”等精神的核心指向上遗传与进化了早期中华工匠精神的核心基因。

四、发掘中华工匠精神基因的当代价值

在阐释中发现，《考工记》已然潜藏着中华工匠精神的核心基因组，并

由信念、行为与价值三大序列构成，即形成了中华工匠的信念基因、行为基因与价值基因。中华工匠精神核心基因主要是通过物态化与信息化的双重路径展现其独特的属性的：一方面，借助工匠行为而体现物态化的造物；另一方面，又借助工匠的信念与价值体现生活态度、生存方式与价值信仰。澄鉴此论，能增益于中华工匠精神核心基因的当代传承及其社会化内容选择，并具有重大的社会价值与实践意义。

第一，发掘中华工匠精神基因是传承中华传统文化的“中国精神”。中华工匠精神基因是中华优秀文化的凝练化集成，也是中华民族精神的集中体现。发掘《考工记》之中华工匠精神的基因，有益于再现中华优秀文化与中华民族精神，从而在文化自信上发挥中华传统文化的当代价值。2017 年 1 月，中共中央办公厅、国务院办公厅印发了《关于实施中华优秀传统文化传承发展工程的意见》（以下简称《意见》）。《意见》明确指出了实施中华优秀传统文化传承发展工程的总体目标为：“到 2025 年，中华优秀传统文化传承发展体系基本形成，研究阐发、教育普及、保护传承、创新发展、传播交流等方面协同推进并取得重要成果，具有中国特色、中国风格、中国气派的文化产品更加丰富，文化自觉和文化自信显著增强，国家文化软实力的根基更为坚实，中华文化的国际影响力明显提升。”这个目标透露，实施中华优秀传统文化传承发展工程要在研究阐发、创新发展等方面协同推进，旨在增强中国文化自觉与文化自信，坚实国家文化软实力。对于传统文化研究者而言，“研究阐发”必将是一项重要课题。《意见》还进一步指出：“加强中华文化研究阐释工作，深入研究阐释中华文化的历史渊源、发展脉络、基本走向，深刻阐明中华优秀传统文化是发展当代中国马克思主义的丰厚滋养，深刻阐明传承发展中华优秀传统文化是建设中国特色社会主义事业的实践之需……着力构建有中国底蕴、中国特色的思想体系、学术体系和话语体系。”显然，这里又为我们如何阐发研究提供了理论路线图。实际上，中华工匠精神的阐发就是为着力构建有中国底蕴、中国特色的思想体系、学术体系和话语体系提供有力支撑的。

第二，发掘中华工匠精神基因是应对全球化的“中国动力”。中华工匠精神是社会内聚力的核心动力，发掘中华工匠精神有益于提增当代全球化背景下社会发展的精神内聚力。《考工记》之东周齐国在当时诸侯国中的文化发展与技术先进，已反证了工匠精神的社会内聚力；抑或说，齐国的工匠精神在当时的社会发展中显示出社会内聚力的价值。在遗传学上，生物的各种功能与性状近乎均是基因相互作用的产物；抑或说，生命的生理过程是环境和遗传的互相依赖、作用与制约的过程。中华工匠精神基因在社会与文化相互依赖中形成，它既是传统文化中的信念、规范与价值的核心成分，也是社会内聚力的核心动力系统。因此，在当代复兴中华工匠精神，对于提升全球化背景下的社会发展内聚力具有重大意义。

第三，发掘中华工匠精神基因是应对全球化的“中国方案”。中华工匠精神基因注入当代“中国制造”，能在提升品牌、提增品类与提高品质上发挥重要的“遗传性变异”功能；同时在提升“中国形象”上也具有不可忽视的作用。在古丝绸之路上广泛传播的中国器物，是中国“真正的‘全球性文化’首次登场”[24]。现在的中国制造已经遍布全球，然而没有一种是像皮尔·卡丹、生态宜家、文化耐克、故事芭比娃娃等世界性文化品牌的。实际上，当代欧美发达国家的品牌产品文化一再显示：器物叙事功能越强，文化传播功能就越强，就越能产生巨大的经济效益。对于中国文化的海外传播来说，打造器物的文化传播功能是一个亟待解决的任务。如果中国制造中能够有一批货物富含中国文化且被世界广泛认可，那么，中国出口的货物不仅能够产生更大的利润，而且会成为中国文化海外传播的新通道。因此，发掘中华工匠精神对于中国制造的再次“真正的全球性文化的首次登场”意义非凡。

第四，发掘中华工匠精神基因是厚植中国文化的“中国路径”。发掘中华工匠精神核心基因，也有利于中华工匠精神社会化路径的选择与培植，增益于中国当前正在实施的中华传统文化传承工程以及中华传统工艺文化传承工程。因为在传承与发展中华工匠精神或民族精神的具体操作层面，只有廓清中华工匠精神的具体基因，才能有目标有内容地继承与发展；否则在没有阐释或辨明的前提下言及中华工匠精神，是没有理论基础的，甚至是无效的。

简言之，《考工记》已然潜藏了中华工匠精神基因，并显示出独特的时间延续和空间延展的生命力，成为中华民族精神的重要组成部分。中华工匠精神基因为中华文化发展作出了独特的贡献，具有很强的文化张力，培育了中华民族的劳动精神、职业精神和人文精神。在当代，发掘中华工匠精神基因就是传承与发展中华民族精神，也是应对全球化所带来的社会问题而贡献世界的中国动力、中国方案与中国路径。

注　释

①（汉）司马迁撰，（宋）裴骃集解，（唐）司马贞索隐，（唐）张守节正义：《史记》，中华书局，1982年（第2版），第1480页。

②（清）阮元校刻：《十三经注疏》（《周礼注疏》），北京：中华书局，2009年，第1962页。

③（清）阮元校刻：《十三经注疏》（《周礼注疏》），北京：中华书局，2009年，第1998页。

④（清）阮元校刻：《十三经注疏》（《周礼注疏》），北京：中华书局，2009年，第1958页。

⑤（清）阮元校刻：《十三经注疏》（《周礼注疏》），北京：中华书局，2009年，第1977页。

⑥（清）阮元校刻：《十三经注疏》（《周礼注疏》），北京：中华书局，2009年，第1958页。

⑦（清）阮元校刻：《十三经注疏》（《周礼注疏》），北京：中华书局，2009年，第1958页。

⑧（清）阮元校刻：《十三经注疏》（《周礼注疏》），北京：中华书局，2009年，第1961页。

⑨（清）陈梦雷：《古今图书集成·考工典》，杨家骆主编，台北：鼎文书局，1977年。

⑩（清）阮元校刻：《十三经注疏》（《周礼注疏》），北京：中华书局，2009年，第1976页。

⑪（清）阮元校刻：《十三经注疏》（《周礼注疏》），北京：中华书局，2009年，第2024页。

⑫（清）阮元校刻：《十三经注疏》（《周礼注疏》），北京：中华书局，2009年，第2001—2002页。

⑬（清）阮元校刻：《十三经注疏》（《周礼注疏》），北京：中华书局，2009年，第1957页。

⑭《髹饰录》系中国现存唯一的一部古代漆工艺专著，作者为明代隆庆年间（1567—1572年）安徽新安平沙黄成。该书分乾、坤两集，共18章186条。《乾集》主要阐释漆工艺的制作方法、原料、工具及漆工的禁忌；《坤集》主要阐明漆

器的分类及各个品种形态。《髹饰录》在世界漆工艺文化史上具有重要地位，至今仍是世界漆工艺的“法学”。

⑮ 王世襄：《〈髹饰录〉解说》，北京：生活·读书·新知三联书店，2013年，第3页。

⑯（清）阮元校刻：《十三经注疏》（《周礼注疏》），北京：中华书局，2009年，第1958页。

⑰（清）阮元校刻：《十三经注疏》（《周礼注疏》），北京：中华书局，2009年，第1958页。

⑱ 王世襄：《〈髹饰录〉解说》，北京：生活·读书·新知三联书店，2013年，第3页。

⑲ 王世襄：《〈髹饰录〉解说》，北京：生活·读书·新知三联书店，2013年，第28页。

⑳ 王世襄：《〈髹饰录〉解说》，北京：生活·读书·新知三联书店，2013年，第30—42页。

㉑ 王世襄：《〈髹饰录〉解说》，北京：生活·读书·新知三联书店，2013年，第29页。

㉒ 王世襄：《〈髹饰录〉解说》，北京：生活·读书·新知三联书店，2013年，第29页。

㉓ 王世襄：《〈髹饰录〉解说》，北京：生活·读书·新知三联书店，2013年，第29—30页。

㉔（美）罗伯特·芬雷：《青花瓷的故事：中国瓷的时代》，郑明萱译，海口：海南出版社，2015年，第7页。

第八章

-

《髹饰录》：中华工匠精神核心理论体系

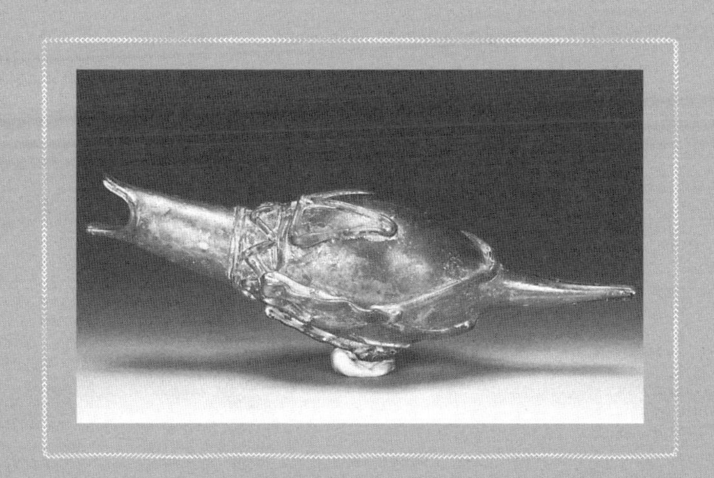

《髹饰录》是中国明代漆工知识文本，其知识叙事已然隐含中华工匠精神。中华工匠精神是传统工匠在长期手作劳动中形成的共同理念、行为规范与价值标准。在道家思想、心性论与身体美学等层面，《髹饰录》俨然折射出中华工匠精神的核心理论体系。该体系是由“宇宙精神”主体（共同信念）、“圣创精神、善合精神”两大层次（行为规范）、“求精—求美”精神、“朴素—致用”精神、“诚信—敬业”精神、“传道—严谨”精神四大核心指向（价值标准）构成。

近年来，厚植工匠文化和弘扬“工匠精神”，显然被提升至国家文化发展的显赫高度。这主要来自三大方面的社会动力：一是“中国制造”及其外贸出口遇到了发展瓶颈，尤其是在品质、品牌与品类（“三品”）上亟待提升，进而扩增其在国际贸易市场的占有份额；二是“中国速度”及其经济发展大大超过了文化发展速度，尤其是高速发展的经济建设所追求的高效生产的机械化、集成化、市场化与商品化，已然取代传统的工匠生产，但这种“短平快”的经济模式急需工匠精神的“长细慢”价值观的滋养；三是中国政府的高度重视及学者的热切关注，也使得“工匠精神”在短时间内成为传统文化中的热点。在上述的社会动因指引下，工匠精神的内涵及其社会化发展路径的研究已然成为学界最为关切的研究题域。

那么，如何在中华传统历史文化视界里辨明“中华工匠精神”的具体价值指向呢？抑或说，“中华工匠精神”的人文内涵到底是什么呢？对此问题的回答，关系到“中国制造”与“中国速度”以及中国政府对工匠精神社会化路径的选择。尽管在人文社科学界有部分学者谈及工匠精神，但学界对“中华工匠精神”所做的理论内涵探讨及其从中获取的完整内容指向性理解是极其有限的。因此，在当代社会语境中，“中华工匠精神”仍是学界崭新的研究领域与亟待研究的理论空间。

在以下的讨论中，拟借用明代隆庆年间安徽新安平沙人黄成所著《髹饰录》为切入口，并以中华传统哲学中的道家思想、心性论与身体美学为研究视镜，窥探《髹饰录》中所隐藏的中华工匠精神的核心理论体系，以期阐明中华工匠精神的共同信念、行为规范与价值标准等核心理论内涵，以此或能增益于当代社会对中华工匠精神的社会化传承与价值迁移。

一、《髹饰录》与它的隐喻叙事

1. 黄成与《髹饰录》

《髹饰录》系明代隆庆年间（1567—1572年）安徽新安平沙（今安徽黄山市歙县）人黄成（号大成）所著的一部髹漆工艺文本，也是中华工匠文化中唯一一部髹漆体系性著作。黄成精通中华传统髹漆，他所造的漆器能与明代官府果园厂漆器相媲美。

▲ 图 1 《髹饰录》

《髹饰录》的体例结构分为乾、坤两集，其知识分布具有宇宙学结构形态分布特征。全书共18章，凡正文220条[①]。《乾集》侧重介绍制器方法、生产原料、髹漆工具及漆事禁忌等内容，《坤集》主要阐释漆器的分类以及漆器品种形态等。《髹饰录》首次为中国古代漆器的定名、分类与技法以及漆工的操守信念、行为规范与价值标准提供了极为可靠的理论范式。尽管《髹饰录》的问世开启了中华传统漆工知识独立叙事的新纪元，但由于其叙事语言与结构体例极其简约与隐晦，以至于较少读者能跨进这部“天书”，或很难走出它的隐喻叙事，也无法一睹其漆工知识之芳容，更难觅见文本中的中华工匠精神。

2. 《髹饰录》的隐喻叙事

在工艺界，由于《髹饰录》的隐喻叙事，以致部分学者认为该部作品艰涩隐晦或佶屈聱牙，似乎有“守之”而不愿为后人“传习”之嫌。令人惊讶的是，在《髹饰录·楷法第二》中，作者却认为“独巧不传”乃是漆工之病也。换言之，黄成对工匠手艺的传承是持积极态度的，并非如东周《考工记》中所载传统工匠知识以“守之述之”为传承方式。借此可以认为，《髹饰录》对于传统工匠文化的传承是开放的、积极的。那么，为什么又会出现如此隐晦、隐喻的《髹饰录》呢？这必然有其特定的社会原因。大致说来，或盖有以下几点：首先，明代的“文字狱”或是《髹饰录》隐喻叙事的罪魁。其次，据顾炎武（1613—1682 年）《天下郡国利病书》载，明代以降，文艺活动的大众化、商业化趋势日趋明显。特别是晚明商人与知识分子的活动界限日趋模糊，文艺的“雅”“俗”边界已消失，《髹饰录》的叙事体例与语言风格或是力挽文艺之雅的一种努力。最后，隐喻的《髹饰录》可能与工匠黄成的髹漆风格、叙事习惯及其语言风格相关，当然，这种风格与中晚明复古风也或存在一定关联。可见，《髹饰录》作为一部隐喻的漆学文本的横空问世，它的背后隐喻了一部全域式的社会文化及其制度体系。

就中华工匠精神而言，它必然是中华工匠文化的一部分。《髹饰录》本就是一部经典的具有体系性的中华工匠文化文本，那么，《髹饰录》也必然隐喻了一种具有体系性的中华工匠精神核心理论系统。

二、《髹饰录》的哲学思想与隐喻的中华工匠精神

在内涵指向上，中华工匠精神是中华工匠的至高信念、行为规范与价值标准。这些内涵指向在《髹饰录》中主要隐喻在道家思想、心性论与身体美学等哲学层面，以下分述之。

1.《髹饰录》之道家思想与中华工匠精神

在道家层面，《髹饰录》提倡道家的“简朴致用”思想。《明史·儒林传》载：“原夫明初诸儒，皆朱子门人之支流余裔。”[2] 以朱学复旧制、正纲纪的明初社会，程朱理学的国统地位日渐形成，但随着明太祖“诏复唐制”思想的逐渐深入以及国力强盛，明代文人宗汉崇唐、复古臻雅的思想开始活跃。因此，在制器层面，汉唐“错彩镂金”的繁缛之风开始风行。在明代，有较多文献记载或援引明代精于装饰的漆器制造，如马愈《马氏日抄》（明刻本），董其昌《骨董十三说》（民国刻本），刘侗、于奕《帝京景物略》（明崇祯刻本），曹昭《格古要论》（明刻本），张岱《夜航船》（清

嘉庆刻本），沈德符《万历野获编》（明抄本），高濂《遵生八笺·燕闲清赏笺》（明万历刻本），宋应星《天工开物》（明刻本），李日华《六研斋笔记》（明崇祯刻本），文震亨《长物志》（明刻本），刘应钶《嘉兴府志》（明万历刻本），方以智《物理小识》（清刻本），等等。它们记录了明廷"靡然向奢"的消费风尚以及繁缛装饰的盛况。因此，《髹饰录》或是明代社会奢靡主义的风向标。

面对明代中晚期的制器奢靡之风，黄成主张工匠髹漆行为规范要"二戒"，即"楷法第二"篇载：一戒"淫巧荡心"；二戒"行滥夺目"。"二戒"即反对漆器髹饰的淫巧与夺目，主张简约。这与老子主张"朴散则为器"以及庄子主张"不求文以待形"的制器思想一脉相承。黄成不仅在思想理念上反对淫巧与夺目，还在具体行为操作上提出了解决这一问题的具体办法。"楷法第二"篇指出"巧法造化""质则人身""文象阴阳"[③]。这就是说，黄成并非一味反对技巧，而是要做到天地造化之"巧法"；也并非排斥夺目，而要做到"质则人身"与"文象阴阳"。换言之，黄成在道家立场上做了灵活传承与发展，创造性地提出了中华工匠的行为规范，即工匠制器不能"淫巧荡心"与"行滥夺目"，而要做到"巧法造化""质则人身"与"文象阴阳"。这种理念显然是道家哲学思想在髹漆中的深度继承与创新发展。

很明显，黄成在道家理论体系下规约了工匠的基本行为规范。抑或说，《髹饰录》在行为规范上隐喻出了中华工匠精神的内容指向，这种内容之隐喻彰显出《髹饰录》之髹器"物体系"向漆工"思体系"迈进的道家式的"去奢"而"朴散"的工匠精神。

2.《髹饰录》的心性论与中华工匠精神

所谓"心性论"，即关于"圣人之心"的学术，它是中华儒道思想之枢机。《孟子》曰："形色，天性也。"在理学大兴的明代社会背景下，"心"与"性"（"情"）已然泾渭分明。因此，明代市民之"人欲"与理学之"天理"间的区隔和斗争也日趋激烈。

那么，这种"人欲"与"天理"之间的矛盾与斗争是如何形成的呢？尽管明代理学盛行，但明代城市格局被商业化和新经济打破之后，市民阶层的审美思想日益膨胀，新市民阶层与统治阶级或贵族都希望获得奢华漆器的消费。因此，明代漆器的奢华之风高涨，它不但满足了新兴市民的日常美学消费，也满足了统治阶层对奢靡器物的需求。于是，在心性层面，《髹饰录》提倡物为人用，器不荡心，反对心性分离，呼唤心性相融。《髹饰录》所言“淫巧荡心”“行滥夺目”[4]，就是主张心性合一的思想理念。抑或说，黄成主张心性与形目的统一。

黄成所主张的“心性不二”，与孟子的心性论有相通之处。在孟子看来，“有诸内必形诸外”。孟子的“心性不二”或“天人贯通”之心性哲学，贯通了天地人的联系，将宇宙视为一个整体。实际上，《髹饰录》的隐喻叙事体例就是采用自然宇宙的整体运行模式，贯通天地人，凭借日月星辰、春夏秋冬、山河湖海等自然伦序比附漆工知识，以期达到“心性不二”。显然，《髹饰录》既继承了程朱理学格物致知的宇宙理论，又割除了程朱理学“存天理，灭人欲”的滞瘤。

3.《髹饰录》的身体美学与中华工匠精神

在程朱理学社会背景下，黄成在《髹饰录》中独树一帜地提出了“身体美学”思想。在“楷法第二”篇中日“巧法造化”“质则人身”。所谓“质则人身”，即指漆工髹漆的行为规范要取法人神之骨肉皮筋之象。这实际上反映了明代身体美学的觉醒，并因在髹漆工艺中的具体介入而得到发挥，这与“存天理，灭人欲”的程朱理学显然是相对抗的。

作为“物体系”的身体美学向度，《髹饰录》明显透视出中华工匠精神的价值标准，即器物是为人服务的。那么，它的制器思维必然取法于人身，即“质则人身”。因此，《髹饰录》给工匠制器提出了非“荡心”与非“夺目”的行为规范，实质就是为髹漆工匠在身体美学层面（身之心、身之目）提出了具体操作要求与价值标准。当然，透过《髹饰录》的隐喻叙事，也能看出明代时期的身体美学具有明显的反社会化动向，尤其是针对程朱理学的反身体美学思潮。

在身体美学的视野下，《髹饰录》从理论系统上已然隐喻性地规定了工匠的“工则”与“工法”的行为规范，也确立了工匠的“工戒”“工失”“工病”“工过”等具体的价值标准，这些简约的有益于身体的美学思想呈现出中华工匠精神的核心行为规范。

三、隐喻的《髹饰录》：中华工匠精神核心理论体系范式

所谓“工匠精神”，主要是指工匠在长期劳动活动中形成的共同信念、行为规范与价值标准。《髹饰录》所体现的中华工匠精神核心理论体系，即是由工匠在长期实践过程中形成的信念观、行为观与价值观构成。

《髹饰录》所彰显的中华工匠精神核心理论体系可以简要概括为：信念观，即“一大主体”（宇宙精神）；行为观，即“两大层次”（圣创精神、善合精神）；价值观，即“四大核心指向”（求精—求美精神、朴素—致用精神、诚信—敬业精神、传道—严谨精神）。“一大主体”“两大层次”“四大核心指向”之间的逻辑关系是：“主体”是灵魂，“层次”是主体的“两仪”，“核心指向”是“层次”的具体标准。

“一大主体”信念观，即“宇宙精神”，这是《髹饰录》贯穿始终的主体精神，也是工匠在长期实践活动中形成的共同信念。因此，“宇宙精神”或为“宇宙信念”，这是工匠乃至人类最为崇高的共同信念。人类的一切时间、空间与物质均来自宇宙，那么，工匠造物的主体信念也自然源于宇宙。通观《髹饰录》可以发现，作品中的时间叙事、空间叙事与物质叙事均为宇宙叙事，即用宇宙的春夏秋冬、东南西北与日月星辰来比附漆工髹器知识。换言之，黄成将工匠的共同信念提升至宇宙精神高度。宇宙精神是中华工匠精神的精髓与灵魂，也是人类造物行为的最高信念与理想形态。

“两大层次”行为观，即“圣创精神、善合精神”，这是《髹饰录》之宇宙精神主体的两大类别层次或两仪（天地或阴阳）层次——“圣创精神”（天地之造化）、“善合精神”（阴阳之相倚），这两仪层次也是工匠在长期实践过程中形成的关键行为规范。在《髹饰录》中，最具有代表性与概括化的行为是圣创与善合。圣创行为，即创造行为，这是天地造化之制器的中介环节，也是工匠行为的本质特征；善合行为是圣创行为的最高规约，即在阴阳相倚中实现制器与宇宙的和谐、与自然的和谐、与人的和谐、与社会的和谐。抑或说，天地造化是宇宙精神与善合精神之间的中介行为，善合行为是工匠行为的最高规约。

“四大核心指向”价值观，即“求精—求美精神”“朴素—致用精神”“诚信—敬业精神”“传道—严谨精神”，这四大指向是中华工匠在长

期的劳动过程中形成的核心价值标准。相对而言，圣创精神（创物品质）指向求精—求美精神与朴素—致用精神，善合精神（行为品质）指向诚信—敬业精神与传道—严谨精神。当然，中华工匠精神的价值指向还有其他内容，《髹饰录》所隐喻的中华工匠精神的价值观内容是最为核心的四大指向。其中，求精—求美精神是指向创物的品质标准，朴素—致用精神是指向创物的功能标准，诚信—敬业精神与传道—严谨精神均是指向工匠自身的道德品质标准。

1. 中华工匠精神主体

中华工匠精神的主体是宇宙精神。宇宙精神是中华工匠精神的至高形态，也是中华工匠的共同信念；同时，宇宙精神还是中华工匠精神的理性基础。“宇宙精神”是《髹饰录》中所彰显的中华工匠精神的主体与灵魂。黄成将中华髹漆融入天地万物之中，将漆工知识纳入宇宙体系书写中。在《髹饰录》的结构章节与内容安排及其叙事体例上，均能显示出作者的宇宙性理念与思想，处处凸显出工匠精神的至高形态——宇宙精神。应当说，黄成是世界上第一个将工匠文化提升至宇宙身份的艺术家与思想家。

对于髹漆工匠黄成而言，“宇宙便是吾心，吾心即是宇宙”（陆九渊）。他的髹漆世界，即是一个漆艺宇宙。因此，在结构安排上，《髹饰录》分为乾、坤两集，寓意全书本身就是一个小宇宙。在叙事体例上，《髹饰录》在“利用第一”篇主要谈及髹漆的工具和原料，所描述的方式采用了宇宙学理念，建构了工匠的工具论和原料论。黄成所采用的漆艺知识术语均为宇宙中的时间（如春夏秋冬、暑寒昼夜）、空间（如山水、海河、洛泉）与物质（如风雷电云、雨露霜雪）之要素。总之，《髹饰录》的知识叙事显露出这样的暗示：漆艺之美是宇宙之美的化身，工匠精神是宇宙精神的分延。

2. 中华工匠精神两仪

中华工匠精神两仪体现在圣创精神与善合精神上，它们是中华工匠在实践过程中一直秉承与发展的主要行为规范。

第一，圣创精神是天地之造化精神，即创新精神。中华工匠精神就是创新精神，这是中华工匠精神的本质特征。

在本源上，工匠创物是天地之造化行为，“天地之造化”或为一种造物思维。“观物取象”或“法天象地”是中华古代工匠创物的根本思维方法。这种“取象”或“法象”的思维方法论，决定了中华古代工匠文化早熟及其精神境界的超脱，进而形成了中华工匠特有的圣创精神。

▲ 图 2　北京艺术博物馆藏明代“老子骑牛图”漆盘

在创新层面，《髹饰录》提出了工匠的圣者或神者之造化思想。《髹饰录·乾集》曰：“凡工人之作为器物，犹天地之造化。所以有圣者、有神者，皆以功以法，故良工利其器。”[5]作者黄成在此将工匠造物界定为“天地之造化”行为，确立了作为工匠职业的“圣者”或“神者”在整个造物系统中的重要作用，具体表现为“功”与“法”两个维度的行为价值。

工匠的圣创精神是一种极具活力的创新思想。《髹饰录》开篇所言工匠造物犹如造化，即《考工记》所载“圣创”。《考工记》曰：“知者创物，巧者述之守之，世谓之工。”这句话道出了“工”的形成有三个阶段：知者创物（圣人）；巧者述之守之（巧匠）；工（百工）。换言之，“工”的不祧之祖或为“圣人”，那么，工匠的行为即为“圣创”。可见，此处的工匠精神当是圣创精神。《考工记》曰：“百工之事，皆圣人之作也。”[6]在哲学层面，“圣人”即指有限世界中的无限存在。换言之，工匠能创造无限存在，即“知者创物”。在造物源层面，所谓“圣创”，即创新设计思想。可见，《髹饰录》所隐喻的圣创精神是对《考工记》所载工匠创物思维的一种继承与发展。

第二，善合精神：阴阳之相倚。善合精神，是一种处理各种关系的伦理精神，中华工匠精神就是伦理精神，这是中华工匠的最高行为规范。

阴阳是宇宙中相反相倚事物的一种抽象。在哲学层面，《髹饰录·乾集》指出："四时行、五行全而物生焉。四善合、五采备而工巧成焉。"[7]在黄成看来，工匠造利器如四时，所用美材如五行，这关键的行为规范在于"善合"与"采备"。实际上，"采备"之伦理也需"善合"之精神。"楷法第二"篇曰"巧法造化""质则人身""文象阴阳"。这里的髹漆"三法"之"法"，或为法天、法人与法自然，即天地人"三法合一"的髹漆理念。对于工匠精神而言，髹漆"三法"集中体现了工匠的"善合精神"。

简言之，宇宙精神是中华工匠精神的主体与灵魂；中华工匠的圣创精神抑或为中华工匠的创新精神，是工匠行为规范的基石，也是中华工匠宇宙精神与善合精神之间的中介环节；善合精神或为中华工匠行为的最高伦理规范，是协调天地人的伦理精神，这也是中华工匠精神的行为规范的核心所在。

3. 工匠精神的四大核心指向

工匠精神的四大核心指向为求精—求美精神、朴素—致用精神、诚信—敬业精神、传道—严谨精神。

▲ 图 3　故宫博物院藏明代嵌螺钿漆榻

在创物品质层面，求精—求美精神是创物的品质需要，也是工匠对创物品质的价值标准。

《髹饰录》对工匠之"过"的隐喻叙事，其实就反映出作者对中华工匠精神在技术品质上的要求，即求精求美。抑或说，求精—求美精神就是中华工匠精神的价值规范。在具体技术层面，“楷法第二”篇载工匠髹漆“六十四过”：“麭漆之六过”（冰解、泪痕、皱皵、连珠、颣点、刷痕）、“色漆之二过”（灰脆、暗黑）、“油彩之二过”（柔粘、带黄）、“贴金之二过”（癜斑、粉黄）、“罩漆之二过”（点晕、浓淡）、“刷迹之二过”（节缩、模糊）、“蓓蕾之二过”（不齐、溃痿）、“揩磨之五过”（露垸、抓痕、毛孔、不明、霉黕）、“磨显之三过”（磋迹、蔽隐、渐灭）、“描写之四过”（断续、淫侵、忽脱、粉枯）、“识文之二过”（狭阔、高低）、“隐起之二过”（齐平、相反）、“洒金之二过”（偏累、刺起）、“缀甸之二过”（粗细、厚薄）、“款刻之三过”（浅深、绦缕、龃龉）、“鎗划之二过”（见锋、结节）、“剔犀之二过”（缺脱、丝）、“雕漆之四过”（骨瘦、玷缺、锋痕、角棱）、“裹之二过”（错缝、浮脱）、“单漆之二过”（燥暴、多颣）、“糙漆之三过”（滑软、无肉、刷痕）、“丸漆之二过”（松脆、高低）、“布漆之二过”（邪、浮起）、“捎当之二过”（盬恶、瘦陷）、“补缀之二过”（愈毁、不当）[8]。《髹饰录》所载“六十四过”，即表现工匠在技术品质层面上精益求精的精神。另外，在创物功能（品质）层面，朴素—致用精神是创物的功能需要，也是工匠对创物被使用的价值标准。《髹饰录》给工匠造物提出了非“荡心”与非“夺目”的标准。“楷法第二”篇载工匠髹漆“二戒”曰“淫巧荡心”“行滥夺目”。在制器形式与装饰上，工匠得戒除“淫巧荡心”“行滥夺目”之滥饰。换言之，黄成主张创物要朴素与致用，这种朴素—致用精神就是中华工匠精神的求善求用精神。

在工匠品质（品德）层面，诚信—敬业精神是工匠的行为伦理需要，也是创物对工匠提出的职业价值标准。“楷法第二”篇载髹漆之“四失”，即在行为伦理上，工匠不可有“制度不中（不鬻市）”“工过不改（是谓过）”“器成不省（不忠乎）”“倦懒不力（不可雕）”[9]之失范。黄成反对“四失”，即体现出工匠诚信—敬业的精神，中华工匠精神就是求真求诚的精神。另外，传道—严谨精神是工匠的知识传承需要，也是创物对工匠提出的品质价值标准。“楷法第二”篇载工匠髹漆“三病”为“独巧不传”“巧趣不贯”“文彩不适”[10]。《髹饰录》认为“独巧不传”为工匠之病，一改传统“述之守之”的工匠文化传承理念。在心理以及行为技巧上，工匠谨防

“独巧不传”“巧趣不贯”“文彩不适”之病理。“三病”思想反映出黄成对工匠的知识传承立场，即主张中华工匠的传道—严谨精神，这是一种发展进步的精神。

简言之，《髹饰录》在创物品质（圣创）与工匠品质（善合）两个维度提出了求精—求美精神、朴素—致用精神、诚信—敬业精神、传道—严谨精神等四大核心指向内容，它几乎囊括了中华工匠精神的核心价值标准，这四大精神也是中华工匠的最高行为准则与价值追求。

四、初步结论及研究意义

在阐释中发现，尽管《髹饰录》的知识叙事与结构体例极其隐晦，但它在道家思想、心性论与身体美学等层面还是折射出中华工匠精神的共同信念、行为规范与价值标准等系统化理论体系。该体系以“宇宙精神”为信念主体，以“圣创精神、善合精神”为行为两仪，以“求精—求美精神”“朴素—致用精神”“诚信—敬业精神”“传道—严谨精神”为核心价值取向。可以认为，一部隐喻的《髹饰录》彰显出中华工匠精神的核心理论体系。

以《髹饰录》为切口，在道家、心性及其美学立场下辨明中华工匠精神的核心理论内涵，至少具有以下理论价值与现实意义：

一是明晰了中华工匠精神的至高形态——宇宙精神，这必将为阐明中华工匠精神提供理论依据。只有立足于中华工匠精神的最高理论形态，才能准确把握中华工匠精神在社会化传承路径中的空间广度与内容深度。

二是理解了中华工匠精神的两大行为规范，即处于宇宙精神统属下的圣创精神与善合精神。前者是宇宙精神与善合精神的中介环节，因为，无论是宇宙精神还是善合精神，都需要圣创精神或创造精神去完成。同时，圣创精神又是善合精神的基础。善合精神是中华工匠精神的最高行为规范，它几乎囊括了中华工匠行为规范的一切（如天地之合、阴阳之合、上下之合、多少之合、虚实之合等）。实际上，善合精神是一种辩证的伦理精神。

三是在价值准则上，厘清了中华工匠精神的具体内涵指向，即包括求精—求美精神、朴素—致用精神、诚信—敬业精神、传道—严谨精神。辨明中华工匠精神的价值准则有利于中华工匠精神在“中国制造”以及“中国速度”中的社会化吸收与传承路径的选择。

注 释

①（明）黄成著，（明）杨明注，王世襄编：《髹饰录》，北京：中国人民大学出版社，2004 年。

②（清）张廷玉等撰，中华书局编辑部编：《明史》，北京：中华书局，2000 年，第 4827 页。

③王世襄：《〈髹饰录〉解说》，北京：生活·读书·新知三联书店，2013 年，第 28 页。

④王世襄：《〈髹饰录〉解说》，北京：生活·读书·新知三联书店，2013 年，第 29 页。

⑤王世襄：《〈髹饰录〉解说》，北京：生活·读书·新知三联书店，2013 年，第 3 页。

⑥（清）阮元校刻：《十三经注疏》（《周礼注疏》），北京：中华书局，2009 年，第 1958 页。

⑦王世襄：《〈髹饰录〉解说》，北京：生活·读书·新知三联书店，2013 年，第 3 页。

⑧王世襄：《〈髹饰录〉解说》，北京：生活·读书·新知三联书店，2013 年，第 30—42 页。

⑨王世襄：《〈髹饰录〉解说》，北京：生活·读书·新知三联书店，2013 年，第 29 页。

⑩王世襄：《〈髹饰录〉解说》，北京：生活·读书·新知三联书店，2013 年，第 29—30 页。

第九章

-

匠俗的《鲁班经》

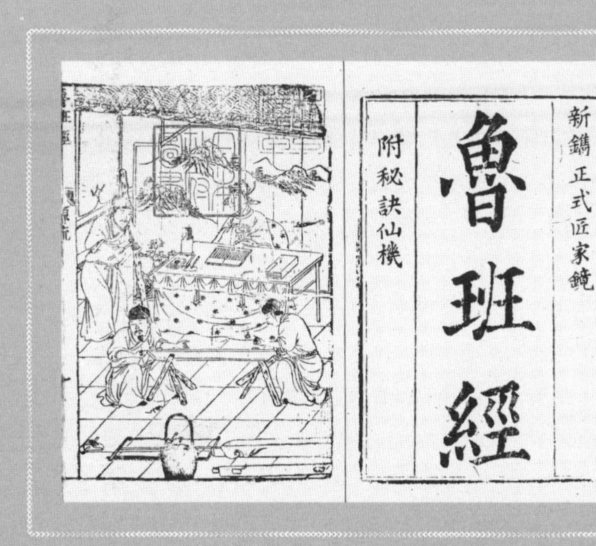

《鲁班经》是中国古代民间匠俗信仰文化的集大成文本，集中体现出中国古代工匠在时间、空间与物质层面的民俗信仰。鲁班经宇宙信仰体系是中国古代工匠的自然观、道德观与伦理观的结构性整体出场，它不仅实现了对中国古代民间匠俗文化“以事为纲、以神为目”的叙事化表述与体系性创构，还维系了民间工匠的组织系统、思想伦理与行业操守，更创生了具有中华民族特色的体系性匠俗文化。不过，中国古代的匠俗信仰间接影响了营造科学的发展，且有阻碍古代营造科学发展之嫌疑。

所谓“匠俗”，是属于民俗学范畴类的一种独特的文化范式，它是工匠在长期的造物活动中慢慢积淀下来的反映自然、社会关系及其现实生活的民俗（folklore）文化。“匠俗”作为民俗文化的一种知识存在样态，或能有效见证工匠、器物和社会之间的文化关联与精神互动，因为工匠作为造物主，总是把精神文化、物质文化和社会文化间接地嵌入到造物行为及其习俗之中。

在世界营造史上，中国古代营造是最具完整性和持续性的艺术，也是最具自然哲学性和民族文化性的艺术。营造或是一个被建筑工匠设计的自然宇宙空间，被营造的空间对自然宇宙的时空偏爱是由它自身的特征与需要决定的。“法天象地”是中国古代营造空间设计的宇宙观与象数思维的直接呈现，这种“法象”理论与形象思维为中国古代工匠（大匠）营造提供了制度性保障与规范性模式，尤其是法“天地之像”或成为中国古代工匠营造的基本准则。“虽有人作，宛自天开”的空间营造审美追求，也就成了中国古代营造艺术的最好美学注脚，或彰显出中国古代建筑大匠深邃的自然哲学观念。

值得注意的是，中国古代“法天象地”的营造理念及其文化行为，确乎是一种具有民族特色的匠俗信仰的直觉呈现与艺术传达。这种民族性的营造文化信仰，不仅实现了对中国古代匠俗信仰文化体系的艺术化与实体化表述，还维系了工匠的组织系统、思想道德与行业操守，更呈现出中国匠俗文化的体系性创构，进而形成了民族特色的中华匠俗文化体系。《鲁班经》就是中国古代一部具有体系性的民间营造文化信仰的完整文本，它的信仰体系实质是中国古代工匠的自然观、道德观与伦理观的整体信仰结构体系，也是中国古代营造文化信仰、文化体系的创构者与确证者。

就研究而言，学界对《鲁班经》的研究甚少，零星论文多为对《鲁班经》的版本研究，部分涉猎《鲁班经》研究，如王世襄[1]先生对其家具的初释，张燕[2]先生简论《鲁班经》版本及其工艺思想，江牧[3]先生等对江浙沪馆藏《鲁班经》十一行本的溯源及刊印时间的研究，也有部分论著提及《鲁班经》中的营造仪式等。这种研究现状对《鲁班经》文化价值的深入阐发是极其不利的，也不能在更深层次的文化哲学层面揭示中国古代工匠信仰结构及其文化行为的整体状貌。对于工匠而言，《鲁班经》之营造空间的民间信仰文化体系，不仅反映出古代自然、社会对工匠营造的精神价值体系建构的影响与干预，还深刻体现了中华工匠思想自律的本性、道德行为的动力以及超理性的至高精神信仰力量。因此，任何忽视《鲁班经》的文本研究，恐怕无益于在整体信仰体系上揭示古代中华工匠的精神所系与道德选择，也有损于中国古代工匠营造宇宙观的体系性创构与解读。

就宇宙构成而言，时间、空间和物质是它的基本构件。在接下来的讨论中，拟将《鲁班经》置于宇宙文化体系下，在时间、空间和物质三大层面，较为详细地阐释中国古代工匠的宇宙信仰及其文化构成，并就此阐明中国古代匠俗文化体系的"宇宙信仰"主体，从而引出匠俗文化体系"工匠""实践"与"伦理"的三大延展性知识形态，借此分析中国古代匠俗文化体系的"自律""境界""意义"与"人格"这四大核心内容要素，以期较为全面地在文化民俗学、文化人类学与文化创造学的高度解读《鲁班经》在民俗文化史中的独特地位与历史价值。

一、《鲁班经》与它的民俗信仰

明万历年间，北京提督工部御匠司司正午荣汇编《鲁班经匠家镜》，该书系中国古代营造民俗文化的集大成体系性著作，又称《鲁班经》，现存最早版本系明万历年间（1573—1620 年）汇贤斋刻本[4]（北京故宫博物院藏）。书中内容涉及营造民宅择吉法、古营造用尺合吉、古营造的构形与择吉、家具制作、风水歌诀和魇镇禳解符咒、修造择吉全纪、灵驱解法洞用直言秘书等，涵盖了中国古营造的行规、择日、仪式、符咒、灵驱、方位、布局、结构、式样、框架、陈设、秩序、工序等诸多工匠手操知识图像和匠俗文化信仰体系。

在行为层面，任何信仰都是人们对信仰对象的一种精神性使用[5]。对营造信仰而言，这种精神性使用不是依赖工匠集体性的他律行为而形成的；相反，它是由工匠个人精神信仰的注入与自律完成的，进而形成古代中国工匠的精神信仰体系与道德境界。就《鲁班经》而论，它的宇宙信仰是中国古代工匠对宇宙的时间、空间与物质的一种精神使用与整体把握，也是工匠对自然宇宙的观察以及手作经验的“法象”性著述，并通过宇宙信仰理念或“灵魂式的爱”而最终形成。抑或说，《鲁班经》是工匠将自然哲学与营造空间知识融入宇宙信仰而整体营建出来的，并形成了中国古代工匠独特的宇宙信仰，包括时间信仰、空间信仰与物质信仰等。

1. 时间信仰

时间是宇宙体系中最为重要的要素，任何空间、物质的存在都离不开时间。离开时间的空间或物质是没有意义的，时间性也就成了人们生活和行为最有意义的价值追求[6]。因而，宇宙的秩序和运行的逻辑均按照时间节律来进行编码与科学认知，时间也因此成为人们探索宇宙的重要行为参照。

时间连同它的自然物候（如日月），既是古代工匠的行为参照，又是工匠信仰的自然伦序，因为在劳动节奏上，古代工匠遵从着“日出而作”或“晴耕雨织”的劳作节律。抑或说，在手作劳动中，时间已经成为工匠生产的重要参照。《考工记》曰：“天有时，地有气，材有美，工有巧，合此

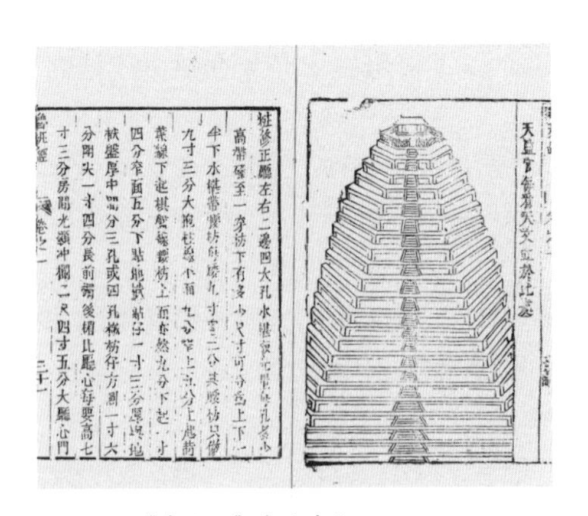

▲ 图 1　《鲁班经》中的建筑

四者，然后可以为良。”[7]很显然，时间已成为工匠手作良器的首要参照和特殊材料。同时，在中国古代的《礼记》《四民月令》《吕氏春秋》等著作中均能发现工匠对宇宙时间信仰的再现与传达。抑或说，工匠信仰是对宇宙时间秩序追求的产物之一。在《鲁班经》中，工匠行为仪式彰显出有顺序、有条理的宇宙时间观，并勾勒出了中国古代工匠的时间信仰体系，即工匠的“择日体系”。

所谓“择日体系”，或称为“择吉体系”，指工匠在营造活动中所择取的一套良辰吉日体系。工匠的“择吉体系”不能简单地归结于一般性宗教迷信，它实际上是一种对宇宙自然的信仰价值观的文化呈现，或是对自然时间节律的体认、遵从与顺应。譬如《鲁班经》曰：“凡伐木日辰及起工日，切不可犯穿山杀。匠人山伐木起工，且用看好木头根数，具立平坦处斫伐，不可了草，此用人力以所为也。如或木植到场，不可堆放黄杀方，又不可犯皇帝八座，九天大座，余日皆吉。”[8]这里的“择日入山伐木法”意思是：工匠伐木必择吉日，禁忌穿山杀、黄杀方、九天大座、皇帝八座等时间或方位，否则凶多吉少。“择日入山伐木法”或伐木仪式，一方面显示出工匠对自然界树木及其伐木的敬畏，即不能任意砍伐自然树木，另一方面也显示出工匠行为对树木在自然生长时间节律上的遵从。

从更深层次说，选择吉日营造体系是古代堪舆术思想中“天人合一”自然哲学思想的具体应用，进而慢慢延伸形成了古代工匠营造的“择吉术”。实际上，“择吉术”是古代工匠对时间历法或时间纪年的一种理性思考，并慢慢形成了时间性宇宙信仰体系。可见，古代工匠对时间的宇宙性信仰是在劳动实践及其自然哲学思考中逐渐形成的。另外，营造信仰也是古代帝王神权思想的体现（如“皇帝八座”）。在古代，“由于历法与古代主要的宇宙信仰有关，所以它的制订是帝王的一个神圣不可侵犯的特权，各诸侯国领受历法意味着对皇帝的忠诚”[9]。换言之，中国古代营造的时间信仰不仅仅是工匠对时间历法的直接思考，还是对神话了的帝王信仰的间接呈现。于是，在多重力量的支配下，古代工匠根据“干支纪年法”推衍出工匠营造的时间法式——“伐木吉日”体系。譬如《鲁班经》曰：“己巳、庚午、辛未、壬申、甲戌、乙亥、戊寅、己卯、壬午、甲申、乙酉、戊子、甲午、乙未、丙申、壬寅、丙午、丁未、戊申、己酉、甲寅、乙卯、己未、庚申、辛酉，定、成、开日吉。又宜明星、黄道、天德、月德。忌刀砧杀、斧头杀、龙虎、受死、天贼、日月砧、危日、山膈、九土鬼、正四废、魁罡日、赤口、山痕、红觜朱雀。”[10] 这种黄道吉日的时间信仰法式创构，反映出古代工匠的时间性宇宙信仰，时间也因此成为工匠劳动的重要“合法性”依据和“合理性”法则。

实际上，黄道吉日的时间信仰体系创构，不仅是工匠对自然法则的敬畏与皇权地位的维系，还反映出古代工匠信仰的“五行大系”在时间（十二节气）宇宙层面的制度化演绎。抑或说，“择日体系”内含天文历法的“科学信仰”知识，并结合“阴阳五行”学术推衍出各种营造艺术的良辰时日。就信仰目的而言，古代工匠的择日，即择福、择安、择财、择运、择禄、择吉等。《鲁班经》之“招财纳福的吉凶日”曰：“甲子日是善财童子在世捡斋，还愿者子孙昌盛福生，招财大吉利。乙丑、丙寅日是阿罗汉尊长者与天神下降，有人设斋还愿者，万倍衣禄，财宝自然吉庆，大吉利也。”[11] 因此，黄道吉日时间信仰体系创构是对美好生活的一种体系性创想。但毋庸置疑，由于古代工匠的日常择吉是“以事为纲，以神为目”[12]，进而使得古代营造的“择日体系”不免带有宗教迷信的成分。不过，这不影响古代工匠对时间的生命理想与精神的追求。

2. 空间信仰

空间，是信仰的逻辑之域，并依赖时间而维系。在空间维度上，秩序是空间信仰体系创构中的重要一环，空间里的时间成为维系空间秩序的唯

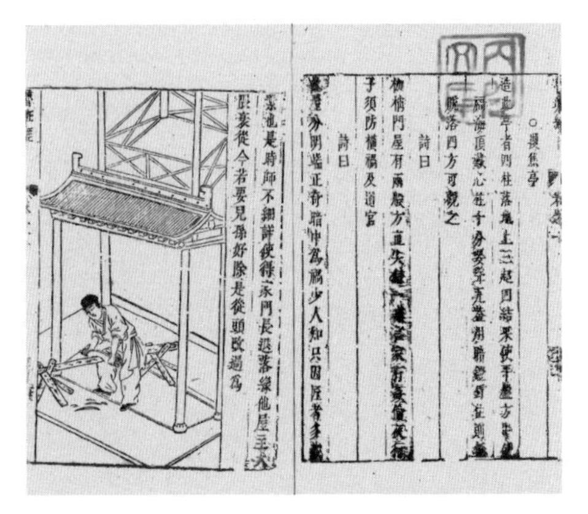

▲ 图 2 《鲁班经》中的门楼做法及工匠

一要素。同时，秩序信仰不仅为营造空间提供了“自然法”的依据，还加强了人、自然与社会之间的和谐与契合。《鲁班经》是中国古代工匠的空间秩序信仰的创建者，并在服从自然法的逻辑中形成了营造与自然和谐一体的空间信仰体系。

在本源意义层面，营造空间是介于宇宙空间和信仰秩序之间的具有“假想性”或“象征性”体征的聚居域。这种“假想性”或“象征性”空间营造主要表现于人与自然的区隔性想象，即通过营造“一堵墙”（建筑）的方式将人类与自然作间隔性区分，进而保证人类生存于充满危险的自然宇宙中能有一个属于自己的安全的空间（“家”）。从考古发现的东非“列石”或新石器时代的“篱笆墙”等遗址看，被营造的原始意味很浓的“家”或“一堵墙”，就是人类区隔自然的一种“营造艺术”，也许这也是最为源头性的营造艺术。但人类另一种思想性的“诗意假想”是“一堵墙”无法区隔的，因为这堵空间中的“墙”只能暂时性阻隔，却无法阻隔意识之墙。换言之，人类既有与自然的“区隔性假想”，也同时具有冲破这“一堵墙”的愿望。这就是说，“想要一个家”和“出走”的想法是同时存在的。因此，在这个被营建的自然空间中，有区隔自然的心灵之围墙，或有通向天空或远方的思想之窗户，或有出入自由的生活之门廊，或有被分割的独处思想之房间，或有珍藏记忆的抽屉，或有等待主人回家的灯……这些被营造的诗意空间中夹杂着营造者的空间伦理及其文化信仰。这就是说，营造空间伦理就是处于营造空间中的人们信仰文化体系的直接体现。抑或说，营造秩序是空间伦理的实体性或实景性再现，也是营造科学的技术性体现。譬如《鲁班经》中“起工架马破木立柱”的记载显示，营造空间伦理是保障营造秩序或营造科学的关键。《鲁班经》曰：“凡匠人兴工，须用按祖留下格式，将木马先放在吉方，然后将后步柱安放马上，起手俱用翻锄向内动作。今有晚学木匠则先将栋柱用正，则不按鲁班之法后步柱先起手者，则先后方且有前先就低而后高，自下而至上，此为依祖式也。凡造宅用深浅阔狭，高低相等，尺寸合格，方可为之也。”[13]这种“依祖式”的“起工架马破木立柱”的空间信仰，就是营造空间伦理的经验性叙事或“准科学表达”。这就是说，营造中的信仰、宗教、仪式、匠俗等均包含着某种现象学思想和准科学成分。从某种程度上说，科学起初是萌芽于宗教的，并在实践过程或艺术行为中逐渐淘汰了“非科学”的成分。

与时间信仰一样，营造的空间信仰也是工匠借助“财神”或“贵神”对美好生活的一种理想化向往。《鲁班经》之“财神方”曰：“求财之吉，甲己日东北方，丙丁日正西方，乙日西南方，戌日西北方，庚辛日正东方，壬癸日正南方。”[14]《鲁班经》之“贵神方”曰：“求名趋之吉，丁日正东方，壬日正南方，己日正北方，癸日正西方，乙日西南方，辛日东南方，甲庚西北方，丙戌东北方。”[15]可见，中国古代工匠的营造空间秩序是有条理的伦理信仰，并表现出对日常生活的美好祈盼。“坐南朝北”“门第吉祥”“瑞启德门”“福寿康宁”“金玉满堂”等理想化空间想象和祈盼是古代工匠营建空间的追求，也就是对空间中的时间生活最美好的愿景。

3. 物质信仰

物，是信仰文化的表现载体。一切物质皆源于宇宙，对物质信仰或信仰物质实则是人们对宇宙物质的精神性使用。在世界范围内，中国古代是一个物质技术非常发达的国度，国人对物质的精神信仰使用也是非常发达的。

有限物之本身不存有信仰，存有信仰的是使用物质的人，因为人类是有信仰的族群。物质信仰不仅能实现人类信仰的输出与传达，还是保证有限物的终极意义生存的有效方法。在中国古代，工匠对物的信仰文化体系创构就是对有限物终极意义的阐发与叙事，并显示出超越世界其他民族的文化魅力，以至于李约瑟坦言：“没有任何西方人能够超过商、周两代的青铜器铸造者，或比得上唐、宋时代的瓷器制造者。”[16]中国古代工匠对有限物无限意义的阐发与利用也体现在《鲁班经》中，譬如该文本中的神龛信仰、柱石信仰、栋梁信仰、罗经信仰、符咒信仰等充分体现出古代工匠对物的信仰体系的创构：

其一，神龛信仰。神龛设有祖先灵位牌等物质，在对祖先敬畏信仰的参与下，这些有限物便有了终极性的文化信仰意义。《鲁班经》之“论新立宅架马法”曰：“新立宅舍，作主人眷既已出火避宅，如起工即就坐上架马，至如竖造吉日亦可通用。”[17]所谓“出火避宅”，是指新建宅舍前要请神佛、祖先灵位暂居别处，并移动香火，同时，房主应回避命星。

其二，柱石信仰。柱石不牢，倾折立见。柱石是营造牢固的关键。《鲁班经》之“论架马活法”曰：“凡修造在柱近空屋内，或在一百步之外起寮架马，却不问方道。起符吉日：其日起造，随事临时，自起符后，一任用工修造，百无所忌。论修造起：凡修造家主行年得运，自宜用名姓昭告符。若家主行年不得运，自而以弟子行年起符。但用作主一人名姓昭告山头龙神，则定磉扇架、竖柱日，避本命日及对主日矣。修造完备，移香火随符入宅，然后卸符安镇宅舍。”[18]由于立柱与柱石在整个房屋营造中的关键作用，定磉扇架或竖柱日就十分重要。于是，“起符仪式”成为“架马活法”之缓解。所谓“起符”是指请道士描绘能驱除凶煞的灵验图符。《鲁班经》之“画柱绳墨”曰：“画柱绳墨：右吉日宜天月二德，并三白九紫值日时大吉。齐柱脚宜寅申己亥日。”[19]再如《鲁班经》之“动土平基、填基吉日”“下磉立柱择吉法”“确定下磉建扇架的吉日”等。

其三，栋梁信仰。栋梁是房屋最高处的水平大梁。《鲁班经》之“泥屋吉日”曰：“凡造作立木上梁，候吉日良辰，可立一香案于中亭，设安普庵仙师香火，备列五色钱、香花、灯烛、三牲、果酒供养之仪，匠师拜请三界地主，五方宅神，鲁班三郎，十极高真，其匠人秤丈竿、墨斗、曲尺，系放香桌米桶上，并巡官罗金安顿，照官符、三煞凶神，打退神杀，居住者永远吉昌也。”[20]栋梁对于主人来说意味深长，栋梁乃昌盛之主宰。因此，上梁择日便成为民间文化的重要习俗，栋梁信仰也成为富贵、昌盛与繁荣的代名词。

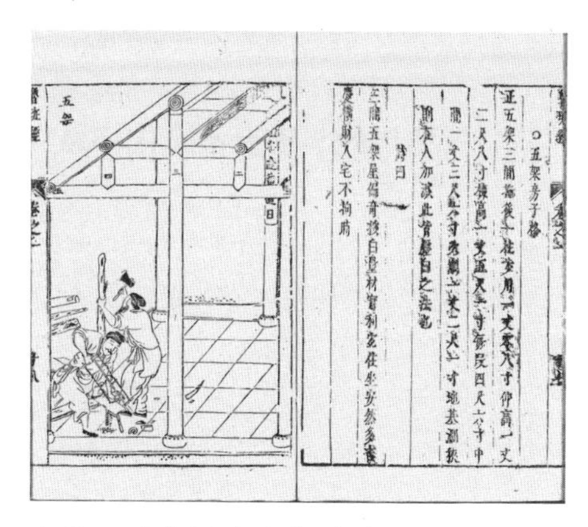

▲ 图 3 《鲁班经》中的五架房子及工匠

其四，罗经信仰。罗经信仰，即罗盘信仰。“罗经格定”是古代工匠纳天地自然、人伦命运于一体的风水信仰文化。《鲁班经》之“论东家修作西家起符照法”曰：“凡邻家修方造作，就本家宫中置罗经，格定邻家所修之方。如值年官符、三杀、独火、月家飞宫、州县官符、小儿杀、打头火、大月建、家主身皇定命，就本家屋内前后左右起立符，使依移宫法坐符使，从权请定祖先、福神，香火暂归空界，将符使照起邻家所修之方，令转而为吉方。俟月节过，视本家住居当初永定方道无紧杀占，然后安奉祖先、香火福神，所有符使，待岁除方可卸也。”[21] 这一套“罗经格定”文化体系，昭示着古代工匠将人的凶吉休咎、生死祸福与天地宇宙尽纳罗经之中，格定万象与天地经纬。

其五，符咒信仰。古代营造工匠创制的咒符有镇符、禳解符咒、朱砂正梁符、五雷地支灵符、墨符、万灵圣宝符等，咒语有“开天”一咒歌等。《鲁班经》之“用符咒法”曰：“凡匠人在无人处，莫与四眼见，自己闭目展开。一见者便用。”[22] 工匠的用符咒法如使用船藏于斗中，船头朝内寓意主人进财，朝外则主人财退，桂叶藏于斗内表意主人发科甲，不拘藏于某处表示主人寿长，披头五鬼藏中柱内则诅咒主人死丧等。工匠创制各种符咒或语咒旨在维护自身“合法地位”或“尊严”，以期望得到主人的重视。反过来看，符咒信仰也反映了工匠在社会中的地位不高或不受重视。因此，营造工匠通过符咒获得身份与地位。

简言之，《鲁班经》显示出中国古代工匠在时间层面、空间层面与物质层面上的匠俗信仰体系是完整的，具有宇宙性结构特征。

二、《鲁班经》的匠俗文化体系

《鲁班经》实现了对中国古代宇宙信仰体系“以事为纲，以神为目”的叙事表述，更呈现出中国匠俗的体系性文化建构，进而创生形成了“一大主体”（宇宙信仰）、“三大层次”（工匠个体、营造实践与宇宙伦理）、“四大核心要素”（自律、境界、意义与人格）的中国古代工匠营造的民俗文化体系。

“宇宙信仰”是形成《鲁班经》匠俗文化体系的哲学基础，也是《鲁班经》匠俗文化体系的主体要件。在时间层面，《鲁班经》充分利用时间伦序的自然节律在营造行为上的嵌入与使用，进而形成古代工匠的时间信仰；在空间层面，《鲁班经》在营造的方位、布局、结构等层面实现了空间伦理的秩序化与伦理化，进而形成了古代工匠的空间信仰；在物质层面，《鲁班经》也展现出古代工匠对物的精神性使用与符号化寓意荷载，进而形成了古代工匠的物质信仰。时间信仰反映出中国古代工匠对时间中的自我理想与生命凶吉的朴素理解，也反映出工匠对时间的哲学认知以及对控制时间的王权的顺从；空间信仰昭示出古代工匠的空间伦理及其秩序伦理中的信仰结构，并凸显出工匠对空间的伦理化与制度化的哲学思考；物质信仰是《鲁班经》利用物的精神性荷载能力，实现对营造空间中的物质实体的象征符号化。简言之，《鲁班经》是中国古代营造行业的宇宙信仰的体系性文本。抑或说，宇宙信仰成为中国古代工匠及其营造文化体系的主体。

《鲁班经》所体现的“宇宙信仰”，是借助“工匠个体、营造实践与宇宙伦理”的“三大层次”具体延展。抑或说，“工匠个体、营造实践与宇宙伦理”是《鲁班经》匠俗文化体系的三大主要内容性延展层次。在工匠个体层面，工匠首先是营造的主体保障与基本条件，而工匠精神信仰对于营造本身的重要性也是不言而喻的。于是，在营造实践层面，工匠通过对时间节律的认知、空间秩序的伦理化以及对物的精神性使用，进而形成了工匠的精神信仰。在工匠精神信仰的践行中，《鲁班经》所彰显的宇宙伦理已然超越了一般的营造空间伦理，并在天地人的生态和谐与伦理秩序中实现了对营造艺术的理解与阐释。于是，宇宙伦理成为古代工匠营造实践的最高表达与诉求。显而易见，工匠、实践与伦理是《鲁班经》宇宙信仰体系中具有关联性的三大结构性层次。换言之，《鲁班经》宇宙信仰体系是以工匠个体为实施主体、以营造实践为中介、以宇宙伦理为最高理想的延展性层次构成。

在要素层面，自律、境界、意义与人格是《鲁班经》匠俗文化体系的“四大核心要素”。《鲁班经》之匠俗文化体系反映了中国古代工匠个体的思想自律与营造行为意义，也反映了营造工匠的个体道德境界与社会伦理人格。

在思想自律层面，中国古代工匠的“择日”民俗惯习所形成的时间信仰，实质上是工匠对宇宙时间的一种“自律”，即主动接纳自然宇宙时间节律，并在此行为活动中实现营造系统中的自我话语权或解释权。同样，“依祖式”的“起工架马破木立柱”的空间信仰也是工匠对营造思想的“自律”，并通过对物的精神性使用实现对营造行为的“自律”。中国古代工匠的“自律”意识反映出工匠主动与宇宙和谐一致的“天人合一”观，也反映出工匠通过自律行为实现自身的营造话语权与身份地位，也在自律中自觉维护自然、王权与天地之伦理纲常。

在道德境界层面，工匠的时间信仰是遵从帝王历法的合“礼”性道德选择，即在时间伦序中接受与顺应王权统治。抑或说，中国古代工匠的时间信仰是一种遵从国家统治的道德伦理的自觉选择；同时，工匠的空间信仰在“法天象地”的思维定格中实现了营造空间的“天人合一”之至高境界，并在物的精神性使用中彰显出工匠营造的精神性物化理念。

在行为意义层面，中国古代工匠遵循“黄道吉日”是主动顺应时间节律的“准科学选择”，进而保持营造与自然时间的一致性。另外，《鲁班经》中“罗经格定”的行为，表面上是一种空间风水文化，但它所体现的工匠纳宇宙万物的行为意义是明显的，至少可以保证营造空间与宇宙空间的和谐统一。同时，工匠借助物的符咒以维护自身在社会中的合法地位，以期望得到主人的重视、社会的尊重。

在伦理人格层面，《鲁班经》反映出中国古代工匠对宇宙及其社会的调节方式。“择日体系”“罗经格定”“起工架马”等营造行为，从不同侧面透视出中国古代工匠对宇宙社会的主动调节。抑或说，工匠将时间节律、空间伦理与物化精神统一到宇宙信仰体系之中，进而形成工匠行为在社会化过程中独特的相对稳定与持久的人格系统，即工匠精神。换言之，工匠的伦理人格系统形成是受到宇宙伦理及古代中国社会文化制度影响的。

概言之，《鲁班经》所体现的匠俗文化体系是以宇宙信仰精神为主体，在工匠、实践与社会三大层面延展，并在思想自律、道德境界、行为意义、伦理人格等四大核心要素上作具体性的呈现，进而创生出具有体系性的中国古代匠俗文化。

三、《鲁班经》匠俗文化批判：准科学与科学阉割

科学本身或是有系统的信仰体系，至少在时序、空间、物质上具有可遵循的、有逻辑的、有条理的知识理性特征[23]。《鲁班经》的匠俗信仰体系俨然显示出工匠的“宇宙准科学”，尽管它内含某些迷信的内容，但《鲁班经》所呈现的“营造法”显然是对自然宇宙和谐的敬畏，或是对社会伦理关系的主动调节，抑或是工匠对自然哲学在空间营造上的“准科学”使用：

第一，匠俗时间或被精确计算的时间，它是《鲁班经》宇宙信仰体系中有价值的“准逻辑科学”。“干支纪年法”体系下的“伐木吉日”序列，应

当是最符合时间逻辑的信仰体系。因此，古代工匠的“伐木吉日”不能简单地纳入迷信的范畴论之，更不能忽视它的“准科学”价值。

第二，匠俗空间或被营造的空间是《鲁班经》宇宙信仰体系中有伦理的“准秩序科学”。就营造科学而言，中国古代工匠所遵循的“起工架马破木立柱”的空间信仰是符合营造科学的。因此，工匠作创生的空间秩序是伦理秩序和社会秩序的体现，也是“准科学”秩序的体现。

第三，匠俗物质或被使用的物质是《鲁班经》宇宙信仰体系中有力量的“准自然科学”。中国古代工匠对神龛、柱石、栋梁、罗经、符咒等的物质信仰，充分体现了古代营造对自然人文的理解与应用。因此，工匠对“物体系”的使用，尽管表面上体现的是物质信仰，实则隐含着对准自然科学的使用。

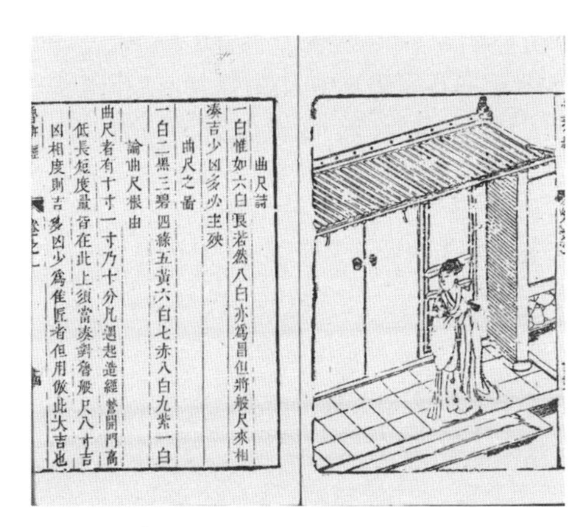
曲尺詩
一白惟如六白良若然八白亦爲昌但將般尺來相
湊吉少凶多必主殃
曲尺之圖
一白二黑三碧四綠五黃六白七赤八白九紫一白
論曲尺根由
曲尺者有十寸一寸乃十分凡遇起造經營開門高
低長短度量皆在此上須當湊對魯般尺八寸吉
凶相度則吉多凶少爲佳匠者但用倣此大吉也

▲ 图 4　《鲁班经》中的曲尺诗

但从权力结构看，所谓“信仰”就是一方对另一方的崇拜或服从。《鲁班经》的宇宙信仰是工匠对时间、空间与物质的一种服从；但这种服从在一定程度上区隔了工匠技术向科学殿堂的迈进，因为“在科学的结论似乎同信仰的需要背道而驰的地方……他们都尊奉某种宇宙的信仰，而且他们在辩证方法和经验科学的现世方法之间作出区别时被驱入了双重真理说。在实践上，如果认识到在这两者之间有冲突的话，那么一方就服从另一方，即科学的真理就按照更为无所不包的信仰的‘真理’的要求而被阉割”[24]。这就是中国古代工匠的营造技术迟迟不能向营造科学理论迈进的原因。换言之，中国古代工匠的营造科学被宇宙信仰所阉割，并阻隔了营造科学发展之路。当然，中国古代工匠的营造技术未能向营造科学迈进的原因是很复杂的，它至少在工匠地位、社会制度、文化信仰等多个层面显示出没有营造科学发展的土壤，宋以后出现的建筑科学文本，也没能在理论上实现中国古代工匠营建技术向科学化的迈进。

在阐释中发现，《鲁班经》是中国古代一部具有体系性的匠俗信仰文本，它所彰显的宇宙信仰体系实质是古代工匠世界观、道德观与伦理观的整体性结构再现，也是中国古代民间营造文化信仰体系的集成者、创构者与确证者，更是中国古人对宇宙自然、宇宙秩序和宇宙哲学的理解与创造性发展。《鲁班经》的宇宙信仰体系不仅在工匠个体、营造实践与关系伦理中维系了民间工匠的组织结构、思想道德与行业操守，还在自律、境界、意义与人格等四大核心要素层面实现了对中国古代民间信仰体系的"准科学"时空表述与物化叙事。但毋庸置疑的是，中国古代工匠的民间信仰体系也阉割了营造技术的科学化进程。有鉴于此，这对于当代工匠（技术工人）的职业信仰或工匠精神的培育以及职业技术的科学化实践具有启发意义。

注 释

①王世襄：《〈鲁班经匠家镜〉家具条款初释》，《故宫博物院院刊》，1980年第3期（另见1981年第1期）。

②张燕：《论〈鲁班经〉——兼谈我国古代工艺思想特色》，《东南大学学报（哲学社会科学版）》，2005年第1期。

③江牧、冯律稳：《江浙沪馆藏〈鲁班经〉十一行本溯源及刊印时间研究》，《艺术设计研究》，2017年第2期。

④（明）午荣：《鲁班经》，北京：华文出版社，2007年，“序”第2页。

⑤Foster G. M. *What Is Folk Culture?*［J］. American Anthropologist, 1953, 55（2）.

⑥Hall S. A. *Ethnographic Collections in the Archive of Folk Culture: A Contributor's Guide*［J］. Publication of the American Folklife Center, 1995,（20）.

⑦（清）阮元校刻：《十三经注疏》（《周礼注疏》），北京：中华书局，2009年，第1958页。

⑧（明）午荣：《鲁班经》，北京：华文出版社，2007年，第2页。

⑨（英）李约瑟：《中华科学文明史》（上），（英）柯林·罗南改编，上海交通大学科学史系译，上海：上海人民出版社，2014年，第281页。

⑩（明）午荣：《鲁班经》，北京：华文出版社，2007年，第4、6页。

⑪（明）午荣：《鲁班经》，北京：华文出版社，2007年，第302页。

⑫（明）午荣：《鲁班经》，北京：华文出版社，2007年，第311页。

⑬（明）午荣：《鲁班经》，北京：华文出版社，2007年，第14页。

⑭（明）午荣：《鲁班经》，北京：华文出版社，2007年，第352页。

⑮（明）午荣：《鲁班经》，北京：华文出版社，2007年，第353页。

⑯（英）李约瑟：《中华科学文明史》（上），（英）柯林·罗南改编，上海交通大学科学史系译，上海：上海人民出版社，2014年，第283页。

⑰（明）午荣：《鲁班经》，北京：华文出版社，2007年，第19页。

⑱（明）午荣：《鲁班经》，北京：华文出版社，2007年，第25页。

⑲（明）午荣：《鲁班经》，北京：华文出版社，2007年，第35页。

⑳（明）午荣：《鲁班经》，北京：华文出版社，2007年，第67页。

㉑（明）午荣：《鲁班经》，北京：华文出版社，2007年，第28页。

㉒（明）午荣：《鲁班经》，北京：华文出版社，2007年，第280页。

㉓ Schneider H. W. *Science, Folklore, and Philosophy*（*review*）［J］. Journal of the History of Philosophy, 2008,（4）:356–358.

㉔（美）悉尼·胡克：《理性、社会神话和民主》，上海：上海人民出版社，2006 年，第 232 页。

第十章

-

工匠精神，即人文精神

在时空视野下，工匠精神是人类文明史上一种特有的人文范式，它以专注、藏美、民用、守信与法度等人文理性凸显出工匠对生命及其意义的深度关切。但伴随着工业化进程中工匠手作边界的模糊及其精神尺度的消解，以及工匠作坊、文化结构与手作制度的进一步瓦解，工匠精神的技术理性对其人文价值理性的批判性销蚀俨然成为新的历史处境，进而形成了对工匠精神人文价值理性传承与发展的威胁。因此，在本质上，技术理性是工匠人文精神危机的社会根源，消解工匠手作的技术理性是当下重构被遮蔽的工匠精神的关键，从而增益于当代社会技术理性与人文价值的协同发展。

目前，学界对工匠精神的研究有两个基本向度：一是对工匠精神的研究多集中在表层，如围绕对工匠精神的社会化遮蔽、工匠文化传承以及工匠遗产等问题展开；二是局限于工匠精神的加强、意义及困境等外在原因的分析。这两个向度均能从一定程度上阐明工匠精神的存在及其价值，恐有不足之处是很难从工匠精神的历史（阶段性）殊相与社会（公共性）共相的联结中揭示问题的本质，也不能阐释技术理性给工匠精神的复苏带来威胁的根本原因。有鉴于此，工匠精神的时空逻辑及其相关问题应当被纳入研究之列。同时，基于时空为研究的切入范式不仅是当前学界对此研究的忽视，还是依据时空对于工匠精神的分析框架的可行性理论假设，主要体现在以下两个基本层面：一是工匠精神的日常哲学主要依赖“慢工出细活”“专注”“守恒”“反复”等具有时间精神的日常范式构成；二是工匠生产的作坊、车间与工作室，以及具有时间精神的工匠手作物在地域、民族、世界上所呈现的身份或风格是具有空间性的。毋庸置疑，工匠精神在日常哲学体系中具有时空范式的多元性与本质性。

在时空社会学[①]的指引下，工匠精神的时空逻辑、历史处境与现实意义的研究框架是合理的，也是可行的。另外，工匠精神的时空逻辑研究也能实现工匠精神研究由“外在化”向“内在化”迈进，并达到工匠精神的时间殊相与空间共相的协同分析效果。在理论上，工匠行为是一个与时间性紧密联系的范式，工匠观念的空间性倾向与偏好也是明显的。因此，时空社会学对于研究工匠精神的人文本质及其价值是适当的。

在接下来的讨论中，拟以时间与空间为切入范式，结合时空社会学相关理论，围绕工匠精神的时空逻辑、历史处境与现实意义，展开对工匠精神的人文本质及其价值理性的研究，以期获得工匠精神的人本解读，从而有益于当代弘扬工匠精神的价值取向。

一、工匠精神的时空指向及其人文内涵

时间与空间是工匠手作及其精神研究的核心变量，因为时间是构成工匠手作产品及其精神的特殊材料，空间是工匠及其精神的身份标志[②]。换言之，工匠精神是时空的产物，在时空中彰显特有的价值理性，并在一定程度上弥补技术理性所衍生的人文缺陷。

工匠手作对时空的关切所呈现的内容题域是宽广的。在时间节律上，古代工匠能遵从“日出而作”或“晴耕雨织”的劳动节奏；在时间占有上，古代中国“工商食官”的国有工匠制为工匠的手作提供了大量时间。在空间性层面，工匠手作对空间的关切也是与生俱来的。工匠的作坊、车间、工作室为工匠手作时间提供可靠依赖，工匠用手作叙述的方式将时间文化通过图文叙事表现于器物之上。由于工匠对时间与空间的执着与关切，工匠精神的时空性特质明显，并能展现出以下几种具有人文内涵的意义偏向：

第一，工匠精神，即专注精神。专注是工匠所特有的行为特质与精神内涵，与之相应的“执着”“坚持”“精确”等词语均是专注精神所体现的行为能量与价值追求。“匠人代表着一种特殊的人的境况，那就是专注。”[③]这种专注精神体现了工匠对时间的持有是始终如一的，抑或说，工匠精神的价值能建基于时间向量的获得。从本质上说，工匠手作是在慢工细活中求得效益，这就是工匠对劳动及其时间的尊重与敬畏。另外，工匠的专注精神还体现在对职业的敬畏、对技术的专注、对产品的专一以及对服务他人的专心。

第二，工匠精神，即藏美精神。对工匠而言，物之藏美又谦逊不彰是行为理念与职业信条。在手作叙述中，每一道工序都是精细的、严谨的、安静的时间节奏的呈现。这些工序之美在手作物中是潜在的，每道工序所呈现的器物之美也是谦逊不彰的。因此，工匠对待手作之器是谦逊地、不骄不躁地完成每一道工序，直至精益求精地把工匠的思想、时间及经验倾注于其手作器物的细胞中，也倾注于每一件器物之中，做到不偏不倚、形质兼美。

▲ 图 1　陕西西安出土的唐代金碗

第三，工匠精神，即民用精神。手作之物不是挂在墙上的艺术品，也不是供人欣赏的博物馆里展示的艺术品，它的功能全在于民用。“民用”就是手作物，是现实的实用之物、人民生活之物。追求民用之美是工匠素有的理想，也是工匠精神最为本质的特质。同时，“民用”不是供少数人使用或给精英之用，而在于供全民使用。因此，民用精神也隐含着普遍使用的价值理念与普遍性的生命关怀。由此观之，工匠精神也是一种具有普世价值情怀的人文理性。

第四，工匠精神，即守信精神。守信是工匠精神应有的思想内涵与职业素质。先秦的“物勒工名”[④]是工匠诚信表现的一种制度。《礼记·王制》曰：“布帛精粗不中数，幅广狭不中量，不鬻于市。”[⑤]明代《髹饰录》亦曰：“制度不中，不鬻市。”[⑥]这说明，工匠对自己的手作器物负责，诚实守信。守信精神是工匠精神的基础，也是工匠行为伦理道德的体现。

第五，工匠精神，即法度精神。工匠手作重视法度，长短、规矩、方圆均在定式之中，不越矩、不违时，进而做到不淫美、不偷巧、不诈伪。正如墨子所言：“百工为方以矩，为圆以规，直以绳，正以县。无巧工、不巧工，皆以此五者为法。”[⑦]法度是工匠手作的内在准则与根据。在中国古代，“制器尚象”与“规天矩地”就是工匠的基本自然宇宙法度，这是工匠精神自然伦理道德的彰显。

简言之，专注精神体现了工匠生产手作物对民众消费的一种责任与尊重，藏美精神是工匠自我思想与价值的物化价值观，民用精神彰显了工匠对民众生活的关切以及工匠之为工匠的价值理想，守信精神是工匠对人的生命尊严的维护及其伦理道德的敬畏，法度精神是工匠对手作物塑造以及对自然宇宙尺度的肯定。抑或说，工匠精神是一种尊重人本身及其价值的精神，体现了工匠对人类生命及其意义的观照。

二、工匠精神的人文本质：时间向量与空间之维

在时间向度上，工匠对时间的眷念是颇为复杂的。工匠对时间的专注与敬畏不仅是工匠珍惜时间的物化表达，更是一种对手作物及其使用上的人文价值关怀与审美追求。抑或说，工匠精神的实现是离不开时间的，这主要表现为工匠对时间的占有与使用的人文偏向：

第一，时间是工匠手作产品的特殊原材料。在手作中，时间已经成为工匠生产的一个意义要素。《考工记》曰："天有时，地有气，材有美，工有巧，合此四者，然后可以为良。"[⑧]很显然，时间成为工匠手作良器的特别意义要素。工匠通过图文叙事传达时间文化，手作的意义被缩减为时间性，手作的材料也因此被纳入与时间相对应的位置。譬如，在《春秋繁露》中，春、夏、季夏、秋、冬之时节对应木、火、土、金、水之自然材料[⑨]，时间与五行（郑玄的"五材"）的对应反映了中国古代的材料与时间共在的宇宙观，这种时间观反映了古代工匠朴素的人文关切——对自然宇宙以及人造物的理解与尊重。

第二，时间性理论显示了从工匠到工匠精神的人文性关联意义。由于时间具有延展性与不可逆性，因此工匠通过手作叙事将时间固定或延长在手作物之中，以期达到对时间的眷顾、理解与记忆。譬如，汉代瓦当上的"千秋万岁""万岁未央""常乐万岁""亿年无疆""富贵万岁"等手作叙事文字，就能表达出工匠手作叙述的时间性人文理想。这种理想的本质就是工匠借用时间叙事表达对生命时间的人文关切。为此，工匠在使用时间的过程中对手作之事的时间专注与谦逊是独一无二的，在此所体现的工匠精神乃是一种时间的生命情怀，进而呈现一种时间性价值理念或时间生命观。

第三，工匠对时间的使用与接受是一种美学体验。对工匠而言，时间的慷慨与奢华是工匠行为及其人文精神所决定的，更关键的是工匠对时间的使用与接受是自由、安静、有情感的，这些可以理解为是一种美学性的生命体验，即工匠手作叙述强化了对时间自由性的享有与接纳。尽管古代工匠的手

作时间依附于国家及其制度，并没有多大的人身自由或创作自由，但是工匠精神一旦被嵌入手作叙述之中，工匠对时间的使用与接受便进入了忘我的美学体验状态。很显然，工匠的时间性美学体验是对生命的一种人文敬畏。

第四，时间是对工匠手作物的艺术救赎，并最终呈现出现实生活的民用之美。工匠手作的行为就是去瑕疵、存善美的劳作过程，在此期间，时间起到了一种对手作物及其工匠自身的救赎功能，进而将用于生活的手作物之美发挥到极致。就作坊而言，时间正如一所大学养育并陶冶其间的所有学生——工匠，而工师是这所大学里传道授业的解惑者，也是这所大学里的图书馆。工匠在作坊中占有与使用时间的频率正如学生在大学里与时间为伴一样，手作物就是他们的“科研”产物。

第五，时间节律是工匠手作的行为依据与教条。在思维方法上，“法天象地”是古代工匠制器的理论根据，即《周易》所言的“法象莫大乎天地，变通莫大乎四时”[10]。抑或说，“唯时论”是先秦时期工匠对时间的普遍认识。譬如《吕氏春秋》以“十二纪”为要、以“法天地”为组合材料线索，分“春纪”“夏纪”“秋纪”“冬纪”四部分，体现十二月令之四季时间是工匠手作的作息表。从春纪“审五库之量”到夏纪“黼黻文章”，再到秋季“百工休”而“入学习吹”，然后到“工师效功”，这是一个完整的因时而作的手作行为过程。另外，四季时间也是工匠手作器物及其风格的重要依据：春天“其器疏以达”，夏天“其器高以觕”，秋天“其器廉以深”，冬天“其器宏以弇”。可见，工匠凭借对四季时间的理解而制器，并构成了工匠手作之参考标准及其风格依据。简言之，时间不仅是工匠手作的特殊材料，还是工匠的生命意义与器物之美的显现载体，更是工匠的美学体验与行为准则，工匠精神的人文理性就是在这些与时间关联性很强的手作过程中逐渐形成的。

工匠的时间叙事是离不开空间的，空间也是工匠获得职业身份及其手作意义的重要路径，因为工匠精神的职业身份主要体现在工匠在空间性维度上所展现的人文关切：

一是作品空间与匠人的个人身份。个人身份是由记忆构成的，对匠人的记忆莫过于他们对手作的敬业、对时间的专注及其坚持。作为个体的匠人，他们在手作叙述中实现了时间对手作物的嵌入。尽管工匠的每一次手作都是一次偶然事件，但就是这种偶然呈现出每一次的手作物品的独一无二性，因为在作品空间上，工匠的个人身份是特定作品的时间产物，并具有明显的职业化与专业化特征。尽管工匠的手作物是在手作叙述中的一次偶然获得，但其个人身份所倾注的手作物作品风格注定带有个性化特色。

二是地理空间与匠人的地域身份。工匠、手艺及其手作物是有故乡的，匠人的身份取决于地域空间上的土壤、空气及环境。抑或说，不同地域空间的土壤所生产的材料决定了手作物的个性及其风格，不同地域空间的人文空气决定了工匠及其手作物的文化风格与美学气质[11]，不同地域空间的社会环境决定了手作物的消费等级、使用数量及其设计式样。在日本或韩国，濒海工艺及其工匠的手作风格明显带有海洋风格，包括工匠所使用的贝壳、海草等海洋材料的选择。同时，在文化性上，日本工匠所呈现的“物哀之美”与韩国工匠所推崇的“至静至美”明显彰显出地理空间的身份特质，这些地域性风格及其美学趣味显然受制于日韩岛国地理空间文化的影响。

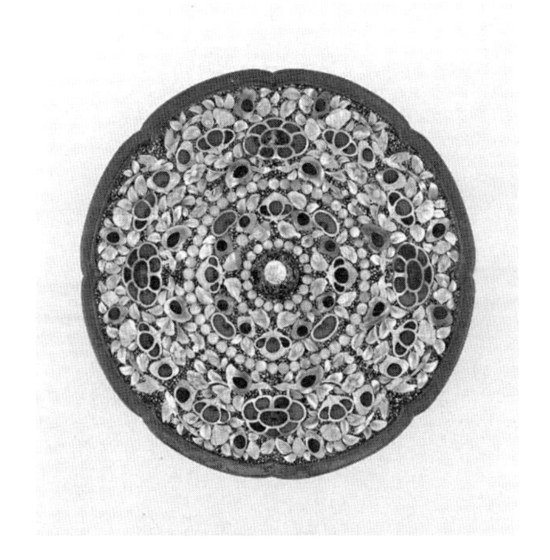

▲ 图 2　正仓院藏唐代嵌螺钿镜

三是民族空间与匠人的民族身份。一个民族就是一个文化共同体，在这个共同体中有许多区别于其他民族的文化，工匠文化是区别民族身份的真实标志，工匠的手作物就是这个民族信念的文化身份产物。正如加拿大学者琼斯所言，“民族是信念的共同体，任何既定民族的独有特征将会依赖于它的成员将其看作构成成员身份要素的真实信念”[12]。工匠的手作物是与生活最接近的真实信念物，工匠将属于自己民族的文化通过手作叙事铭记在本民族认同的器物之上。或者说，民族共同体内的匠人具有积极的传承与发展民族文化的义务。可见，匠人的民族空间身份与民族空间义务是同在的。

四是国家空间与匠人的国家身份。国家身份是国家认同的基础，离开国家身份的国家是不存在的。一个独立的国家身份的存在必然依赖这个国家的民族文化，而器物文化在呈现与展示国别文化上是最直接的。当工匠精神或工匠手作物文化跨越国家边界，它们的国家身份便凸显出来。因此，工匠手作文化也是寻求国家身份的一种手段。当然，在封闭的国家体制下，工匠的国家身份是不受关注的，也因此，工匠在国家各个阶层中的地位也相对较低。在古丝绸之路上，中国工匠及其手作文化被输往世界各国，一些器物文化不仅改变了海外国家人民的生活方式，还促进了海外文明的进步与发展。因此，作为国家身份的器物文化传播在全球场域中的价值是不可小觑的。

从工匠精神的时空逻辑分析可以看出，时间与空间是工匠价值理性追求的最为重要的人文关切，工匠不仅将时间嵌入自己的手作叙事个性之中，还在空间层面呈现出手作产品的区域身份与风格。

三、技术理性：工匠精神的人文遮蔽

尽管工匠精神带有明显的时间与空间的人文理性特质，但伴随工业革命进程中技术理性对工匠人文精神的遮蔽与冲击，这种时空特质又发生了新的变化与内涵偏向。工匠精神的时空逻辑直接暗示，工匠手作的意义在于对生活的关怀与生命的关切。抑或说，工匠精神是人类文明发展中特有的人文范式，而技术又是人类文明范式不断革新的主要标志，技术与人类的集成关系是紧密的，并隐含着“技术契约”机制的文化特质，进而显示工匠精神的时空处境。任何回避技术理性谈工匠精神的时空性是不可取的，只有在人文精神的高度观照下，工匠精神才能显示出“现实与理想的差距”[13]。

在早期，工匠的技术是作为发现与传承的对象而存在的，因为在生产力比较落后的年代，工匠对技术的依赖主要是遵从自然规律及其生产经验。但到了现代工业生产时期，工匠的技术是作为发明与生产的对象而存在的，工匠对机械化技术的依赖逐渐加强，也因此迫使工匠之手逐渐疏远了器物本身。研究表明[14]，技术理性在对个人的智力、情感及生活质量等方面是有影响的。在后现代社会，工匠的技术是作为使用与共享的对象存在，大量的虚拟技术被工匠的生产及人们的生活所使用，技术也因此成为包括工匠在内的人们共享的对象。因此，此时工匠对技术的依赖转向为对技术的共享。随着“工业4.0”时代的来临，未来技术必将成为工匠想象与定制的对象，智能化与定制化的工匠产品在当下已经开始成为一种需要与时尚。因此，未来工匠对技术的敬畏一定是前所未有的，并在人文理性的维度达到手作物的完善与完美。可见，技术理性是工匠及其精神的一个时空性的发展走势，它越来越显示出工匠对技术理性从依赖到解放的过程，此过程可用以下演进图式1简约表述：

图式1　前现代：技术被发现与传承→现代：技术被发明与生产→后现代：技术被使用与共享→未来：技术被想象与定制

在历时性层面，上述演进图式显示出工匠与技术的契约是在技术不断进步中实现的，这种工匠精神的技术契约偏好是社会化进程的必然产物。在每一个时间节点上，工匠对技术的依赖及其紧密性是呈上升趋势的，与此相反的是工匠精神的显在性却呈下降趋势，这就是工匠的技术理性内在的矛盾性，即技术自在与技术自为的理论冲突。

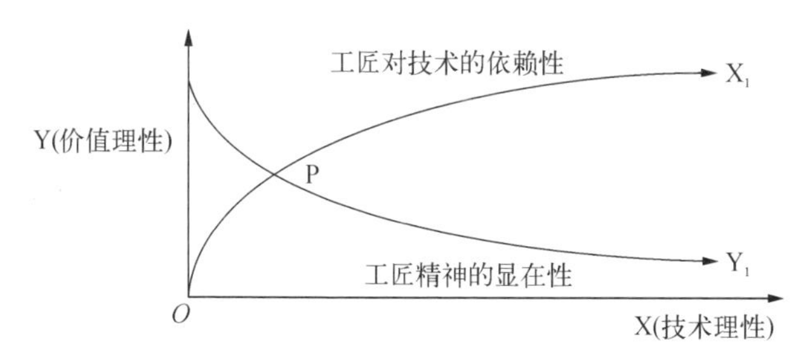

▲ 图3　工匠的技术理性与价值理性协同图

从图3可以看出，当曲线X_1与Y_1相交于P时，工匠的价值理性与技术理性是协同状态的；但伴随技术理性的长期发展并与价值理性背道而驰时，工匠的价值理性必然随之下降。由此推论，技术理性是工匠精神危机的社会根源。在全球范围内，技术理性在近现代一直是支配社会发展的主要动力。“唯技术论”促使商业社会及消费社会的形成，大量技术生产线上的工业产品充塞市场，工匠手作产品退出历史舞台，工匠精神因此被技术理性遮蔽和遗忘。由此观之，“技术理性与价值理性的发展是不平衡的，其间的张力也是不对称的。这就形成了技术理性对价值理性的创造性、批判性或否定性的销蚀与排斥作用，从而构成了对价值理性传承与发展的威胁”[15]。这就是作为价值理性的工匠精神日益衰落及消亡的根本原因。

在近代欧洲，从英国的工艺美术运动开始，一直到后现代设计思潮的出现，对技术理性的批评一直是工艺或设计思潮运动的重要任务。实际上，技术理性的排他性及其垄断地位的形成是有其深刻的社会历史原因的。譬如，在现当代中国社会，伴随着改革开放及技术理性的加强与垄断，工匠手作及其精神的边界日益模糊，工匠作坊、生产车间与工匠制度进一步瓦解。因此，工匠及其精神明显处于一种被遮蔽的困顿处境。究其原因，主要有以下几点：

第一，大规模的城镇化建设一方面带来了包括工匠在内的广大民众生活水平的提高及生活空间的扩展，但原始的土著工匠的生活空间也因此被破坏。特别是乡村空间结构的改变，使原始土著工匠被迫迁徙城镇，而日益市场化的市场经济仅靠时间性手作产品是不够的，城市居民日益高涨的消费需求只能依靠大工业流水线生产来提供消费品[16]。因此，工匠及其工匠精神被遮蔽在中国的城镇化改造之中。

第二，史无前例的城市扩容与建设需要大量的建设者，包括工匠在内的大量农民涌向城市。在农村人口大迁徙中，农村的木工、瓦工、漆工等工匠实现了空间与身份的历史性变迁。在空间上，工匠进城后，一部分变为城市居民，也有一部分实现了从工匠向设计师的转型，或称为工程建设的包工头。因此，在时间上，工匠的身份发生了巨大变化。问题的复杂性在于：这些工匠的身份在发生变化的同时，其手作精神也因此发生了质的改变。传统的工匠从土地的依附中走出后，其处境被嵌入“工地”与“合同”之中，工匠对“物勒工名”的自觉性被依附在第三方，也难以依赖自我手作叙述的自由性。最糟糕的是，工匠的手作艺术性不再取决于自己的双手与心灵，而是取决于手作过程的第三方“老板”或“工头”。于是，工匠及其工匠精神就此被遮蔽在第三方契约文本之中。

第三，高速发展的经济建设所追求的是高效生产的机械化、集成化、市场化与商品化，这与工匠生产的手作化、分工化、生活化与定量化是格格不入的。同时，市场经济所追求的“短平快”与工匠精神的“长细慢”也是不一样的。因此，工匠精神在这种社会处境下沦为被遗忘的价值理性范式。当前，中国消费品工业在世界上身份不彰的显著原因就在于：大工业生产中缺少工匠精神，同质化产品无法获得自己的身份品牌，也无法获得未来市场及其日益审美化的产品需求。就连一些民族性鲜明的手作产品也在工业化背景下被破坏，并受到生存的威胁。因此，高度发达的市场化技术经济具有内在的矛盾与危机：一方面，技术理性以压倒性趋势将人文理性逼进狭窄的胡同；另一方面，人文理性又日益成为在技术理性发展起来后的人们的需求。同样，工匠精神也身处技术理性与人文理性的深刻矛盾之中。

第四，高校教育日趋市场化和商业化，手作专业在高校所开设的课程中寥寥无几，被边缘化的工匠手工专业步入了没落的尴尬处境。即便一些高校开设了手工专业，也仅仅是围绕手作与市场的关系而展开教学。更糟糕的是：高校的部分哲匠不专注于自己的手作，而热衷于“个展”“评奖”或“工艺大师”的竞选活动。于是，工匠手作器物成为博物馆的“看客”或获奖证书上的“荣耀”，哲匠也因此成为被夸耀的行业专家。面向专家系统的工匠精神是蹩脚的，他们的工作室被废弃也是早晚的事情。

现当代中国技术理性的发展给价值理性带来的危机，同样适合其他发展中国家以及西方发达国家。另外，现当代中国社会的技术发展历史表明，技术理性是具有排他性的，它给作为价值理性的工匠精神的发展带来了严重挑战。然而，技术理性与社会发展之间又存在着内在的正向相关性，社会的高速发展又促进了技术理性的发展。

四、价值理性：工匠精神的人文价值及其解蔽

诚然，价值理性在社会发展中的作用不是技术理性所能代替的，特别是作为价值理性的工匠精神在和谐社会发展、提升职业道德与实现全面发展等层面的人文价值上的作用是不可忽视的。在当代中国，工匠精神的重提是中国社会发展所需要的，有其历史发展的必然性。但在本质上，工匠精神是一种人文精神，因此，它的现实意义主要体现在以下几点：

第一，“速度”是占据经济领域及其思想高地里一个最为显赫的词汇。很显然，工匠精神与速成精神是相悖的。在工匠的词典里没有“速度”这个词汇，只有“慢工”，而工匠用“勤奋”填补了“慢工”的遗憾。一旦缺少了“慢工”的态度，让“速成”挤进劳动过程中，敷衍、偷工、减料、懒惰、浮躁等不良思想就冒出来了。于是，精益求精的工匠精神在速成主义面

前就显得难能可贵了。抑或说，培养国民精益求精的工匠精神是解蔽人文精神衰落的有效办法。

第二，“炫美”似乎日益占据了人们的日常生活，这是一种典型的社会美学病，也是人们日益追求的消费主义和享乐主义的奢华产物，是一种表面化的人文精神追求。遗憾的是，在品种、品牌与品质（所谓“三品”）上，能让国人“炫美”的工业消费品均显得很孱弱。那么，增品种、创品牌与提品质又不是一朝一夕能完成的，速成主义是拯救不了“三品”问题的。显然，工匠精神是发展“三品”战略的有效理念，是弘扬人文精神的重要路径。

第三，“工业 4.0”正在朝我们迈进，它需要中国产业再升级、工业再发展。“中国制造”或“中国智造”如何走向世界、中国教育如何才能实现“双一流”目标等，这些问题都摆在我们面前。培养有工匠精神的技术人才以及能适应未来社会发展的工匠人才是关键，因此，“工匠精神”的提出与重建是实现中华民族伟大复兴的中国梦的需要，它为中国正在进行的“十三五”规划提供了价值准备与人文思想支撑。

最后，工匠精神是提升当代中国职业道德的可靠路向，也是精神文明建设的重要题域。工匠精神是社会职业道德及其敬业程度的体现，也是精神文明的标尺。“工艺之美是社会之美。”[17] 工匠之精神就是社会之精神，就是人文之精神。对每一种行业而言，做到像工匠对手作物一样的敬畏，并用手作达到极致，均是一种工匠精神的体现。因此，工匠精神不局限于手工行业，它在各种职业中均能发挥提升职业道德及其认识论的价值，是精神文明建设的重要支撑力量。

在世界范围内，复兴工匠精神对于化解全球场域的技术与人文的内在矛盾尤为重要。作为人文本质的工匠精神是人类和谐共处的一个根基，特别是工匠精神的全球公约秩序隐含着工匠对时空的“契约精神”和“人文精神”。在全球实施“普遍但不同质”的工匠精神，有助于形成属于以人类价值理性为观照的人文价值观。

综上所述，工匠精神是时间精神与空间精神的统一体，这个统一体显示出对人类生活的尊重与对生命的敬畏。在时空分析框架下，工匠精神是一种尊重人及其行为的人文价值观、工匠对生命及其意义的人文观，正好弥补了技术理性给人类带来的人性缺陷。因此，作为价值理性的工匠精神在社会发展中的作用不是技术理性所能替代的，特别是作为价值理性的工匠精神在和谐社会发展、提升职业道德与实现人的全面发展等层面的人文关怀与社会关切是不可小觑的。更进一步地说，复兴工匠精神有助于形成以人类利益和福祉为基本观照的人文主义价值观，从而更好地促进当代社会技术理性与价值理性的协同发展。

注 释

①所谓“时空社会学”，是社会学的一门分支学科，即从社会时空特性出发，利用时空分析模式阐释社会及其现象的时空结构与变迁过程。在国外，时空社会学研究较之于其他社会学研究方法要优越，但中国学者对时空社会学的研究明显落后于其他社会学分支。近年来，景天魁等学者所著的《时空社会学：拓展和创新》（北京：北京师范大学出版社，2017 年）或开拓了时空社会学研究的先河。

②（英）约翰·哈萨德：《时间社会学》，朱红文、李捷译，北京：北京师范大学出版社，2009 年，第 1—3 页。

③（美）理查德·桑内特：《匠人》，李继宏译，上海：上海译文出版社，2015 年，第 4 页。

④（汉）高诱注：《吕氏春秋》，（清）毕沅校正，徐小蛮标点，上海：上海古籍出版社，2014 年，第 191 页。

⑤（清）孙诒让著，雪克辑校：《十三经注疏校记》（《礼记正义校记》），北京：中华书局，2009 年，第 441 页。

⑥王世襄：《〈髹饰录〉解说》，北京：生活·读书·新知三联书店，2013 年，第 29 页。

⑦（战国）墨翟著：《墨子》，苏凤捷、程梅花注说，开封：河南大学出版社，2008 年，第 97 页。

⑧（清）阮元校刻：《十三经注疏》（《周礼注疏》），北京：中华书局，2009 年，第 1958 页。

⑨（汉）董仲舒：《春秋繁露》，叶平注译，郑州：中州古籍出版社，2010 年，第 191—193 页。

⑩（清）阮元校刻：《十三经注疏》（《周易正义》），北京：中华书局，2009 年，第 170 页。

⑪（英）多琳·马西：《劳动的空间分工：社会结构与生产地理学》，梁光严译，北京：北京师范大学出版社，2010 年，第 190 页。

⑫（加）查尔斯·琼斯：《全球主义：捍卫世界主义》，李丽丽译，重庆：重庆出版社，2014 年，第 180 页。

⑬孟建伟：《教育与人文精神》，《教育研究》，2008 年第 9 期，第 17 页。

⑭Ransley W. K, *Hughes P W. Study on the Developments of Technical and Vocational*

Education in a Humanistic Spirit: The Situation in Australia [J] . Studies in Technical and Vocational Education,1987, (32) .

⑮ 王伯鲁:《技术究竟是什么:广义技术世界的理论阐释》,北京:中国书籍出版社,2019 年,第 206 页。

⑯ (英) 德雷克 · 格利高里、约翰 · 厄里编:《社会关系与空间结构》,谢礼圣、吕增奎等译,北京:北京师范大学出版社,2011 年,第 40—42 页。

⑰ (日) 柳宗悦:《工匠自我修养》,陈燕虹、尚红蕊、许晓译,武汉:华中科技大学出版社,2016 年,第 27 页。

第十一章

-

“羞涩”的工匠精神

作为一种价值观，工匠精神是一种复杂的文化形态，其存在特征主要表现为公共性、定型化以及社会性，并超越于物性，已然成为工匠素质及其价值观的指称。然而，工匠精神常常被人们误解与遮蔽，加之艺术家对至高无上的艺术性的追求，又逐渐疏远了工匠精神，致使工匠精神的存在指向发生了严重的偏向。在现代性面前，尽管科学技术、生产方式、消费文化等依然在遮蔽工匠精神，但伴随着现代性文化自觉、艺术人的觉醒以及社会进步，被遮蔽的工匠精神必将获得普遍理解与接受，并在复兴中发挥其特有的社会价值。

千百年来，作为一种定型的手作文化形态，工匠精神一直成为中外哲学家所关注与评价的题域。尽管墨子、黄成、亚里士多德、康德、黑格尔、海德格尔、让－皮埃尔·维尔南、马修·克劳福德、根岸雄康、理查德·桑内特等人曾从不同层面阐释工匠精神，但就国内外人文社会科学的学术界而言，人们对工匠精神所做的研究及其从中获取的理解是极其有限的。20世纪以来，随着工匠精神遭遇现代性的绑架或冲击，人们已然忘却了工匠精神的存在，进而也引起了学界反思工匠精神的存在、遮蔽以及复兴等诸多相关主题。然而，被发现的或未被阐释的这些主题的社会学内涵及其相互关系究竟如何，工匠精神复兴的合理性又在何处，这些问题依然是备受关注的学术话题和颇具潜力的研究领域。

一、工匠精神与它的社会学限度

工匠精神，抑或为工匠的理想性格。日本社会学家仓桥重史曾援引C. 莱特·米尔兹对工匠理想性格的描述，将工匠理想性格细分为六个方面："（1）工匠的全部神经都集中到产品品质以及生产技术上，与产品之间形成内在的关系；（2）产品与生产者具有心理结合；（3）成为劳动的主人，能够自己决定、控制劳动的计划以及作业方法；（4）随着劳动技术的提高，人类也有所发展；（5）劳动与娱乐、劳动与教育一致；（6）工匠生活的唯一动机就是劳动。"[①] 可见，工匠精神体现于工匠劳动精神的专注、产品有心体温度、自己是劳动主人、劳动过程是娱乐与教育的一体化、手作动机与劳动本身一样纯粹。这些方面所呈现出来的工匠理想性格是区别于其他劳动者的根本特质，并约定为健全工匠的价值观。

概言之，“工匠精神”是指工匠个体及其社会行为呈现出来的思想、态度与观念，它是一种定型化的文化形态或理想价值观。对于自身而言，工匠精神是工匠主体的一种艺术素质；在经济层面，工匠精神是社会经济生产的修养或动力；在形而上层面，工匠精神是一种文化精神财富。问题的复杂性还在于，“当工匠、产品、劳动、使用者之间的关系从经济层面转到精神层面时，这些关系就以有关创造活动的普遍理论表述了出来”[2]。换言之，当工匠从手作行为或经济行为遭遇“我们”的反思之时，工匠及其创造行为自然就会引起一系列令人们困惑的理论社会学问题，这些问题便构成了通常意义上的艺术社会学，即有关工艺创造活动的普遍社会学理论。所谓“艺术社会学”，它是研究艺术与社会之间的互为关系以及艺术的社会职能的专门理论。作为研究的方法论，艺术社会学是工匠精神批评的手段之一。运用艺术社会学的方法论去解读工匠精神，有益于阐明工匠与社会之间的相互关系，以及工艺在特定历史语境中所发挥的独特价值。但事实情况是不尽如人意的，工匠精神的解读容易被日常定式思维所曲解。为此，这里有必要阐明工匠精神在何种意义上才是社会学的，以期阐明工匠精神的社会学研究之边界。

毋庸置疑，从工匠到精神的延伸是一个复杂的个体社会化过程。在此过程中，工匠本身的个体价值体现于能制作工艺，并为公众提供有功能的和有艺术感的器具。但作为价值观或素质的“精神”形态，它显现出一种典型的社会化特征形态，即在社会化进程中逐渐被人们理解与接受的文化形态。用黑格尔的话说，“精神把它在它自己的意识中呈现出来的形态提高到意识自身的形式，并且把这样的意识形式提到自己前面，工匠放弃了综合性的工作，即放弃了把思想和自然这两种不同性质的形式混合在一起的工作。当精神的这种形态赢得了具有自我意识的活动的形式时，它就成为精神的工人”[3]。这就是说，工匠只有成为“精神的工人”，他的存在才能给社会带来文化的及其思想的精神作用，并成为健全工匠的一种价值观或素质。

可见，当我们把“工匠精神”引入社会学研究领域，“工匠精神”所指涉的含义及其逻辑发生了认知与理解上的社会学转向，这种转向引领我们朝向更为深层次的、更为广阔的艺术社会学解读迈进，从而能获取工匠精神背后隐喻的全域式社会文化的全息存在。特别是工匠精神遭遇物性以及现代性之后，它的存在、遮蔽及其复兴的多重艺术社会学指向便豁然呈现。以下讨论，将围绕工匠精神的社会性存在及其误解，展开对被遮蔽的工匠精神及其形式的阐释，并描述工匠精神遭遇现代性的后果，进而呈现出工匠精神的复兴之势，以期从社会学视角探究工匠精神的真实存在，以便还原被遮蔽的工匠精神的社会本真形态。

二、工匠精神的存在及其特质

作为社会价值观的文化形态，工匠精神以何种方式存在，又具有何种社会性特质呢？对于工匠精神的存在，曾有很多习惯性解读的误区，它或为遮蔽工匠精神提供了事实的“幌子”：

第一，在原初意义上，工匠精神具有公共性，它与工匠本人及其行为愿望没有直接关系。在古希腊语中，“匠人”一词 demioergos 是由 demios（公共的）和 ergon（生产性的）复合构成[④]。这个复合名词显示出工匠及其精神的“公共性”特质，这与古代匠人被奴役的地位是相当的。在古代，工匠精神并非出自工匠本人及其行为的自我愿望，匠人对“生产性”器具形式完美的追求完全是被强加的。至于工匠精神，也只能是被“我们”反思并赋予的文化信仰，因为工匠本人并非为了工匠精神而手作的。这对把工匠精神纳入社会学体系研究带来了不小的挑战，因为工匠与消费者在分享社会产品上会持有不同立场。工匠对自己的手作物品所追求的“独立”“专注”“完整”的价值信条，给社会消费者执着的“群体”“喜新”“分工”等价值理念带来严重挑战。正如克劳福德所言，“工匠惯有的偏差不是偏向新事物，而是偏向他的客观工艺标准”[⑤]。这就是工匠精神的存在偏向及其社会学悖论。

在黑格尔看来，工匠精神的存在是自在存在与自为存在分离后的统一。因为“这个作为工匠的精神是从自在存在（这是工匠所加工的材料）与自为存在（这属于工匠的自我意识一方面）的分离出发，而这种分离在它的作品里得到客观化”[⑥]。黑格尔有关工匠精神的“自在存在”与“自为存在”的阐释道出了这样一个不争的事实：在存在性上，（自然流露的）工匠精神与（刻意追求的）纯艺术精神的差异是明显的，但就工匠性而言，它们又是统一的。这种差异与统一的现实依据，可以从中国徐州新沂民间剪纸艺人王桂英与西班牙画家毕加索的作品比较中予以澄清。王桂英的很多剪纸作品所呈现的自为存在与自在存在初始是分离的，又在统一中将其客观化在作品中。譬如剪纸作品《喂鸡》中的“多头鸡”或《喂猪》中的“多尾猪”，这实际上是一种基于内容的“自为存在”，是农民艺术家自我意识的整体还原，这种手作意识是自觉的。抑或说，王桂英惯有的工艺思维是偏向于她的客观工艺标准，即对剪纸物性的原生态的整体自觉呈现。艺术家毕加索的艺术认知显然是严谨的，他的立体主义作品显然是基于形式的艺术。但毕加索也试图将自己的绘画形式再还原到“艺术天真”，回归到王桂英式的“艺术原点”，极力去掉“艺术性”的东西。或者说，立体主义的毕加索与王桂英在艺术追求上达到了不谋而合的一致性，即偏向于工匠精神的“自在存在”与“自为存在”分离后的客观统一标准。

无论是基于内容的王桂英剪纸，还是基于形式的毕加索绘画，他们所呈现的“工匠精神”与他们本人及其愿望没有直接关系。农民艺术家所展现的工匠精神是原生的、自然的、无草图的内容表现，而纯艺术家的工匠精神是习得的、刻意的、有草图的形式传达，这种内容表现与形式传达的愿望是艺术人的客观性标准所决定的。或者说，支配他们的“工匠精神”的核心是客观社会，而不是本人及其愿望，因为作为共同体的“客观社会”决定了工匠手作标准，更决定了匠人的手作技能及其价值观。这正如理查德·桑内特所说的那样，“对古代那些陶匠或者医生来说，衡量工作卓越与否的标准是由他们的共同体设定的，因为技能是代代相传的”⑦。不过，在纯艺术家作品中所体现的工匠精神可能会有来自社会共同体的冲突与流放，这在毕加索的绘画作品中就有所凸显。

第二，在存在性上，工匠精神具有相对稳定性，不会无缘无故地消亡。工匠精神一旦形成，就具有稳定性，不会那么轻易地被推翻或打倒，它的这种稳定性必然推动工匠手作行为的程式性或规范化特质的形成。那么，作为稳定化存在的工匠精神，其“程式性”规范又是什么呢？明代黄成《髹饰录》对此的描述是准确的，他认为髹漆之法理规范在于“三法”“二戒”“四失”“三病”等，这些“规约”是对工匠精神的最好叙述。在造物层面，工匠行为必须“巧法造化”“质则人身”“文象阴阳”之法；在形式上，工匠得戒除“淫巧荡心”“行滥夺目”之饰；在素质上，工匠不可“制度不中（不鬻市）”“工过不改（是为过）”“器成不省（不忠乎？）”“倦懒不力（不可雕）”之失；在心理以及行为技巧上，工匠谨防“独巧不传”“巧趣不贯”“文彩不适”之病⑧。黄成对髹漆工匠的道德与行为规范的“程式性”约定，是对中国古代髹漆工匠精神的高度概括，并具有普适性，同样适合其他工匠及其精神规约。实际上，作为定型化的工匠精神，是从未间断的，一直绵延不绝，并具有自己独特的文化与道德的约定，绝不会自动消亡，任何遮蔽它的存在都是徒劳的。

当工匠的规范化特质定型以后，其精神便超越于“物性”之上而自觉存在。“物性”是海德格尔哲学中的一个重要概念。在海氏看来，“物性”即物之为物的可靠性。他的物之“可靠性理论”指向质料与形式的有用性或功能性。对于手作器具来说，可靠性是它的本质存在，有用性就是可靠性的一种“漂浮”。因此，“物性”是器具性的本源或根基。对于工匠而言，手作器具及其器具物性的获取是工匠精神存在的前提。只要有手作器具的物性存在，其工匠精神也就随之诞生。

因此，工匠精神是一种超越于“物性”之上的手作存在，其可靠性是通过工匠手作叙述完成的。手作叙述是工匠精神的形成载体，也是工匠生产性行为的手段与方法。手作叙述也是手与心的对话性协作行为，抑或说工匠手作之“手”是服从于心的听话的“奴仆”，同时，手作之“手”也是服从于自然质料与形式的“侍从”。在这一点上，古代的工匠精神与创新精神是相悖的。原因在于，古代工匠对自在材料的认识是有限的，而对材料的“自为存在”是服从于手作物品的，特别是手作物品的形式完善甚至超越了它自身。因此，工匠精神的存在就是工匠服从形式的存在。在手作中，工匠只需专注，而无须拥有创新精神或思想，只忠实于形式及其社会制度本身。

第三，在发展进化层面，工匠精神具有社会性，它的存在是社会性的遗产，其存在是与社会不可分离的。在一定程度上，社会的发展与进化使得工匠及其精神成为社会文化的一部分。在前现代性社会里，工匠是社会文明进程中的一支重要力量，其手作精神成为社会发展的动力；在现代性及其后现代性社会里，即便是工匠及其活动被社会有所遮蔽，但工匠精神是一直存在的。纵然“在后发达资本主义国家，并没有采取通过工场手工业的发展而慢慢改变工匠精神气质的做法”[⑨]。因此，可以断言，工匠精神作为一种社会发展的产物，其存在是不间断的，并具有特定的社会性。

然而，只有当工匠作为社会主体个人及其行为被纳入社会系统里，工匠精神方能是超然于物质与手艺的整体高度之上，从而被社会所敬畏和重视，并发挥其特有的社会功能。反之，工匠只能存活于社会的边缘，并被遗忘在社会系统之外，或其行为仍被束之高阁在“非遗传承人”或“工艺大师”的行列，这个社会的工匠多半少之又少，也很难将其行为活动纳入社会系统，或被社会所遮蔽。那么工匠精神自然成为一种奢侈与臆想，并逐渐与这样的社会渐行渐远。

简言之，在原初意义上，工匠精神与工匠本人及其行为愿望没有直接关系，它是一种公共性文化存在，具有相对稳定性，并成为与社会不可分离的文化遗产。工匠精神凭借专注、稳定以及对手艺的敬畏表现为一位健全工匠的艺术素质，并以其特有的文化意蕴与价值呈现出一种有特定价值的社会价值观。因此，任何遮蔽工匠精神存在的行为均是不合理的，且不利于个体以及社会文明的发展。那么，工匠精神是如何被遮蔽的？它又表现在何种形式之中呢？

三、工匠精神的遮蔽及其原因

对于批评而言，“遮蔽”是常有的事情。这正如法国美术史家福西永所言，“一件艺术作品周围冒出的批评的荒野是多么枝繁叶茂，但阐释之花没有起到美化作用，而是将它遮蔽了”[10]。事实上，工匠精神被遮蔽不仅是艺术批评所致，它还是社会发展与进化的产物；或者说，它并非完全是在“事后”或“误解”所致，因为“存在者整体的遮蔽状态并非事后才出现的，也不是由于我们对存在者始终只有零碎的了解的原由”[11]。对工匠精神的社会性遮蔽，具体原因表现如下。

1. 工匠主体思想的遮蔽

在古代，御用工匠或雇用工匠在创新上是没有发言权的，其工匠思想一般受制于皇家或雇主。因此，这些被奴役工匠的主体精神常常是被遮蔽的。其中工艺的贵族化以及“工奴制”是遮蔽工匠主体思想的主要原因，也是羁绊工匠创新思想发展的关键。特别是在中国古代中央集权制度下，工匠的手作器具很容易走向贵族化以及中央工艺集权之路。严格的“工奴制”尽管能集全国之力发展一门手作工艺，但严重制约了工艺的民主与创新思想的发展，尤其是对民间工艺发展有极大影响。因此，古代中国的工匠精神是被“程式化”的，与“事后”批评视野中的创新精神是相悖的。譬如在明代工艺大师黄成看来，手作工匠应当具有“作事不移，日新去垢”[12]的精神。王世襄对此解释为：“宜日日动作，勉其事不移异物，而去懒惰之垢，是工人之德也，示之以汤之盘铭意。”[13]这里的“汤之盘铭”语出《礼记·大学》：“汤之《盘铭》曰：苟日新，日日新，又日新。”[14]显然，对于古代工匠而言，“日新”并非“创新”，而是“作事不移”的手作专注精神。但遗憾的是，古代工匠主体创新思想被遮蔽在这种服从与专注之中。

当然，在器具形式上或工匠手作技术上，伴随着社会科技发展以及消费的需求，它是不断创新的。譬如新罗末期的韩国学者崔致远在《进漆器状》中说：“当道造成乾符六年供进漆器一万五千九百三十五事。右件漆器，作非（注：原文或‘已’）淫巧，用得质良。冀资尚俭之规，早就惟新之制。”[15]这段史料记载说明，唐代扬州规模化生产漆器（“一万五千九百三十五”），且技术（“淫巧”）与质量均上乘（“用得质良”），特别是“惟新之制”暗示了唐代扬州漆器髹漆技法较前代开始创新，并突破了传统漆器之制。这在崔致远的《桂苑笔耕集》中也有所反映，其《幽州李可举太保》说：“在小合内盛金花银脚螺杯一只。”[16]又曰：“右件，匙箸、犀合、茶碗、螺杯等，虽愧金盘，粗胜棘匕。钿玫瑰之表异，固让魏铭；咏玳瑁之标奇，敢征潘赋。”[17]这里的“金花银脚螺杯”或“螺杯”均为唐代最为创新的螺钿漆器。事实上，这种工艺的时代性进步或创新，与社会发展及其消费需求相关，但与处于绝对服从和被奴役的工匠主体精神的创新关系不是很大。

不过，到清代顺帝时期，国家开始废除世袭匠籍制度，实施“按工给值”的雇工手艺制度。此时，工匠受国家的控制有所减少，极大地解放了工匠的生产力与创造力。史载：“悉罢向派饶属夫役额征，凡工匠物料，动支正项，销算公帑，俱按工给值。”[18]这不但减轻了工匠的负担，还解放了户籍对手工业者的长期束缚，极大地激发了手工业者的创造激情与活动。譬如清代漆器工匠的创新与创造能力得到充分发挥，各门类漆器的发展均走向真正的自主与个性创造阶段。工匠们尽情地用漆器上的装饰图画描摹心中的性情与艺术理想，就连难以表现的瓷胎，也有人尝试大漆与瓷器的融合。这些都是清代漆器艺术创新发展的典型偏向与特征，很明显地说明了清代工匠的技术性与艺术性表现是自由的、独立的。可见，特定社会制度给工匠精神带来的影响及其发展是很大的。

2. 艺术家对工匠的疏离与蔑视

▲ 图 1 明仇英《桃源仙境图》

当物质与精神尚处于混沌合一的社会早期，技术娴熟的手作工艺家实际上就是艺术家。但随着社会分工的发展，作为精神活动的纯艺术便独立于工艺活动之外，而成为纯粹的一种精神活动。可见，艺术家是从工匠身上剥离出来的一个很特别的社会阶层。随着艺术家逐渐疏远工匠，他们对待工匠的态度显示出一种异样的眼光与不协作立场。究其原因，艺术家对工匠的疏远与蔑视来源于艺术家对艺术的至高无上的艺术性的追求。不过，任何歧视工匠的立场都无法掩盖艺术家来源于工匠的事实。在中国绘画史上，“明四家”之一的仇英就出生于工匠之家。在西方，“中世纪的技术是艺术性的，工匠都是艺术家。他们集两个人的工作于一身”[19]。即便在文艺复兴时期，所谓的艺术家无非是待在作坊里的工匠，达·芬奇就是一个有力的证据。在德国，丢勒从小跟随父亲学习手艺，作为金匠的父亲给予丢勒更多的是工匠艺术及其精

▲ 图 2 丢勒自画像

神。从丢勒的作品看，他的大量版画、木版画与蚀刻画创作中都有“工艺”的痕迹，但“与大多数同行不一样的是，他强烈地意识到自己是艺术家而非工匠，而且他在更高的社会阶层中寻求——并且获得了——承认”[20]。这种更高层次的社会承认，或许就是艺术家对所谓至高无上的艺术性的奢望，进而逐渐疏离了工匠阶层。

事实上，工匠与艺术家在艺术性上也是相通的。奥地利分离派大师克里姆特是绘画史上著名的画家，他的艺术创作与工匠艺术是不可分离的。自从1897年以后，克里姆特的艺术风格进入快速发展的新阶段。《哲学》《医学》与《法学》三部作品见证了克里姆特的艺术创新，即从具象描绘到象征主义的艺术蜕变。尤其是后期作品中，克里姆特大胆运用平面装饰风格、象征性人物形象、富有变化与有秩序感的线描，显示出东方传统工匠艺术的惯用手法。1911年以后，他的作品多借鉴中国民间年画、陶瓷、丝绸上的装饰纹样，在色彩上还借鉴东方艺术强烈的对比色与纯色块来构成画面。克里姆特装饰艺术风格的东方化艺术转向，可以从中国漆画等工艺中窥见一斑。1973年在宁夏固原雷祖庙附近古墓的发掘中，出土了一具精美的北魏漆棺，它为中国美术图像研究提供了全新的北朝绘画史料，该漆棺显示出克里姆特装饰画式的风格。譬如宁夏固原的漆棺画与克里姆特绘画均出现了许多相似的图形与符号，它们或许代表了同样的意义，如旋涡纹（螺旋纹，也称为云雷纹）在漆棺画与克里姆特的绘画中均有出现。在漆棺画中出现了用单螺旋形表现天河，这与生死息息相关。克里姆特的绘画中还多用到了双螺旋，部分用了单螺旋形，意在象征画面中男人与女人、生与死的关系。克里姆特的绘画肌理制作充分借鉴了中世纪的镶嵌艺术与东方工艺，特别是借用了贴金、螺钿、羽毛或喷洒等绘画技法，展现出了特殊的肌理效果，使绘画美与工艺美得到完美的结合与彰显。抑或说，工匠与纯艺术家是一体的，工匠的艺术性与纯艺术家的艺术性及其生产性是相通的。

从跨文化的比较视野看，工艺精神与纯艺术精神也是互为的。中国明清时期的“中国风”确乎是一种工艺风格，它作为器物美学对欧洲“洛可可艺术”的形成与影响是明显的。抑或说，“中国风”是中国工艺风格的一种界定，在向世界传播的过程中，它被“洛可可”艺术家所继承与创新。作为工艺的“中国风”的这种跨界与进化能力也直接暗示我们：每种历史的工艺文化风格都能在空间移动的庇护下得以快速发展而改变，并在异国他乡生根发芽，成为艺术家的一种艺术时尚。

有关工匠与艺术家的分离及其统一的呼吁，早在20世纪初就开始了。1919年4月，世界上第一所设计院校“包豪斯”诞生。校长格罗皮乌斯发表的著名的《包豪斯宣言》中明确写道：“艺术家与工匠之间并没有根本的不同。艺术家就是高级的工匠。每一位艺术家都首先必须具备手工艺的基础。正是在工艺技巧中，蕴含着创造力最初的源泉。”[21]可见，包豪斯是打破工匠与艺术家藩篱的最典型案例，并在一定程度上遏制了艺术家疏离工匠的不良倾向，缩小了工匠与艺术家的距离，消除了工匠与艺术家的等级差异，重整了工匠精神与艺术精神的统一。事实证明，工匠精神不仅是补给艺术家素材以及思想的源泉，还能给艺术家带来专注、细腻与美感。任何割裂工匠与艺术家的行为都是危险的，也是不可取的。

3. 现代性对工匠精神的遮蔽

这是最为主要的遮蔽原因。在现代社会，作为手作的专业劳动近乎消亡，工匠的生存及其劳动被遮蔽，其主要原因来自现代性本身。现代性将劳动的概念挤压为“科技劳动”，并从“科技劳动”中缩减为“脑力劳动”，于是工匠在这种情形下逐渐隐退。总的说来，现代性主要是在科学技术、生产方式以及消费文化等诸多层面“实施”了对工匠精神的遮蔽。在科技层面，科技是工匠精神被遮蔽的内在驱动力。科技与手作的分野直接导致工匠精神的没落或被人遗忘。在美国，1840—1852年的芝加哥“制造业一改此前的技术尊严时代，工匠精神陨落，劳动成为商业和金融业的奴婢”[22]。在生产方式层面，现代化生产方式的高度集成化与流水性迫使工匠的手作退出主要生产过程，因为科技大大压缩了器物的生产时间或构成。在消费文化层面，现代化时期日益求新的产品消费文化也直接导致工匠及其手作举步维艰，即便工艺品受到现代社会的喜爱，那也只是玩物而已，无法实现其生活化与日常化，因为在时间性上，手作的器具无法批量化生产，工匠也无法实现价廉物美的消费期望。

在欧洲，19世纪初以来的工业革命直接导致设计与手作在艺术性上出现了分工性分离，机械化与工业化直接威胁或遮蔽了传统工匠及其精神的存在状态。因此，19世纪末至20世纪20年代，在英国、法国、比利时、西班牙、德国、奥地利等欧洲国家爆发工艺美术运动或新艺术运动时，这些运动的矛头直接指向机械化大生产，主张复兴被遮蔽的工匠文化，反对枯燥乏味的工业化。英国社会批评家约翰·拉斯金对资本主义工业化疏离工匠精神表示反对，主张作为工艺美术的“小艺术”与“大艺术”（绘画、建筑）应当是同等重要的，艺术家与工匠都是生活及其质量的奉献者。英国工艺美术运动领导者威廉·莫里斯反对机械化工业生产，认为工匠制品比生产线上的产品更容易做到艺术性[23]。

由此观之，工匠精神的主体遮蔽是由于社会的工匠制度的缺陷，艺术性的遮蔽直接导致工匠与艺术家的疏远，现代性遮蔽是科技与人本身的一次抗争与分野。总之，被遮蔽的工匠精神是由工匠制度、艺术家自我以及现代性所致。

四、复兴被遮蔽的工匠精神及其合理性

海德格尔指出：“遮蔽状态不会给无蔽以解蔽，且不允许无蔽成为剥夺，而是为无蔽保持着它固有的最本己的东西。”[24]被遮蔽的工匠精神只有通过文化自觉、艺术人的觉醒以及社会进步来实现解蔽。在当代中国，工匠精神的复兴被提上日程，无论在国家层面，还是在民间层面，复兴工匠精神都成为人们的普遍希望。这又反映出怎样的合理性呢？

在文化层面，被遮蔽的工匠精神的当代复兴是文化自觉的一种社会征候。一种文化只有具备自我理性反思与反省的能力，才能有自身发展的空间与可能。对自我文化的理性反思与清晰把握是文化自觉的表现，也是对自我文化认同及其价值的认可。在当代中国，复兴中的工匠精神是文化自觉的一种典型表现形态，也是中国对工匠精神作为文化形态的价值得到认同。在中国，传统工匠精神是民族文化的一部分，作为手艺的民族文化形态是中国人心理结构与行为美学的结晶。因此，复兴民族工匠精神对于民族文化认同具有重大意义，它也应当成为中华民族伟大复兴的一部分。

在主体层面，工匠精神的当代复兴是艺术家对艺术与手作互为的一种文化觉醒。文化觉醒是社会及其主体最为深刻的进步，因为文化觉醒常常是在最为深刻的文化危机及其困境中走出。在当代中国，伴随工业化生产的推进以及大消费社会的来临，工匠精神被大工业生产方式蚕食，工业化文化导向

迫使传统工匠文化及其精神失落，这与中国梦的伟大复兴进程是不协调的。尤其是伴随着网络社会的来临，各种网络文化的危机与挑战暴露出社会深层次的矛盾与问题。如何解蔽与修补现代性带来的社会问题及其疾症，提升社会发展自我进化的能力？工匠精神的复兴，或对工匠精神的推崇，可以成为现代性社会发展的一支力量。

在社会层面，工匠精神的当代复兴是社会发展与进步的表征。合乎社会必然性的进步总是在差距、对立、危机之后做出的，并在反思、调整与适应中走向相对最高发展阶段。在当代中国，工匠及其手作被社会边缘化，非物质文化遗产受到格外关注，教育的功利化也直接导致工匠工作室的废弃。当我们反思并对此“危机”做出批判的同时，工匠精神的复兴呼声也就应运而生，这明显是社会文明进步的集中表现或产物。

可见，在当代中国社会，被日益复兴的工匠精神具有它社会的合理性，特别是大工业生产背景下的国民渴望并呼唤工匠精神的复归，这充分体现出中国现代性及其社会发展步入了新的自觉阶段，被遮蔽的工匠精神已然开始被人们认可与接受，并试图在复兴中补益于经济社会的发展。

“工匠精神”是手作文化的定型形态，它是稳定存在的一种价值观。它之所以被社会或艺术家遮蔽和忽视，有其深刻的社会原因，艺术家的主观愿望也有一定的影响。就现代性而言，被遮蔽的工匠精神也必然需要现代性自身去解蔽。工匠精神的历史发展规律显示，一个尊重工匠与敬畏工匠精神的民族，必定是一个拥有未来的民族。在当代中国，工匠精神的复兴对于当前的精神文明建设以及国民素质的提高具有重大现实意义。或者说，复兴中的工匠精神必将成为中国梦的伟大复兴的重要价值力量。对此，至少有以下三点愿景性的展望：

第一，在传统文化层面，工匠精神是宝贵的社会文化财富。尽管手艺被丢失，手艺的工作室被废弃，但手艺的工匠精神或价值观念是不会消亡的。在“非遗”化社会里，崇尚工匠精神，对于消解教育的功利化以及保护日益消失的工匠群体，特别是对复兴传统工艺文化以及传统手艺产业，其意义或价值也是不可小觑的。

第二，在理想价值观层面，工匠精神是一种行为的文化素养。工匠精神就是严谨、细腻与一丝不苟的行为态度或价值观。推崇工匠精神，对于国民爱岗敬业、提升职业素质以及引领社会的精神文明建设都具有现实意义。“烹小鱼如治大国”的工匠精神及其行为态度，是铸造国民价值观及其素质培养的重要力量，从而有力地推动国民职业素质的提高，并为精神文明建设提供有力支撑。

第三，在现实发展层面，工匠精神是专注的心理特质。工业精神的本质就是“工匠精神”。专注的瑞士钟表匠、凝神的德国工人与专一的日本企业员工都是工匠精神的代名词。理查德·桑内特指出：“木匠、实验室技术员和指挥家全都是匠人，因为他们努力把事情做好，而且不是为了别的原因，就是想把事情做好而已。”[25]可见，工匠精神代表了一种特殊群体的价值观，那就是专注。在新时期，复兴与敬畏工匠精神，这是现代性工业及其国民经济发展的需要，也是健全新经济时代企业职工心理结构及其行为方式的需要。因此，敬畏工匠精神，有补于发展文化创意产业以及其他国民经济产业，并有益于稳固和完善从业职工岗位心理结构及其文化素质。

注　释

①（日）仓桥重史：《技术社会学》，王秋菊、陈凡译，沈阳：辽宁人民出版社，2012 年，第 137 页。

②（法）维尔南：《希腊人的神话和思想——历史心理分析研究》，黄艳红译，北京：中国人民大学出版社，2007 年，第 309 页。

③（德）黑格尔：《精神现象学》（下卷），贺麟、王玖兴译，北京：商务印书馆，1979 年，第 195—196 页。

④（美）理查德·桑内特：《匠人》，李继宏译，上海：上海译文出版社，2015 年，第 6 页。

⑤（美）克劳福德：《摩托车修理店的未来工作哲学：让工匠精神回归》，粟之敦译，杭州：浙江人民出版社，2014 年，第 10 页。

⑥（德）黑格尔：《精神现象学》（下卷），贺麟、王玖兴译，北京：商务印书馆，1979 年，第 192 页。

⑦（美）理查德·桑内特：《匠人》，李继宏译，上海：上海译文出版社，2015 年，第 12 页。

⑧王世襄：《〈髹饰录〉解说》，北京：生活·读书·新知三联书店，2013 年，第 28—30 页。

⑨（日）柄谷行人：《世界史的构造》，赵京华译，北京：中央编译出版社，2012 年，第 174 页。

⑩（法）福西永：《形式的生命》，陈平译，北京：北京大学出版社，2011 年，第 37 页。

⑪（德）马丁·海德格尔：《海德格尔的存在哲学》，唐译编译，长春：吉林出版集团有限责任公司，2013 年，第 146 页。

⑫王世襄：《〈髹饰录〉解说》，北京：生活·读书·新知三联书店，2013 年，第 21 页。

⑬王世襄：《〈髹饰录〉解说》，北京：生活·读书·新知三联书店，2013 年，第 21 页。

⑭（西汉）戴圣编：《礼记》，鲁同群注评，南京：凤凰出版社，2011 年，第 235 页。

⑮（新罗）崔致远撰，党银平校注：《桂苑笔耕集校注》，北京：中华书局，

2007年，第129页。

⑯（新罗）崔致远撰，党银平校注：《桂苑笔耕集校注》，北京：中华书局，2007年，第299页。

⑰（新罗）崔致远撰，党银平校注：《桂苑笔耕集校注》，北京：中华书局，2007年，第299页。

⑱（清）蓝浦、郑廷桂著，佘柱青编著：《景德镇陶录》，合肥：黄山书社，2016年，第42页。

⑲（日）仓桥重史：《技术社会学》，王秋菊、陈凡译，沈阳：辽宁人民出版社，2012年，第137—138页。

⑳（美）马克·盖特雷恩：《认知艺术》，王滢译，北京：世界图书出版公司北京公司，2014年，第192页。

㉑转引自张夫也：《世界现代设计简史》，北京：中国青年出版社，2013年，第111页。

㉒孙晓忠：《单身女性：晚期资本主义的新巨人——〈嘉莉妹妹〉再解读》，转引自董乃斌主编：《文衡.2010》，上海：上海大学出版社，2012年，第253页。

㉓（英）保罗·罗杰斯：《设计：50位最有影响力的世界设计大师》，胡齐放译，杭州：浙江摄影出版社，2012年，第84页。

㉔（德）马丁·海德格尔：《海德格尔的存在哲学》，唐译编译，长春：吉林出版集团有限责任公司，2013年，第146页。

㉕（美）理查德·桑内特：《匠人》，李继宏译，上海译文出版社，2015年，第4页。

第十二章

-

工匠精神：优才制度的暗光

对工匠精神的社会学考察认为，工匠精神并非适切于所有社会领域，所有领域的工匠精神的弘扬与传承都需要自我约束和自我批评。工匠精神在其形态、观念与目标上呈现出较强的社会性实践指向，它与经济学意义上的优才制度之间存在着无可争辩的价值悖论。优才制度的土壤与气候不利于发挥普通民众的工匠精神，它极容易迫使一般民众隐身于精英群体聚光灯下的暗影之中，特别是在急功近利的柔性组织内是无法容纳工匠精神的。欲化解工匠精神与优才制度的悖论，现代职业教育或为此提供了一种行之有效的实践模式。从优才制度视角阐释工匠精神的存在逻辑及其悖论，有益于当代社会弘扬工匠精神的实现路径。

2016 年，国务院总理李克强在《政府工作报告》中从国家高度提出要弘扬“精益求精的工匠精神”。2017 年，习近平总书记在“十九大”报告中再次提出，“建设知识型、技能型、创新型劳动者大军，弘扬劳模精神和工匠精神，营造劳动光荣的社会风尚和精益求精的敬业风气”[①]。从社会学视角看，重提“工匠精神”的实质是实现中华民族伟大复兴的中国梦之需要，它能为中国社会正在进行的“十三五”建设提供切实的伦理价值准备与可靠的精神支撑。因此，对“工匠精神”的重提具有一定的伦理意义与社会效用。

近年来，学界对工匠精神的持续关注与研究显示，工匠精神已然成为社会的一个重要“问题向度”。就研究现状而言，当前学者的研究[②]大致呈现出两种基本动态形式：一是对工匠精神的研究多集中于外在化层面，主要围绕对工匠精神的社会化遮蔽、工匠文化的传承以及工匠技艺方面的问题展开；二是对工匠精神的价值、意义以及困境等表层化社会原因进行探析，并主观性地认为工匠精神适切于所有领域。这两种态势均能从一定程度上阐明工匠精神的存在、问题及其价值，但不足之处是较难从工匠精神的历史（阶段性）殊相与社会（公共性）共相的联结中揭示工匠精神的本质存在，也较少从更深入、更高端的社会学视角对工匠精神的存在空间及其目标价值展开探究。

尽管国内外学者曾从不同层面部分地阐释与分析了工匠精神，但就人文社会科学界而言，人们对工匠精神的适切空间所做的社会学研究及其从中获取的理解是极其有限的，尤其是对工匠精神与社会制度间关系的思考是少见的。在接下来的讨论中，拟以美国学者理查德·桑内特《新资本主义的文化》中有关工匠精神的制度性思考为切入点，探讨“优才制度”体系下“工匠精神”的适切空间及其社会偏向，发现工匠精神与优才制度之间的逻辑悖论，并兼及现代职业教育制度中的工匠精神培育路径，以期为当下弘扬工匠精神找到更为深层次的适切空间及其社会化实现路径。

一、广义工匠精神的价值体系及其属性

在哲学层面，工匠精神在其形态、观念与目标上呈现出较强的体系性实践价值，并在物质意识与道德价值、行为观念与伦理价值、职业信仰与人文价值之间具有深层次的逻辑属性。

1. 工匠精神的价值形态及其广义性

在广义本质上，工匠精神是劳动者在长期的劳动实践中逐渐形成的一种劳动精神、职业精神和人文精神。美国学者桑内特在《新资本主义的文化》中指出：“匠人精神这个术语最常被用于手工劳动者……（但）脑力劳动也存在匠人精神。”[③] 显然，桑内特认为，一切劳动中都存在工匠精神，所有的职业或群体均具有广义上的工匠精神。譬如，“努力把文章写清楚”也算是一种工匠精神，或“社会的匠人精神也许在于打造一段白头偕老的婚姻”。实际上，除了劳动精神和职业精神之外，工匠精神还是一种广义层面的人文精神。譬如，“本杰明·富兰克林通常被认为是美国的第一位工匠，同样的称号也能够‘套’在乔治·华盛顿身上”[④]。这是因为，工匠精神确乎是为了人们对自我与他者生命、价值的维护与尊敬。在劳动层面，劳动者所创造的劳动价值闪现出人性的光辉、文化的理想和审美的诉求，也就是一种工匠精神的体现。如工匠所造器物的“礼制关怀”或“形式美感”，就是人文精神的一种外在显露。由此看来，在广义层面，工匠精神所呈现的价值形态分为劳动价值、职业价值与人文价值，这些价值近乎是职业化的宗教精神，即对劳动及其职业的虔诚。

2. 工匠精神的价值观念及其功能化

在广义层面，工匠精神是工匠在劳动过程中形成的行为、信仰和理想的

价值观念综合体，其价值体系是工匠精神价值观的具体体现。桑内特在《新资本主义的文化》中认为：“广义的匠人精神是这样的：为了把事情做好而把事情做好。……标准最为重要，对质量的追求理想化地变成了自身的目的。”[5]换言之，广义上的工匠精神在行为、信仰和理想层面体现出“把事情做好”的质量目标，而这已然成为自身唯一的理想目标。具体而言，工匠精神的价值观念大致分为行为观念、信仰观念和理想观念。行为观念是工匠精神价值的外显部分，而信仰观念与理想观念是工匠精神的内隐部分。工匠精神的价值观念是工匠劳动实践的取向及其行为理想的产物，它是在劳动实践中逐渐产生的，一旦形成，便反作用于并指导工匠的劳动实践，推动工匠实践的发展，进而具备了一定的社会功能，因为一切观念总是要表现在行动的功能上。作为价值观念的工匠精神，它已然具备了伦理功能、凝聚功能、激励功能、规范功能等，并在实践中加以执行。

3. 工匠精神的价值目标及其客观化

工匠精神的价值目标是工匠精神的引领，代表着劳动者的共同理想与价值追求。工匠精神的价值目标是具有“客观性”的。桑内特在《新资本主义的文化》中认为：“匠人精神强调客观化。”他举例说明，当尼可洛·阿马蒂制作小提琴时，“把精神贯注在那件物品上，全然忘了自身的感受，并通过是否把事情做好来评判自己。我们对阿马蒂工作时是开心或郁闷毫无兴趣，我们关注的是 f 孔的切割和琴漆的美丽。这就是客观化的含义：事物被制造成物自体”[6]。显然，桑内特的“物自体”概念不同于康德的“物自体”，因为“工匠精神”是认识工匠行为及其心情之外的“物自体”，它是可以被认识的。我们只想看“劳动的具体结果”，来判断工匠的工作做得怎么样。换言之，工匠精神的价值目标只存在于客观性的“物自体”身上。就“物自体”的表现空间而言，工匠精神的终极价值在于个人目标、群体目标和社会目标层面的呈现，亦即工匠精神的价值目标分为个人价值目标、群体价值目标和社会价值目标。个人价值、群体价值和社会价值都是工匠精神价值的综合表现。其中，工匠精神的群体价值由个人价值构成，个人价值是社会价值的体现；工匠精神的社会价值是个人价值的基础，也是起主导作用的价值。工匠精神价值目标是工匠精神体系的最高层次，代表劳动者的发展理念、发展方向与前进趋势，是劳动者文化自觉的最高表现。实际上，工匠的行为能力给他（她）带来“某种道德的声望”。桑内特在《匠人》（*The Craftsman*）中确立了工匠在物质意识和道德价值之间的深层关联，并在《新资本主义的文化》中指出了“物自体”与“工匠自我”的分离。桑内特指出，由于工匠精神具有客观化的物自体特征，使得即便是“毫无技能的底层工人也能够为他们的工作感到自豪”。这种观点来自他对波士顿家族面包工人的调查研究。

从工匠精神的价值体系及其属性的分析中可以看出，工匠精神的广义价值空间是宽广的，其价值实践与拓展能适切于诸多领域。这些工匠精神的适切空间包括从一般工匠到所有职业人员、从观念到理想和从个人到国家……所有这些均指向一个共同的适切领域，即行为主体及其意识形态领域。

二、工匠精神与优才制度的悖论

广义的工匠精神，应该是一种行为主体的理想化、客观化或功能化的价值形态、价值观念和价值目标的综合体。或者说，广义的工匠精神适切于行为主体及其意识形态的诸多空间，但并非能在一切社会制度下都能发挥它的价值指向和实践功能，因为社会制度对主体行为具有控制性和约束性。换言之，工匠精神很难适切于所有社会制度及其所属空间。

1．招募精英：“聚光灯下是一片混乱的场景”

在当下，根据高等教育适龄入学率数据看，我们的教育体系显然是大众教育，而非精英教育。所涉问题的悖论是：社会化岗位及其人员的招聘体系多倾向于接纳精英人才，而非愿意接纳一般性的技术人才，除非这种岗位对技术要求不敏感。那么，如此稀缺的精英人才在招募的时候可能存在两种情形：一是有些岗位宁愿招募偏离专业的精英人才，也不愿意接纳一般技术人才；二是在宁缺毋滥的思想及政策支配下，有些岗位长期空缺，并用临时性的一般技术人才顶上去。如此，正如桑内特在《新资本主义的文化》中指出的那样，“普通民众被遮蔽地剥削了能力，或者遭到隐性的惩罚，因为各种教育、工作和文化机构公开地招募精英”[7]。换言之，精英制度下的“精英招募”无形中遮蔽了长期在工作岗位上慢慢形成的工匠精神，因为社会的匠人精神并非速成的，也不是精英教育能实现的。皮埃尔·布迪厄称这种具有悖论的双面关系为“区隔”，即“招募精英”的优才制度区隔了普通民众，并将普通民众排除在精英社会圈层之外。对于布迪厄而言，这种具有悖论的“区隔的真正意义是，它通过聚光灯投射在精英身上，使普通民众隐身于暗影之中”⑧。可见，精英制度下的“精英招募”并不能适切于具有工匠精神的普通民众的社会生存与发展。换言之，工匠精神与社会制度之间存在某种关联，并显示出“跳跳板”式的平衡。但这并不是说，普通民众及其工作不需要工匠精神，恰恰相反，在普通民众的普通工作中同样存在工匠精神。严格或完备的社会制度保障了工匠伦理及其精神的养成，但工匠精神只存在于合法有效的伦理范围与制度体系中。对此，理查德·桑内特批评认为，“精英招募”之“聚光灯下是一片混乱的场景”，它将工匠及其精神挤压到社会边缘，以至于引起社会伦理的混乱。这种混乱至少表现为以下三种态势：一是社会的匠人精神被“招募精英”的优才制度挤到社会的边缘，致使社会的匠人精神严重匮乏；二是“招募精英”的优才制度无情地嘲讽了大众教育，致使大众教育内部发生混乱或迷茫，感觉大众教育与社会发展是脱离的；三是社会的匠人精神被学者或政府重新提起，并呼吁要大力弘扬工匠精神，厚植工匠文化，这致使本来就有工匠精神的行业被推到社会舆论的浪尖，而丧失自我的清醒的匠人意识，一些被选出来的所谓“工匠大师”便是例证。由此可见，工匠精神的出现或培养，需要工匠所生活的社会制度及科学的人才选拔方案作为重要支撑。

2. “柔性机构是容不下匠人的”

在全球化经济发展时代，持续不断创新的市场经济迫使刚性机构越来越不适应，而柔性机构在适应经济环境及其变化上显然具有非凡的灵活性与创新性。譬如，原来很多国有企业开始改制，一些私人企业或商业雨后春笋般地融入市场，工人工作的积极性被大大解放。另外，教育系统也在模仿经济系统的改革模式，试图引进柔性机构的工作模式。但就匠人精神生存环境而言，它更适切在刚性机构中孕育、成长和发展。相反，柔性机构却不能适应专业化很强的匠人精神。“专业化也会让人失去美国人的信仰——只要努力，一切皆有可能。美国工匠精神最主要的部分就是在事物的碰撞中找到灵感。美国人崇尚发现别人发现不了的机会，这就是为什么人们喜欢乔布斯和巴菲特。最近几年，在意识到这种趋势后，企业招聘者开始寻找那些所谓的'T'字形人才：一竖代表在某个领域有着深入的研究，一横表示能够与来自其他领域的专家合作——他们能够很好地了解自己专业领域外的东西。"[9]显然，美国柔性经济需要的是专业方面的灵活与创新。然而，后现代社会以来的柔性机构又不断地在增多，以适应不断变化的市场经济发展。一些包括教育机构在内的刚性机构也蠢蠢欲动，纷纷仿效柔性机构的工作模式与制度体系。实际上，不是所有的社会机构都能区分工匠精神的伦理界限和适切范围。若机构一味地注重工匠精神，也可能会带来许多不利于自身健康发展的情况。对此，桑内特在《新资本主义的文化》中如是说："在管理层看来，这么做（弘扬工匠精神）等于死心眼。如果有人为了事情做好而刻苦钻研，别人肯定觉得这个人是在钻牛角尖——而这种钻牛角尖和全情投入的精神实际上是匠人所需要的……虽然柔性组织的繁荣要归功于聪明人，但如果这些聪明人具有工匠精神，它就有麻烦了。"[10]这就是说，柔性机构是不能接纳社会的匠人精神的，它那变化的、快速的、有效率的工作机制无法适应慢工的、精益求精的工匠精神。换言之，刚性机构所生产的工匠精神并非适切所有机构。

3. 工匠精神在素质教育和精英教育中的适应度是有差异的

一般认为，精英教育是以培养高潜力青年的精英意识和能力为己任，而素质教育是以全面提升学生基本素质为目标的教育模式。当然，素质教育也能产生很多精英人才。尽管这两种教育模式都植入或潜移默化地进行着工匠精神的培育，但前者在时间、质量或效率上显然不能容忍工匠精神永远存在。如果工匠精神在精英教育过程中长期存在，那么不断的急迫的社会需求也是不允许的。换言之，"优才制度"最希望一夜之间就能"生产"成千上万具有潜力的精英人才，柔性机构也最希望一夜之间能够发挥个人单位价值的最大化表现，而不情愿接纳"十年磨一剑"的看似"死心眼"的人才。桑内特认为："优才统治的制度的核心是如何评价才华；它关注的是一种特殊的才华，也就是潜力……但潜力具有深远的文化影响，用它来衡量才华是有害的。”[11]对于桑内特而言，“潜力”这个词汇是一个十分危险的信号，因为它只聚焦于自我或精英，以至于那些“缺乏才华的人变得隐形了，他们完全淡出了那些公开评判能力而非成就的机构的视野”[12]。因此，在优才制度下，“默默无闻的大多数”成为被忽视的群体。在当代很多优才理论治理下的高校，一些青年教师在“不发表，即发配”或“不出版，即出校”的语境中度过，而如此机构中的所谓“精英人才”是无法奢谈工匠精神的。尤其是人文学科的研究成果，更需要长时间的工匠精神作支撑才能产出。同样，对研究型高校学生的培养及其科研产出也是这个道理。

4. 工匠精神与柔性机构的悖论是无法避免的

在当代，消费市场对手工艺品与匠人精神显示出十分青睐的需求，“纯手工”制造似乎更显得价值不菲，但柔性企业在市场资本的诱惑下，员工的工匠精神常常是被忽视的。实际上，“在欧洲工匠精神开始形成的时期，手工艺理想主义者的手工劳动既是颂扬上帝也是拯救自己，手工劳动被看作净化灵魂和精神的修行”[13]。这就是说，工匠精神不仅仅是一种职业精神，还是自我精神修行的途径。但在市场经济下，手工艺的理想是很难实现的，因为柔性机构在经济质量和效应上需要灵活、急速和高效的优质人才，需要获得报酬或经济效应。“柏拉图认为，工匠从事产品制造的目的并不是单纯为了获取报酬，而是为了追求作品本身的完美与极致。”[14]可见，柔性机构内的手工艺理想或工匠精神是很难适应的。于是，工匠精神与柔性机构的悖论无法避免。另外，柔性机构在短时间内取得的社会经济效应，其工作模式往往又是其他机构所想要尝试的，但也会出现机制上的悖论；因为“前沿企业和柔性组织需要人们有能力学习新技能，而不是保持原有的本领”[15]。但这种诉求在刚性企业内部是不被接纳的。《新资本主义的文化》认为：“匠人精神的要素之一是学会如何把事情做好。匠人必须通过实验和犯错误才能提高技术水平，哪怕他要完成的是平平无奇的任务……因此，迅速产生结果的压力太过强大；和教育领域测试的情况相同，职场的时间焦虑促使人们浅尝辄止，而非细致探究。”[16]这就是柔性企业内部匠人精神悖论的实质。

三、弘扬工匠精神的悖论化解

由上述分析可以看出，在新社会主义文化环境或新时期语境下，弘扬工匠精神最为集中的矛盾有三：一是大众教育与精英社会系统之间的矛盾；二是精英制度与新经济形态之间的矛盾；三是工匠精神价值观与新消费资本价值观之间的矛盾。对此，笔者认为，可通过以下三种途径加以化解。

1. 革新教育制度，重视现代职业教育

在大众教育体系中，职业教育也许是化解工匠精神与精英招募之间悖论的有效办法。在全球范围内，美国的现代职业教育的发展令人瞩目，1917年美国第一个以联邦立法为基础的职业技术教育法《史密斯休斯法案》颁布，1963年《职业教育法案》颁布，1976年《职业教育修订案》颁布。之后，针对社会对职业教育的需求又颁布了旨在提高劳动者工作技能与工作机会的《帕金斯职业教育法案》（1984年，帕金斯Ⅰ），并前后多次修正为《帕金斯职业与应用技术教育法案》（1990年，帕金斯Ⅱ）、《帕金斯生涯与技术教育法案》（1998年，帕金斯Ⅲ）、《帕金斯生涯与技术教育法案》（2006年，帕金斯Ⅳ），从而实现了美国职业教育面向全体人群的全民职业教育与终身教育的政策转型。特别是2006年颁布的《帕金斯生涯与技术教育法案》，将职业教育的目标群体集中于青少年与成年人群，以期在知识时代让他们获得经济稳定与成功的公平竞争能力与职业技能。2012年，美国政府又出台了《为美国未来投资：职业技术教育转型的蓝图》，这是美国政府旨在对“帕金斯法案”进行修订的重大提案，表明美国政府在谋求与适应未来社会柔性经济发展上又一次做出了重大的职业教育战略决策与部署。现代职业教育发展在个体不断变化的职业技术适应与社会柔性发展需求上发挥了重大的促进作用，它不但使现代社会经济发展获得了高素质的技能型职业劳动者，还让新技术变革中的人们获取了更多的就业机会以及经济成功的公平竞争能力，从而化解了素质教育中所培养的具有工匠精神的人才很难适应柔性机构需要的悖论。《新资本主义的文化》认为：“由于匠人精神能够使学徒和师傅为了把事情做好而把事情做好，所以它非常适合中世纪

的行会。”[17]但新时期社会已然不是“中世纪的行会”。那么，现代职业教育体制也许能够培养“为了把事情做好而把事情做好”的新技术工人，以期适应新时期社会柔性机构的需要。在适应性上，现代职业教育在全球范围内均显示出同经济发展与技术文化进步相适应的特征倾向。因此，现代职业教育不仅是社会经济适应的概念，也是一个社会技术文化发展的概念。实际上，“现代职业教育”本身就是一个经济适应或技术文化的概念，作为概念本身的变化及其内容指向的变迁意味着一种新的经济适应与技术需求。

在经济层面，现代职业教育发展是全球化经济转型与中小企业发展的直接产物。Harry Matlay 对 6 个中东欧前社会主义国家（1995—1999 年）的培训需求以及包括 6000 个中小企业的调查数据纵向研究[18]显示：20 世纪 80 年代以来的中东欧国家经历了重大的经济转型与政治变革，他们的区域经济再生政策主要集中在创业与小企业发展两个相互关联的概念之间，而很少关注企业家和企业劳动者的再教育与培训。可见，中东欧前社会主义国家现代职业教育的价值动机并非在个体再教育层面（包含工匠精神），而是更多地关注中小企业的发展问题，以期适应社会经济转型。同样，Stephen Billett 的研究[19]也表明，在过去的 20 年里，伴随着澳大利亚经济结构的不断调整，中小企业的发展影响并改变了澳大利亚国家的现代职业教育发展。这些改变包括企业以往不情愿参与的国家职业教育，进而迫使国家职业教育不得不由行业来确立教学、评估并参与管理的原则。20 世纪 70 年代，英国开始关注国内能抑制相对经济衰退的、被视为灵丹妙药的中小企业的发展，与其他发达国家相比，其中小企业所发挥的作用也越发明显。有研究表明[20]，其中最重要的发展原因在于英国的中小企业职工受过良好的职业教育与培训。20 世纪中后期以来，德国颁布了《联邦职业教育法》（1996 年）、《联邦职业教育促进法》（1981 年）等，还制定并颁布了《实训教师资格条例》《手工业条例》《企业基本法》《联邦青年劳动保护法》《培训员资格条例》等职业教育规章文件。另外，联邦政府在 2005 年 4 月又颁布实施了《联邦职业教育改革法》[21]。健全的德国职业教育法为本国的经济发展提供了动力保障和政策支持。同样，有研究[22]显示，在 1999—2000 学年，我国台湾 1 034 289 名乡镇学生占了初中和大专学校学生的 57.7%。上述国家或地区社会经济快速发展的主要因素是技术和职业教育的成功实施（TVE），以及主要为国家（地区）中小企业快速发展提供适应的职业教育制度。

▲ 图 1 北洋工艺学堂实习工场

在技术层面，职业教育的优势在于解决个人技术诱导及其文化熏陶。19 世纪中后期，我国清朝政府为学习西方技艺，开始实施“实业教育”制度，以培养实用技术人才。1902 年清廷颁布《壬寅学制》，即是我国较早的系统的实业教育法案。1974 年 11 月 19 日，联合国教科文组织在巴黎通过全体大会修订并重新制定了《关于技术和职业教育的一般原则、目标和准则》[23]，把职业教育与技术联系在一起制定职业教育的发展框架。因此，职业教育的技术性及其文化性是与生俱来的。20 世纪 80 年代，我国政府多次做出发展职业技术教育的政策决定，并于 1996 年正式颁布实施了我国首部《中华人民共和国职业教育法》，之后又相继下发了国发〔1991〕55 号文件、国发〔2005〕35 号文件等。我国现代职业教育法及其职业技术教育政策的颁布与实施，为推动经济发展、推进国家经济驱动创新战略和培养培训大批中高级技能型人才提供了有力的政策支持与技术保障。2014 年 6 月 22 日，我国政府发布了《国务院关于加快发展现代职业教育的决定》（国发〔2014〕19 号），目标任务是“到 2020 年，形成适应发展需求、产教深度融合、中职高职衔接、职业教育与普通教育相互沟通，体现终身教育理念，具有中国特色、世界水平的现代职业教育体系”[24]。很显然，这是为了适应和满足全球经济发展以及现代职业技术教育的需求而制定的。

2. 积极培育教育新动能

在适应条件层面，推动公益性职业教育进程，积极培育新农村社区职业教育体系，更加注重职业教育的过程及其个性化与差异性，让职业教育的学习更接近特殊群体以及未来就业机会，进而加快社会职业教育发展步伐，提高社会劳动者就业素质，培育职工的工匠精神。在教育制度层面，切实制定和实施灵活开放的“现代学徒制”，着力培养“临床教师”，实现“师生对话”，培养具有“工匠精神”的“匠二代”，以适应未来智能社会的职业教育发展。灵活的“现代学徒制”是突破德国式“双元制”职业教育的有效方式，能够提供“双元制”以外的开放途径与机会。研究表明，“职业学院作为学校教育与双元系统之间的桥梁存在，而不是作为一种替代的学徒制度存在”[25]。Eric A. Hanushek 从全球 18 个国家的成人扫盲的微观数据调查研究中[26]发现，学徒制是增益青年就业及其收益的无可争辩的职业教育制度，因为开放的现代学徒制在职业对话与创新方面具有很强的优势，“职业对话是任何强大的学习环境下职业学习的一个核心部分”[27]。一项全国性调查研究显示，企业家的集体经验、企业孵化器的管理人员以及高等教育机构参与教育和培训的战略旨在培养创业精神[28]，这种创业精神就是“工匠精神”。职业技能的生命体验是在特殊语言技能与文化过程的完美结合中实现的，纯粹的职业技术教育将会失去生命过程的美感，变成一个支离破碎的行为过程。因此，工匠精神“植入”职业教育的全过程十分必要。桑内特指出：“所谓匠人精神，指的是将某件事情做到真正精通的态度；这种专注的态度在经济上往往是破坏性的。为了取代匠人精神，现代文化推出了优才统治的理念，这种理念更注重潜在的能力，而不是过去的成绩。”[29]因此，在扩大与提高教育质量公平层面，从现实社会基础与自然条件为切入点，建构灵活的职业教育与学术教育的合理融通渠道，增强职业教育的针对性与有效性，以期应对工作和社会需求不断变化的世界。

3. 培育适切工匠精神的创业体系

桑内特指出：“在现代文化中，匠人精神的诉求遭到了一种不同的价值观的挑战。”[30]在创新创业层面，将创业纳入职业教育系统，树立持续创新发展与终身学习的创业能力的职业教育目标与政策，切实培养高职院校学生的创新发展能力、自主创业能力以及就业能力，以适应新型工业化经济的发展。将企业纳入职业教育计划的主要原因是有机会让学生获得“手”的经验，然后增加就业机会[31]。创业是新时期实现亲"手"就业与自主就业携手并进的市场经济发展新形式，也是职业教育在新时期需要完成的适应全球化与市场经济发展的新任务。实际上，"创业"是欧洲联盟的一个重要的职业教育和终身学习的政策目标（欧洲共同体，1999 年）[32]。创业也有助于培养学生的社会责任与公民意识，打造高职院校学生担当、坚守、谦逊的工匠精神，为社会输送科学与人文的双重合格人才，以适应新型工业化经济发展需要。

简言之，"现代职业教育"不仅是一个跨越地理时空的"经济适应"概念，还是一个全球范围内的"技术适应"概念，更是一个适切"工匠精神"培育的概念。抑或说，职业教育是一个应对日益增长的经济和个人的不确定性特点的有效政策，该政策更加适应不断变化的劳动力市场和个人需求，灵活应对技能的不平衡和短缺问题，同时也能培育工匠精神。

四、几点启示

工匠精神的社会学考察认为，所有领域的工匠精神都需要自我约束和自我批评，即工匠精神并非适切所有社会领域。由于大众教育与精英社会系统、精英制度与新经济形态、工匠精神价值观与新消费资本价值观之间存在很多矛盾，进而迫使工匠精神与经济学意义上的优才制度之间存在着无可争辩的价值悖论，特别是在急功近利的柔性组织内是无法容纳工匠精神的。在分析中，我们至少能得出以下关联性启示：

第一，工匠精神与工匠背后的社会制度及其执行是相关联的。社会制度意味着特定社会的结构化偏向，工匠制度与社会结构化因素是互动的。优才制度约束工匠个体行为，在此社会结构制度下的工匠行为是有规律性的，并会出现正向或反向的行为导向。因此，社会制度对于培育工匠精神具有导向性作用。

第二，化解工匠价值和柔性机构的悖论在于从职业教育层面找到入口，而非能从所有教育体系内部完成。职业教育的深入与持续，或能在培育制度性工匠自律与文化内涵上具有独特的优势，也可在行为规范、文化认知和精神认同维度培育职工的价值取向，以至于形成具有理性选择的精神文化。

第三，解决经济发展与工匠精神之间的悖论，出路不仅在于培育经济发展的制度环境，还在于职工自我的内在知识、素养和人格的养成。实际上，在世界范围内，许多国家的现代职业教育发展启示我们：科学与人文双重人格的培养是容易化解经济发展与工匠精神之间悖论的有效方法。

在当下中国，经济发展与工匠精神同样存在着潜在性悖论，尤其是当经济领域的“优才制度”已然被扩散到很多领域与机构时，容易造成桑内特所说的“聚光灯下是一片混乱的场景”，也使得工匠精神的培育路径与选择出现了困难，以至于形成弘扬工匠精神与执行社会制度间的诸多矛盾。

注　释

① 习近平：《决胜全面建成小康社会　夺取新时代中国特色社会主义伟大胜利——在中国共产党第十九次全国代表大会上的报告》，中国政府网，2017-10-27。www.gov.cn/zhuanti/2017-10/27/content_5234876.htm。

②（美）理查德·桑内特：《新资本主义的文化》，李继宏译，上海：上海译文出版社，2010年。

③（美）理查德·桑内特：《新资本主义的文化》，李继宏译，上海：上海译文出版社，2010年，第76页。

④（美）亚力克·福奇：《工匠精神：缔造伟大传奇的重要力量》，陈劲译，杭州：浙江人民出版社，2014年，第23页。

⑤（美）理查德·桑内特：《新资本主义的文化》，李继宏译，上海：上海译文出版社，2010年，第76页。

⑥（美）理查德·桑内特：《新资本主义的文化》，李继宏译，上海：上海译文出版社，2010年，第77页。

⑦（美）理查德·桑内特：《新资本主义的文化》，李继宏译，上海：上海译文出版社，2010年，第85页。

⑧（美）理查德·桑内特：《新资本主义的文化》，李继宏译，上海：上海译文出版社，2010年，第85页。

⑨（美）亚力克·福奇：《工匠精神：缔造伟大传奇的重要力量》，陈劲译，杭州：浙江人民出版社，2014年，第217页。

⑩（美）理查德·桑内特：《新资本主义的文化》，李继宏译，上海：上海译文出版社，2010年，第78页。

⑪（美）理查德·桑内特：《新资本主义的文化》，李继宏译，上海：上海译文出版社，2010年，第86页。

⑫（美）理查德·桑内特：《新资本主义的文化》，李继宏译，上海：上海译文出版社，2010年，第94页。

⑬（英）爱德华·露西-史密斯：《世界工艺史：手工艺人在社会中的作用》，朱淳译，陈平校，杭州：中国美术学院出版社，2006年，第92页。

⑭ 谷燕：《工匠精神在产品设计中的传承创新研究》，长春：吉林人民出版社，2019年，第104页。

⑮（美）理查德·桑内特：《新资本主义的文化》，李继宏译，上海：上海译文出版社，2010 年，第 86 页。

⑯（美）理查德·桑内特：《新资本主义的文化》，李继宏译，上海：上海译文出版社，2010 年，第 91 页。

⑰（美）理查德·桑内特：《新资本主义的文化》，李继宏译，上海：上海译文出版社，2010 年，第 80 页。

⑱ Matlay H.*Entrepreneurial and Vocational Education and Training in Central and Eastern Europe*［J］.Education + Training, 2001,（43）:395–404.

⑲ Billett S.*From Your Business to Our Business: Industry and Vocational Education in Australia*［J］.Oxford Review of Education, 2004, 30（1）:13–35.

⑳ Matlay H.*Vocational Education and Training in Britain: A Small Business Perspective*［J］.Education + Training, 1999, 41（1）:613.

㉑ Hubert Ertl.*The Concept of Modularisation in Vocational Education and Training: The Debate in Germany and its Implications*［J］.Oxford Review of Education, 2002, 28（1）:53–73.

㉒ Ministry of Education(Taipei).*A Brief Introduction to the Technological and Vocational Education of the Republic of China*［R］.September 1997.

㉓ *The General Conference of UNESCO. Revised Recommendation Concerning Technical and Vocational Education*［EB］.https://unevoc.unesco.org/fileadmin/user_upload/pubs/reco74–e.pdf.

㉔ 国务院：《国务院关于加快发展现代职业教育的决定》，中国政府网，2014–06–22。www.gov.cn/zhangce/content/2014–06/22/content_8901.htm。

㉕ Deissinger T.*The apprenticeship crisis in Germany: the national debate and implications for full-time vocational education and Training*［M］. //Mjelde L, Daly R. Working Knowledge in a Globalizing World. From Work to Learning, from Learning to Work. Bern: Peter Lang, 2006: 181–196.

㉖ Hanushek E. A.,Schwerdt G. *Woessmann L,Zhang L.General Education,Vocational Education,and Labor-Market Outcomes Over the Life-Cycle*［J］.Journal of Human Resources, 2017, 52(01):49–88.

㉗ Winters A,Meijers F, Kuijpers M, Baert H. *What are Vocational Training Conversations About? Analysis of Vocational Training Conversations in Dutch*

Vocational Education from a Career Learning Perspective [J] .Journal of Vocational Education and Training,2009,61 (3) : 247.

㉘ Hernandez–Gantes V. M., Sorensen R.P., *Nieri A H. Fostering Entrepreneurship through Business Incubation: The Role and Prospects of Postsecondary Vocational-Technical Education. Report 1: Survey of Business Incubator Clients and Managers* [R] .https://www.sreb.org/sites/main/files/file–attachments/fostering_entrepreneurship–1.pdf?1632069518.

㉙（美）理查德·桑内特：《新资本主义的文化》，李继宏译，上海：上海译文出版社，2010 年，第 4 页。

㉚（美）理查德·桑内特：《新资本主义的文化》，李继宏译，上海：上海译文出版社，2010 年，第 98 页。

㉛ Velde C,Cooper T.*Students' Perspectives of Workplace Learning and Training in Vocational Education* [J] .Education + Training, 2000,42 (2) : 83–92.

㉜ Onstenk J. *Entrepreneurship and Vocational Education* [J] .European Educational Research Journal,2003,2 (1) : 74–89.

第十三章

-

工匠精神的重构

在现代社会，工匠精神重建的困境主要来自时间的压力。时间性危机是现代性危机的核心指向，工匠精神重建的困境乃是现代性危机的侧影。在现代性进程中，时间的工具化致使工匠手作日益迈进线性空间，迫使工匠精神远离社会时间；时间的空间化倒逼工匠手作行为步入虚拟空间，进而使工匠精神失去了手作时间的亲在性；时间的碎片化破坏了工匠手作的时间结构，促使工匠精神的价值秩序发生偏向。为此，去时间的工具化、空间化与碎片化已然成为复兴工匠精神的可能回答。抑或说，工匠精神的重建必须围绕社会时间或虚拟时间的意义展开讨论，而非聚焦在时间性之外的形式批评。

党的“十八大”以来，传统文化与工匠精神逐渐被纳入国家政治议程。2016年6月13日，中共中央政治局委员刘奇葆在出席中国民间文艺家协会第九次全国代表大会上再次强调：“传承民间文艺就是延续我们的血脉，坚守民间文艺就是守护我们的精神家园。”由此可反窥，中华文化或已开始步入全面复兴的时代。近年来，在传统工艺文化复兴思潮中的“工匠精神”，作为一个显学名词俨然活跃在中国学术研究领域，并在国家层面迅速占领了思想领地及其学术空间。

就目前研究现状而言，人们对“工匠精神”的阐释与理解多集中在工艺遗产、工匠生存、工匠制度、工匠文化、工匠思想等微观层面，这些研究在一定程度上较好地回答了工匠的生存困境、制度缺失、文化失传、精神指向的历史动向及其原因。但恐有不足的是：人们忽视了从微观分析向宏观分析的耦合机制中对“工匠精神”做整体的时间性考察。这会导致两种不利情况出现：一是不利于揭示工匠精神蕴含的思想理念与道德规范；二是很难在时间层面展示民族传统文化的历史记忆和审美风范。殊不知，时间性是工匠精神的核心构件。抑或说，时间性是工匠精神的价值之塔与根本特质。问题的复杂性在于：一般语言学的普遍规约告诉我们，名词的空间性与动词的时间性是显而易见的，这正如时间名词的时间性一样明显。但也有少数名词是具有时间性特质的，并且这种时间性获得人们的关注也是罕见的。譬如时间性向度的名词性词组“工匠精神”就很少能被纳入研究视野。然而，作为名词的“工匠精神”的时间性特质却又是明显的，它主要体现在以下两个方面：一是随着时间展开后的工匠行为内部意识——主体的时间性感受，就是时间性的建构过程；二是工匠在外部时间流逝中的时间表现——工匠的社会化时间体验，也是时间性建构过程。简言之，工匠精神的时间性向度及其实质内涵，指涉到特定空间内工匠主体存在的生活感受与生命体验，这种感受与体验进而促成了工匠的思想理念与道德规范，并在时间的积累过程中逐渐形成民族文化记忆和美学传统。

在西方，时间性作为生产与生活哲学的基本问题常被哲学家关注，亚里士多德、康德、黑格尔、庞加莱、柏格森、胡塞尔、海德格尔、萨特、列维纳斯等哲学家不约而同地将目光聚焦于时间性，并对此进行深入主体及其存在意义上的哲学透视，也取得了有关时间性分析的生存论理论。对于主体而论，时间以及时间性就是主体或与他者关系存在的核心呈现方式。海德格尔用“时间性”回答了人存在的主体境遇，列维纳斯借“关系”范式巧妙阐释了时间性的呈现特质，柏格森在“绵延”之思中认为时间之流及其要素具有穿插交互性，萨特用“将在”规定了时间性存在的本质核心。由此观之，“时间性”可以作为一种方法论范式纳入主体性研究之中。本文将借助“时间性”范式，结合工匠及其精神的时间性意义展开讨论，以期阐明工匠精神重构的现代性困境及其在新时期的可能回答。

一、工匠精神的时间性向度及其实质

在时间性向度上，工匠精神是人们对工匠手作行为逻辑及其文化逻辑的一种主观价值设定。这种设定的哲学基础来自工匠及其手作同时间永远亲在，对时间性的拥有及其汲取构成了工匠精神的根本成分。在行为感受层面，工匠精神通过钟表时间的手作叙述而感受到对时间的专注，并体验到生活的时间价值；在生命体验层面，工匠精神就是通过手作叙述而体验到思想时间或社会时间的生命价值。可见，工匠精神在时间性向度上所呈现的主观价值设定，得益于工匠对时间的感受与体验。由此出发，借助时间在类型学上的分布，工匠精神所呈现的时间性向度及其特质更具理论上的明晰化和区分度。

1. 认识论时间与生存论时间

从亚里士多德开始，时间哲学就不断被人们所关注。奥古斯丁、康德、柏格森等人均认为时间是可以被认识、被察觉的，并作为一种“无差别化”

状态而存在。对于工匠而言，工匠精神就是认识论时间与生存论时间的价值结晶：在认识论层面，工匠处于时间序列或时间节律之中，并感知所获取的价值认同与文化传承；在生存论层面，时间贯穿于工匠对时间长短或时间节律的生命体验与审美推动。简言之，时间依然嵌入工匠行为及其文化逻辑之中，时间性构成了工匠精神的特质性向度。

工匠在工匠作坊里度过的时间比他们在别的地方用的时间要多。尽管工匠的材料是物质的，但其材料遭遇工匠之手以后，工艺品已经不再是生产材料的简单组合，而是由时间性结构成的新的时间物。在文化传承层面，工匠用图文叙事在器物上表达对时间历史的世界观，并将时间性文化与历史定格在器物空间里。也就是说，工匠将流动的时间固定在器物上，也为器物享有者及其后世社会提供了历史的时间符号。换言之，被固定的时间又成为可传承的流动时间，这就是工匠精神的时间性向度所体现出来的文化价值。在生产与活动层面，工匠的手作就是对自我的思考，也是对时间的批评。工匠手作就是运用时间消磨一切瑕疵，继而完美地呈现器物之用与美。同时，工匠手作行为在原料来源、加工生产以及器物庆典等方面都具有一套时间节律。譬如月令就是中国先民的一项伟大创举。《吕氏春秋·季春纪》曰："是月也，命工师令百工审五库之量，金铁、皮革筋、角齿、羽箭干、脂胶丹漆，无或不良。百工咸理，监工日号，无悖于时，无或作为淫巧，以荡上心。"[①] 这段经典语句指出了天子"命工师，令百工，审五库之量"在时间上的把握与规定，旨在说明金铁、皮革筋、角齿、羽箭干、脂胶丹漆等手作工艺要"无悖于时"。《礼记》开创了"月令"式的生产与手作工艺的时间认识论，也创成古人手作叙述的"百工咸理""无悖于时""无作淫巧"的工匠精神。

在时间性节令上，古代有关祭器、守器、礼器等重大时间节庆活动均呈现出工匠手作的时间性特质，并集中凝聚了工匠精神的生存论时间价值，即人们从手作器物的生命体验中获取工匠的生存论时间意义。在古代，生"器"品类繁多，"犬所以守之"。这表明人们对器用什物之爱，也暗示器在生活中的独特地位：因器重而礼遇之，作为物质范畴之属的器已超越了一般认识论，而被纳入文化或国家层面。譬如"问鼎中原"之"鼎"乃国之象征，为得天下者所持有。换言之，器之为器，已超越器用什物的物质与生活层面，更指向它的社会文化的生存论深处。

2. 静态时间与动态时间

就时间状态而言，作为一种价值观，工匠精神具有两种可能的时间性特质：第一种是工匠精神在静态上的“内在时间意识”；另一种是工匠精神在动态上的“价值推动”。工匠精神的这两种时间性特质，均指向工匠主体对时间的建构功能与价值，其本身尽管是非时间的，但它们均具有时间性。

▲ 图1 故宫博物院藏清掐丝珐琅跑人钟

时间是一个富有母性特质的流液体，它养育了人类生存及其思想空间。从广义上看，人类更像一群工匠，执着于公共性与生产性的时间创造与生活，并试图冲破时间的空间藩篱，而使用各种工匠手作行为留住时间，这集中体现在人们的内在时间意识及其价值推动上的理想追求。在胡塞尔看来，所谓“内在时间意识”，即工匠主体性本身所建构的时间意识性。因为“在现象学里，内在时间意识是绝对意识（absolute consciousness），是具有建构功能的意识（constituting consciousness）。它建构时间，但它本身并不在主观或客观时间中，也就是说，它是非时间的”[②]。譬如工匠对其手作叙述时间的专注与凝神所呈现的精神特质，即为工匠对时间建构的内在时间意识。实际上，工匠精神的内在时间特质与钟表时间特质是有明显差异的：工匠的内在时间性追求的是手作行为的动态价值，即时间的有效性；而钟表时间的特质在于它存在的真实性，即表现为时间的科学性。另外，工匠精神的内在时间意识也不同于主观时间：主观时间主要是对客观时间的生命体验，而内在时间意识是指向意识对象在时间中的被体验与被建构的偏向。

在列维纳斯看来，所谓工匠精神的“价值推动”，即时间在与他者的关系中呈现所昭示的时间性。工匠精神的价值推动，即是“关于他者的构成性角色的现象学”[③]。毋庸置疑，工匠精神对他者社会文化的构成性角色是显而易见的。譬如工匠文化在政治、经济、道德等层面的救赎功能所呈现的救赎价值偏向，即昭示出工匠精神的价值推动以及它的文化内聚功效。工匠精神的价值推动更多倾向于工匠行为的社会时间性，突出表明工匠手作叙述及其文化的客观性与合理性。

3. 钟表时间、社会时间与思想时间

工匠精神在时间的类型及表现空间上，集中体现为钟表时间（或物理时间）、社会时间与思想时间三个向度所呈现的文化特质，三个向度分别对应事实、规律与意义三个层面，构成时间性的三大空间表现指向。

在事实层面，钟表时间是客观时间在物理结构上能观察到的时间，它的时间性建基于事实维度的科学结构，工匠精神因此倾向于工匠行为及其思想的真实性；在规律层面，社会时间是客观时间在社会结构场域展开后的社会化的时间，它的时间性建基于规律维度的合理结构，工匠精神内倾于工匠行为及其理论的客观性；在意义层面，思想时间是主体在内在意识结构上所展示的功能时间，它的时间性建基于意义维度的有效结构，工匠精神致力于追求工匠行为及其文化的价值性。

对于思想家而言，“我休息去了”并非意味着物理时间也休息去了。或者说，思想家的闲暇时间里仍然活跃着思想的——对社会或文化思辨的——意义时间。对美学家而言，“我散步去了”更是意味深长，时间不仅能给予美学家散步时的风景，还给予散步后的回念时间。对工匠而言，“我手作去了”意味着工匠即将开始对于时间的自我思考与批判，匠人敬业与尽心地完成谦逊的有用的作品，“匠心”也就在此逐渐诞生。“工艺大师”不是他们的最终目标，这四个字不过是用金子般的时间铸造的，并在有规律地反复琢磨与重复手作中把时间留住，并让被留住的社会时间与思想时间传世百代。可见，在事实、规律与意义层面上的工匠精神所呈现的时间性是具有空间性的，并在各自的空间向量区间表现出特有的时间性倾向。

二、工匠精神重建困境：作为时间性危机

就时间的不可逆而言，时间性危机是现代性危机的核心指向。在现代社会，工匠手作叙述时间在现代性进程中逐渐弱化，并走向严重缺失的境地；

工匠的时间内聚力也在现代性进程中逐渐分散，并陷入遗忘与失传的危机；同时，工匠制度及其思想也在现代性进程中逐渐迷失时间方向，并发展至“非物质文化遗产”的窘境。可见，在现代社会，工匠精神重建的困境主要来自时间的压力。

1．工匠手作叙述缺失

在工业时代，工匠的时间被强行绑架在机器生产线上。尽管工匠的手作行为是时间的能动产物，但工匠精神内在的工具主义时间性已然割裂了手与手作物之间的亲在关系。或者说，工匠手作叙述被机械时间介入而形成“时间的泰勒主义”，流水线上的产品因此缺少了手的温度与手作的印记。工业革命在一定程度上促使工匠之手在自然时间场域中得到解放，但工匠精神的内在时间性也从自然时间场域步入器物时间场域。这正如马克思的解放理论框架所展示的社会转型图——从人的依赖性社会到物的依赖性社会——所呈现出来的时间性变革进程。在物的依赖性社会，工匠手作叙述的时间性呈现直线型或流水型。但在后现代社会，工匠手作叙述的时间性很明显地跨入了面向时间理论的虚拟空间，进而迫使工匠的手作叙述时间依存于对时间的模拟，或进入数据化的超时间交际与联通。工匠手作叙述的历史进程可用图式 2 表述。

图式 2　前现代：时间依存自然→现代：时间依存物→后现代：时间依存虚无

从图式 2 可以看出，工匠精神的时间性附着点：“自然—物—虚无”的现代性进程及其危机是明显的，特别是面向理论的后现代虚拟时间正在挤压现代机械物时间以及钟表时间。抑或说，后现代的超时间或超空间正在挤压工匠精神的手作叙述时间，工匠精神的公共性与生产性也自然被剥离至纯粹私人时空。因此，此时复兴工匠精神的困境在于工匠手作时间性的迷失，进而很难将分散的工匠动态手作时间凝聚于狭小的私人空间。在当代中国，工匠手作空间除了一些高校实验性的课堂教学之外，大部分工匠手作叙述均在个人的狭小空间中展开，而且这些工匠的时间是没有承续与发展保障的，“人亡艺绝”是他们的最终宿命。因此，扩大工匠手作公共空间，进而延展工匠的亲在手作时间，这是补益工匠手作时间性及其工匠精神复兴的可能路径。

2. 工匠文化内聚力弱化

静态时间性具有文化的内聚力倾向，并在整体性的文化结构层面展现其独有的功能价值。在文化逻辑层面，工匠手作文化内含静态时间性。因此，工匠文化自身具有内聚力特质，并发挥其整体性的价值救赎功能。工匠文化的内聚力直接影响了工匠精神的展开与辐射圈，在不同时期的工匠文化所呈现的静态时间性就证明了这一点。在前现代，工匠的时间性依存于自然，并分离于物理空间，其文化的整体性以自然点状分布展开，工匠精神的时间性是基于续点文化之上；在现代社会，工匠的时间性依存于物本身，并依附于物理空间，其文化的整体性呈线性状态，因此工匠精神的时间性是基于有向度的线性文化之上；在后现代，工匠的时间性逃逸于空间场域，并被分解成虚拟的若干单元，工匠精神的时间性是基于超时间的虚无文化之上。工匠文化内聚力的现代性弱化进程可用图式3表述。

图式3　前现代：续点文化的时间认知→现代：线性文化的时间向度→后现代：虚无文化的时间消解

在图式3中，“续点文化的时间认知”指的是早期工匠对时间知觉性特质的朴素理解，即在分隔的“点”状态下做连续的手作行为，并形成对时间的朴素认知。这种对时间的理解符合“时间”构词法原理，因为“时间”有着“时”与“间”两个维度的基本规定。“时”是“间”的单元，“间”是为了更好地阐明“时”。《管子·山权数》认为：“时者，所以记岁也。”这里所谓“岁”，即事物连续性运动与发展的一种历时表现形式。“间”是划分这种物质运动连续性过程的一种分割方法。古代人依据太阳与地球的运转，人为地划分四方为一时，天有四时，春夏秋冬。如此看来，“时间”概念的功能指向是将连续性宇宙运行划分为周而复始的间性区段，并以此来指导与规约人们的思想及其行为。因此，在古代，工匠行为及其精神内在的时间性规约与古人朴素的时间观是相关联的。在现代社会，被固定在机械旁边的工匠时间是有向度的，并呈现知觉中的线型完整性。到了后现代社会，面向理论的时间被空间化后，工匠手作叙述的时间性日益逼近虚拟场域。因此，传统的工匠文化的时间性特质发生了根本转型，抑或工匠精神的时间性被消解在感性的空间之中，从而造成工匠精神复兴的复杂性与困境。

3. 工匠制度迷失

在制度层面，工匠精神的时间性能体现工匠所处社会的制度及其思想的进化特质。早期人类对时间的认识是混沌化的感知，并被自然的分界形成“间性”空间。工匠精神的时间性内含社会的工匠制度，并侧重于对自然世界的感知与理解；在现代社会，物逐渐成为社会人的主要依赖，工匠在线状整体时间维度上的行为及其思想成为物质化社会制度的产物；在后现代社会，虚拟物将工匠精神挤压到时间的边缘，特别是把时间空间化的审美场域肢解了时间的整体性，抑或说，工匠精神的时间性内含零散化或碎片化的即时性美感因素，从而造成工匠精神出场的制度性困境。工匠制度的现代性进程所呈现的时间性发展轨迹可用图式4表示。

图式4　前现代：混沌时间与自然制度→现代：整体时间与物质制度→后现代：零散时间与审美制度

从上述图式4可以看出，社会制度迷失在时间危机之中。抑或说，时间性危机是社会化过程中的必然产物。显然，后现代社会里的工匠精神危机也是时间危机的反映。图式4中时间展开的“混沌→整体→零散”化进程显示，后现代时间是无向度的。此时的工匠文化及其精神的复苏实际上是人们对时间的一种空间扩展或阻隔，抑或说，用对时间阻隔的办法减少工匠时间的零散化趋势。当然，这绝不是回归工业革命时期的静态整体时间，而是将工匠精神的时间性嵌入当代社会政治、经济与文化的发展时间中，进而在时间性向量上规约工匠精神的新偏向。

三、工匠精神重建路径：可能回答

从对时间性特质及其危机的分析中发现，工匠精神的现代性发展进程迫使工匠在手作空间、机械控制以及制度缺失层面呈现出重重困境。因此，去时间的空间化、工具化与碎片化应当成为复兴工匠精神的可能回答。

1．价值空间：去时间空间化

精神是一种价值向量的主观设定，它的呈现是由行为者的叙述逻辑与文化逻辑决定的。就工匠而言，他的精神存在同样取决于工匠的叙述逻辑与文化逻辑。抑或说，工匠精神的存在与复兴需要手作叙述的分散性与文化的内聚力支撑。分散性的手作叙述遵循工匠的动态时间运行规则，文化的内聚力依照工匠的静态时间执行。遗憾的是，这两种时间运行规则在现代时期均被破坏。

现代社会的时间较之前现代社会的时间更倾向于机械化的时钟时间，传统工匠的心体时间在空间中的运行是有自己的一套运行规则的，“晴耕雨织”是非机械化的钟表时间性的最有力的证据。在后现代社会，时间调配被面向理论的云空间支配，尽管它逃离了工业资本的钟表时间的控制。在某种程度上，面向理论的云空间在时间的欺骗性上更具隐蔽性，因为它在不断地挤压钟表时间，进而扩大私人空间中的时间。如此，在现代或后现代社会里，工匠的劳动时间被大量缩短，甚至被挤压到濒临虚无的境地。无论在“时间的泰勒主义”现代时期，还是在“把时间空间化”的后现代时期，工匠主体均受到钟表时间或虚拟时间的控制。或者说，“现代社会的各种过程使人构成时间性主体”[4]。对此，“时间的泰勒主义”将工匠精神的时间性推向了功能或工具的深渊；“把时间空间化”将工匠精神的时间性引入了虚无的带有欺骗性的美学空间。

在当前，工匠精神的展现通常被博物馆、大城市、展博会、个展等空间占据，工匠的时间性被“个人化”“高端化”“城市化”等不良空间挤压，它们与工匠精神的生活化、手作化、平民化等特质相去甚远。因此，工匠精神的“贵族化”倾向十分明显，这已经脱离了工匠精神的本质。为此，“去时间的空间化”必将成为复苏工匠精神的可能路径，因为钟表时间或虚拟时间均使工匠精神脱离了社会时间的轨迹。对于工匠而言，工匠的时间本质展开是不能脱离社会时间的，即为社会生产手作产品及其文化。格林尼治式的钟表时间只能使工匠的社会时间得到同步的计算或全球趋同化，面向理论的超空间也使得工匠手作叙述出现虚拟的私人时间普遍化。因此，这两种情形均导致工匠精神的不在场。工匠不仅迷失在非社会时间里，还被即时性的虚拟时间所操控，进而失去了工匠精神复苏的可能性。

2．价值伦理：去时间工具化

时间伦理是当代社会哲学中最为常见的范式。应该认为，工匠精神的重建必须是对工匠价值伦理在时间工具化层面的批评。不可否认，“人类在根本上是时间性的，就在人类生存的时间性中找到意义”[5]。工匠生存的本质意义同样也是时间性的，并在手作时间性中找到自己的叙述意义及其文化意义。在现代性摧残的工匠及其精神场域，工匠的价值伦理充塞工具化的时间性特质，工匠不仅受现代社会时间的数学化计算伦理的控制，还饱受后现代社会时间的收敛或时空远离的约束。抑或说，在当代，工匠时间的结构化取决于虚拟时间里信息控制的变量波动。

计算时间或信息时间尽管在一定程度上拉伸或缩短了工匠手作叙述及其文化传承的时间段，但工匠精神的价值伦理显然被时间的工具化控制，并规约工匠的生产及其文化伦理空间。在前现代社会，工匠的价值伦理在时间性上的表现并没有横跨社会里的各种量度，因为工匠的手作叙述没有远离器物的时空距离。随着现代性的来临，虚拟时间与社会是分离的，其价值伦理变成一种可消费的独立工具化资源与利用时间的人们之间的虚拟化结构关系。

守住工匠精神，彰显传统文化之力，特别是民间工艺在“美教化、厚人伦”层面能发挥重要的伦理道德作用。建构工匠的价值伦理是工匠精神复兴的关键，而“去时间工具化”又成为工匠的价值伦理建构的重要着眼点。工匠精神的实践性在于通过不可逆时间的手作叙述及其文化带入可逆时间段，因此，建构出具有时间逆转的价值伦理是工匠精神复苏的最高追求。

3．价值秩序：去时间碎片化

萨特的存在主义哲学揭示，时间性是一种有组织的不可分结构。抑或说，时间并非由过去、现在和未来的瞬间组成的可分的集合。在后现代，社会最大的危机莫过于时间性危机，因为虚拟时间已经将钟表时间结构化为“碎片”，瞬间的即时性云时间已经或必将破坏生产或生活的时间结构。

尽管虚拟的云时间有能力将不可逆的钟表时间转换为可逆时间，但这种趋势错误地将时间看成空间中的一个要素，也自信地误以为时间性被创新地结构为一种场域。实际上，在这个点状的时间域中，各种要素之间的价值伦理被破坏了。譬如近年来，“设计下乡”俨然成为破坏原始手作叙述伦理的新力量。另外，作为“非物质文化遗产”的工匠及其文化出现了，明显是虚拟空间破坏了工匠生产及其时间性要素后的一种政府性集体干预，但“非遗”本身又被我们误认为是新时期复兴传统文化的一种创新。

如果把工匠手作叙述及其文化创作看作社会结构的实践，那么它必然要符合社会价值秩序在时间性上的要求，即遵循钟表时间的客观性与社会时间的规律性。然而虚拟时间依然超越于人们的意识经验之外，并面向虚拟的理论时间迈进。因此，钟表时间所建构的社会时间与当代包括工匠在内的社会团体无关。

工匠精神的时间性必须是能经历的或观察的时间，其时间伦理必须充当手作叙述及其文化创作的近距离消费对象，以期促成工匠产品内含人的时间温度，而不是由碎片化解构成虚拟的手作产品。因此，“去时间碎片化”是复兴工匠精神价值秩序的重要策略性向度。

四、工匠精神的时间性考察与当前研究

对工匠精神的时间性考察不仅有益于工匠精神的微观认知，还有利于弥补人们对工匠精神宏观价值指向的全面理解。当前，尽人皆知的对“遗产继承”（乏力）、“匠人保护”（不力）、“工匠制度”（缺失）、“工匠文化”（忘却）等层面的微观批评，不仅无益于工匠精神的重建及其深入讨论，还极其危险地将工匠精神的社会关注带入“怀旧”情绪之中。实际上，只有认识到工匠的历史性退出是时间性危机的后果，工匠的制度性缺失也是时间性危机的产物，我们才能明白工匠精神是时间性的逐年累积，暂时性的失忆是可能的；也只有这样，我们才能明白工匠精神的复兴不是回到过去（时间），而是要建构新时期的新精神。

抑或说，当我们过多地从微观层面批评工匠文化时，势必导致普通民众对传统工匠文化及其精神的长时间的“怀旧”与“迷恋”，这明显无补于建立适合当代社会发展的工匠精神。英国当代学者斯科特·拉什和约翰·厄里一致认为：“如今，怀旧又似乎无处不在，吞噬了过去的几乎每一个经历

和工艺品……这种怀旧针对着理想化的过去，不是历史，而是遗产的干净版本。”[⑥]洛温塔尔进一步认为，“怀旧”是一种精神病痛，并指出：“怀旧曾经是少数精英的威胁或安慰，现在则吸引或折磨着大多数社会阶层。”[⑦]实际上，在当代，人们对传统工匠文化及其精神的怀旧也是时间性危机在后现代不可计数的风险灾害层面的直接呈现，也就是对工业时代或更早以前的所谓理想的“黄金时代”的怀念。但现在的问题是：重建当代工匠精神的时间性才是我们的目的，即要建构适合新时期社会发展的工匠精神，而不是用“怀旧”去掩盖后现代时期的深层次社会时间突变的实质，这不利于工匠精神的重建及其传统文化的复兴。

另外要指出的是：在当前研究中所阐释的或未被阐释的观点，决不能认为是文化、制度以及社会现实抹杀了工匠精神，工匠精神的真正危机是现代性进程中的时间性危机。因此，工匠精神的复兴不是指向简单地回归到传统工匠及其时间节点上，抑或说工匠精神的复兴不是指在全国培育大批工匠或营造大量工匠时间，而是复兴工匠精神的关键在于复兴传统工匠精神的时间性资源。只有把工匠精神的时间性资源优势转变为文化发展优势，才能有利于培育时代新精神和时代新工匠（新人）的鲜活文化。这里的新工匠就是社会各行各业的建设者，他们的新精神特质就是工匠精神的时间性特质；即具有手作专注与敬业精神、匠心文化内聚力以及现代性创新思想，这就是新时代需要的工匠精神。

在阐释中发现，时间性是工匠精神的核心指向，在当代重建工匠精神的困境主要来自现代性进程中的时间压力。在手作层面，时间的工具化控制致使工匠手作日益迈进线性空间，迫使工匠精神远离社会时间；在关系层面，时间的空间化偏向倒逼工匠手作行为步入虚拟空间，进而使工匠精神失去了手作时间的亲在性；在伦理层面，时间的碎片化方式破坏了工匠手作的时间结构，促使工匠精神的价值秩序发生偏向。为此，去时间的空间化、工具化与碎片化已然成为复兴工匠精神的可能回答。抑或说，工匠精神的重建必须围绕社会时间或虚拟时间的意义展开讨论，而非聚焦在时间性之外的简单化形式批评。只有在时间性向量上认识工匠精神及其实质，我们才能更好地把握当代工匠精神的复苏与发展的需要；也只有这样才能让优秀的民族民间文化得以传、得以活、得以新地发展起来，并在新精神与新工匠的指引下，健康、可持续地发展当代文化。

注释

①（汉）高诱注：《吕氏春秋》，（清）毕沅校正，徐小蛮标点，上海：上海古籍出版社，2014 年，第 49 页。

② 周启超主编：《跨文化的文学理论研究（第 6 辑）》，北京：知识产权出版社，2014 年，第 63 页。

③（英）彼得·奥斯本：《时间的政治：现代性与先锋》，王志宏译，北京：商务印书馆，2004 年，第 166 页。

④（英）斯科特·拉什、约翰·厄里：《符号经济与空间经济》，王之光、商正译，北京：商务印书馆，2006 年，第 306 页。

⑤（英）斯科特·拉什、约翰·厄里：《符号经济与空间经济》，王之光、商正译，北京：商务印书馆，2006 年，第 312 页。

⑥（英）斯科特·拉什、约翰·厄里：《符号经济与空间经济》，王之光、商正译，北京：商务印书馆，2006 年，第 334 页。

⑦ 转引自（英）斯科特·拉什、约翰·厄里：《符号经济与空间经济》，王之光、商正译，北京：商务印书馆，2006 年，第 334 页。

第十四章

-

工匠精神的社会化传承

在文化心理学视野下，作为心理特质的工匠精神是社会文化的重要组成部分。工匠精神传承既是对工匠文化的传递，又是持续社会化心理模塑行为。在此模塑过程中，我们既要借助外在文化的教化，又要注重内在心理的内化与体验。在心理机能层面，工匠精神社会化旨在达到认知优化、情感培育、角色获得、信念养成、价值认同等心理品格的整合与同化；在意识形态层面，工匠精神社会化主要依赖意识形态的理论建构、社会传播、文化接受及批评等途径，以期完善自我人格结构及其价值观。工匠精神社会化传承不仅创生了有益的正向社会化的工匠文化，也产生了一种反向社会化的工匠文化。

目前，由于国家议程的积极推动以及民众的持续关注，“工匠精神”作为一个曾经相对沉寂的文化范畴俨然呈现繁荣之势，并日趋成为学界较为活跃的研究对象。尽管人们试图从文化、艺术、制度、历史、时空等多个维度描述、阐释与反思工匠精神的诸多问题向度，愈发显示出人们对工匠精神传承与需要的呼声日渐高涨，但目前学界对此研究较少涉及文化心理学视角下的工匠精神传承，问题的复杂性还在于工匠精神的传承既是一种工匠文化的传承，又是一种持续社会化心理活动行为。因此，在本质上，工匠精神的传承问题就是工匠文化的社会化问题，它又指向工匠精神的“外化”与“内化”这两个较为复杂的心理结构的文化塑造过程；在此过程中，又关联到工匠精神所包含的心理机能与意识形态在内的心理学内容向度。由此观之，工匠精神的传承问题有着较宽的文化学研究视域及心理学阐释空间。抑或说，作为心理特质的工匠精神传承问题，文化学者有责任阐明它在心理学维度上的运行逻辑及其发生机制，以期工匠精神社会化传承的解读朝向文化心理学迈进。

一、基本概念及研究方法

在马克思主义人学视野下，自然人向社会人的过渡是人类社会发展的重要途径，而“社会化”就是通过各种文化建构出来的一种终生持续性行为。因此，在本质上，工匠精神的社会化行为就是自然人通过社会文化构造，以期望获取工匠精神价值行为与思想规范，其目的主要来自人的社会存在、社会需要以及发展等方面的客观需求。换言之，工匠精神的社会化是人与社会相互作用的产物。在这个过程中，个体通过体验、学习与传承工匠精神，从而获取工匠的行为价值观、思想道德操守、职业行业规范、理想人格魅力等特质文化，并积极反作用于社会。

就广义文化概念而言，工匠文化包括工匠创物（物质表层）、工匠手作（行为浅层）、工匠制度（制度中层）和工匠精神（精神深层）等内容指向。其中，工匠精神是工匠文化理论的核心，它包括工匠心理与工匠意识形态两部分内容。在心理层面，工匠借助“专注”“持久”“严谨”“细腻”“精益求精”“坚守”“不急不躁”“精致”“敬业”等心理品质完成创物行为，这些工匠心理品质的聚集便构成了工匠精神文化。可见，工匠的心理活动直接产生与构造了工匠文化。在此，工匠特有的心理品质不仅能稳定自我的心理状态及其行为规范，还能提升工匠自我的价值取向与理想人格，进而进一步完善工匠自我以及他人的审美情趣和精神结构。在意识形态层面，工匠的价值观、思想、观点、观念、准则、规范、理想等聚合成工匠的意识形态聚合体，而诸多工匠意识形态的聚合就形成了一种具有现实性与独立性的工匠精神文化。简言之，精神文化是工匠行为的心理特质经验化表述，同时又是作为一种文化形态出现，并通过社会化过程塑造出新的心理文化。工匠精神所蕴含的工匠行为、工匠心理和工匠文化三者之间的逻辑关系，直接昭示出一种可能被称之为“文化心理学”的研究方法出场。

文化心理学（Cultural Psychology）是兴起于20世纪90年代的一种较为新兴与活跃的心理学分支学科，它“旨在寻求永在的镶嵌在意义和背景里的心理”[①]；抑或说从文化视角理解行为的心理学意义取向，并将行为与心理在不同文化背景下的普遍性与特异性作为研究己任，尤其是关注文化对心理活动、行为表现的塑造与干预。作为研究对象的工匠精神被纳入文化心理学研究视野的合法性理由大致有三：一是“心理学是文化的一部分”[②]，工匠精神是工匠的价值文化与心理特质的聚合体，它所呈现的心理与文化、主体与客体、对象与背景等均是文化心理学所关注的核心命题；二是“在社会心理理论中融入文化症候群”[③]有助于阐释社会心理与文化之间的某些关联性特征，工匠的心理活动与行为表现是通过特定文化建构起来的，进而形成一种工匠精神的价值观，工匠精神的社会化行为路径也就是通过工匠文化塑造与干预心理的选择与定位；三是“文化心理学是人类学与认知科学的一座桥梁”[④]。同时，文化心理学本身突破了传统科学心理学的文化盲区，尤其是超越了传统实证研究方法日趋机械化的发展困境，并能在跨文化比较的视野下阐释心理与行为的各自异同性。据此，在接下来的讨论中，拟采用文化心理学的研究方法透视工匠精神的社会化传承问题，力图阐明工匠精神的社会化传承路径及其核心指向，并兼及工匠精神社会化传承的文化意义，从而在文化与心理的整合视角下探讨工匠精神社会化传承的心理学向度及其文化逻辑。

二、工匠精神的社会化传承路径：外化与内化

工匠精神是工匠文化系统中最为核心的内容。就文化传承而言，工匠精神的社会化过程就是面向人与社会的文化“控制”与心理“约束”的过程，从而寻求工匠精神的文化信仰与价值观，并进一步模塑与整合个体的价值观、行为操守、道德规范等行为方式和人格特质，以适应社会并积极作用于社会而创生新文化。简言之，工匠精神的社会化过程就是个体的心理及其行为的模塑过程。在此模塑过程中，既要借助外在文化的社会教化，又要注重内在心理的内化与体验，即工匠精神社会化传承包含“外化”与“内化”两种路径的选择与定位。

在外化（externalization）路径层面，工匠精神社会化过程就是工匠文化的社会传播、传递与体现的过程。在此过程中，工匠精神的社会化主要以家庭、社会、高校以及媒介等宏观文化环境为载体，并借助心理学展开工匠精神文化的持续传承与增长，因为在宏观层面，“心理学是激发和引导社会行为的主观过程，是文化的主观方面。所以，心理学与宏观文化因素必然是具有一致性的”[5]。这也是选择宏观的外在文化传承工匠精神的合法基础与理论支撑。

在工匠精神传承的外化路径选择上，营造工匠精神传承的社会文化环境极其重要，特别是家庭文化环境、学校文化环境以及社会文化环境的整合建构与积极培育。家庭是心理模塑的基础因素之一，是社会化互动的纽带与关节点，具有很强的限制性与实时性[6]。一般心理学研究表明，学前期是心理发展的“非常期”，它处于社会化过程中的基础层；另外，儿童期也是早期文化心理形成以及社会化的“强化期”，它处于社会化过程中的加强期。由于个体在学前期与儿童期接受的主要是以家庭为主轴的实时性文化教育，这对于个体的社会化进程具有前期限制性作用，特别是在建构人的思想、价

值以及调节个体的心理机能增长等层面具有显著的基础性作用。因此，寓工匠精神于家庭文化教育以及营造具有工匠精神的家庭文化环境是工匠精神传承最为有力的基础路径。譬如培养儿童的手作行为欲望及其手作行为的步骤性、严谨性与秩序性就显得特别重要。应当着力培养儿童的感知、信念等心理机能，进而有效地调节儿童心理机能的成长与发展。这些心理机能的培养是儿童进入“预期社会化”的青春期发展极其重要的前提条件与决定因素，因为儿童在家庭有了一定的精神文化体验与学习的基础，在他们步入学校环境之后，便拥有了模塑自我心理的原初动机与欲望，也期望通过个人行为感受到文化自我的存在价值。就是说，家庭文化因素是建构个体心理的原发动力。另外，优化校园外在文化环境对于传承工匠精神也尤为重要，抑或说校园文化环境是着力培养“匠二代”工匠精神的有效空间场，也是协调文化与心理之间合理化发展的有效途径。当成群的接受工匠精神的“匠二代”走向社会，他们用自己的文化信仰、工匠性的价值观以及人格魅力又影响了周围人，从而在文化心理上发挥着改造旧文化与创造新文化的榜样与示范作用。可见，“家庭—学校—社会”的工匠精神传承是一个复杂的有机整体，不可断然决裂与隔离地传承工匠精神，系统性与整体性地营造家庭、学校与社会的文化环境对于工匠精神的外化传承作用至关重要。只有通过在这个宏观场域内的社会化行为塑造以及心理机能的积极培育，并使得这些心理机能积极介入社会，才能实现工匠精神的有效社会化。

▲ 图 1　近代上海土山湾孤儿院美术工场

在文化心理学视野下，工匠精神的社会化传承更为具体和富于启发性的路径当数“文化产品”的开发与设计。西方学者Phillip L. Hammack认为：“文化心理学的框架重点是大叙述（master narratives）与身份的个人叙事之间的关系。”[⑦]可见，文化心理学与工匠手作的文化产品在叙事结构框架上极其相似。在工匠创造层面，工匠手作产品就是工匠精神及其思想外化的叙事产物。因为，“心理能引导着文化行为”[⑧]。同时，手作产品也是工匠个人价值观与外在社会文化语境之间契合的叙事产物。抑或说，工匠的文化产品不仅是个人叙事产品，还是借助社会大语境而创造出来的文化符号。工匠精神可视为社会文化的直接反映、体现与传达。工匠的文化产品既可呈现出社会文化因素对工匠精神传承的激发、支持和规定，又能揭示出社会文化因素建构工匠精神的动力原理。为此，文化产品在工匠精神社会化过程中起到了最为直接的模塑人的心理及其思想的作用，这给“文化产品”的生产提出了非常严格的社会行为规范与道德伦理要求。在这一点上，明代黄成所著的《髹饰录》有过精准的描述，他认为髹漆的行为规范与道德伦理在于“三法”“二戒”“四失”“三病”等维度，这些“规约”或“伦理”的要求是对工匠精神的最好表述与传达。具体地说，在文化产品设计层面，工匠行为要遵循“巧法造化”“质则人身”“文象阴阳”之法规；在文化产品形式装饰上，工匠得戒除“淫巧荡心”“行滥夺目”之滥饰；在行为观念上，工匠不可有“制度不中（不鬻市）”“工过不改（是为过）”“器成不省（不忠乎？）”“倦懒不力（不可雕）”之失范；在心理以及行为技巧上，工匠谨防“独巧不传”“巧趣不贯”“文彩不适”之病理[⑨]。黄氏对髹漆工匠行为与伦理规范的约定，不仅显示出“文化产品”是由工匠精神文化构造而成，还显示出文化产品符号所彰显的心理文化特质对于工匠精神的社会化传承具有潜在的推进作用。

从文化类型上看，文化包括有形的文化与无形的文化，产品是工匠文化传播的有形载体，也是工匠精神传达与增长的有效途径。文化产品是工匠文化与工匠心理相结合的特殊产物，既能反映工匠及其社会文化特征，也可反映工匠行为及其心理偏向。因此，作为心理文化元素的工匠精神，可以通过文化产品来集中体现、表达与传递。在理论上，工匠的文化产品既可以昭示文化间（between-culture）性或文化内（within-culture）的差异性，又可以反映出跨文化（cross-culture）的差异性或用来显示文化本身的特征以及反映人们的心理特点[10]。因此，文化产品不仅是工匠文化自身的行为结果的符号化产物，也是不同文化交叉相互作用而生成的结果。或者说，文化产品的设计与制造过程是一种较为复杂的社会化行为。可见，作为使用和消费的文化产品在传递与增长工匠精神，也不断地通过心理内化或社会化途径稳定成特定的文化价值观。由此观之，文化产品在工匠精神的社会化中肩负着重要的使命。为此，文化产品的设计与制造在“劳动之美”“心灵之美”“艺术之美”“叙事之美”等文化心理的塑造上十分关键。抑或说，工匠创造的产品要体现自身是美的创造者、心灵的富足者、艺术的传承者和时代的叙事者。唯有如此，文化产品创造者才能为工匠精神的社会化提供文化基础与心理力量。

值得讨论的是，植入工匠精神于媒体传播，在文化媒体的教化下体验工匠精神的价值、信念与理想，也是工匠精神社会化路径的有效选择，因为媒介的文化传播具有超强的文化构型与知识重组的能力。譬如“工匠”“传统文化”“工匠精神”等这些即将失落的社会文化词语，一旦社会媒体介入其中，以“新闻化”或“叙述化”等方式集中出现在公众面前时，这些词语或现象会立刻形成公共话题，并唤醒公众的普遍化知识认同以及赋予人们学习的权力，迫使该问题朝向有利于解决的方向迈进。近年来，“工匠精神”话语被国家政治议程提及后，社会媒体便急速传播相关文化，特别是新闻、报纸、客户端以及微信等媒体的广泛传播，应能唤醒沉睡已久的“工匠精神”文化，并引起普通公众的高度关注以及学界的介入讨论。可以认为，传媒在知识唤醒与范式构型的能力上是巨大的，并影响历史事件及其现象的发展进程。当然，这个进程除了取决于社会对它所采取的何种传播立场及其叙事策略，还取决于传媒社会化路径的选择与定位。

在内化（internalization）路径层面，工匠精神的社会化过程是工匠文化的自我内化过程，“同化”“顺应”“整合”等是工匠精神内化过程完成的基本心理机制。个体认知结构在接纳、过滤与整合外部工匠文化刺激而形成新的认知结构的同化过程时，认知结构自身也在顺应中发生结构性变化。尽管大部分人的个性及其认知结构由基因进化决定了一部分，但社会化过程可以塑造它在特定的个性方向。通过行为或鼓励特定的文化信念和信仰态度，以及有选择性地提供社会化经验，这对于个体的个性与认知结构的后天教化是必要的。因此，在个性与人格形成过程中，内化式的社会化途径极为重要。

工匠精神社会化传承的“内化”路径，首先莫过于个体的持续性终身学习，进而达到“自我同一性”的目的。从心理学层面看，“自我同一性”水平来自自我态度体系的完美程度。因此，工匠精神的社会化过程是要依赖个体持续化的学习过程，在学习工匠知识及其精神文化的过程中，不断积累工匠知识与手作能力，并在心理上以价值观念的形式建构出相对稳定的认知结构及价值态度。对此，个人树立终身持续性的学习态度极为重要。因为个体的认知结构是一个不断发展、变化的能力系统，只有在不断的学习中才能适应、支持与顺应社会的发展，从而才能解决新问题与创造新知识。只要个人在持续的工匠文化的学习过程中，就能不断地激发与发现个体的认知结构与外在工匠精神的矛盾性或差异性，从而在优势文化配置中不断优化主体的认知结构，进而形成工匠精神支配下的行为规范与道德准则。

同时，个体积极投身社会实践，在“文化适应”（acculturation）中实现内化或同化，这也是行之有效的工匠精神社会化的传承路径。工匠精神的社会化具有很强的实践性与实时性，并具有丰富的社会延展性偏向。就工匠精神的社会化内容而言，它包括行为社会化、角色社会化、态度社会化、道德社会化、观念社会化以及与之相适应的制度社会化。因此，对于如此内容广泛的工匠精神社会化路径的选择与定位，必然要建立广阔的社会实践领域，积极投身社会实践必然是工匠精神社会化路径的科学选择。在本质上，社会实践是社会化的终极途径，并在文化适应中实现人的社会化存在以及发展的客观需要。所谓“文化适应”，就是指“由个体组成的具有不同文化的两群体间，发生持续直接的文化接触，从而导致一方或双方原有文化模式发生变化的现象”[11]。作为工匠精神文化被社会实践的人们通过职业化行为活动，进而获得工匠精神的价值观、操守、规范等行为方式与人格特征后，个体就在这样的社会化过程中适应社会并积极作用于社会。Soo-kyung Lee、Jeffery Sobal 等对韩裔美国人开展的比较研究中提出了文化适应的整合（integration）与同化（assimilation）理论[12]，社会文化就是一个职业化分工很细的实践活动现象，个体通过社会实践整合或同化适应文化发展的先进部分，同时分离或边缘一些不适应文化发展的糟粕部分。进一步地说，在整合层面，社会实践个体既注重自我文化品格的“保护”与“矜持”，也试图冲破自我文化，“接纳”与“认同”那些与自我文化相适用的新文化。在同化层面，当社会实践个体不愿意保持或意欲改变已有的旧文化的时候，传统文化在新文化的改造与演进中就实现了一次进步与发展。因此，就工匠精神的社会化而言，它就是一次文化的整合或同化过程。或者说，它就是依赖职业实践介入工匠精神的文化适应，在内化自我人格思想以及价值观中实现工匠精神的社会化，尤其是在社会实践与行为规范中潜移默化地实现心理以及人格迈进理想化的文化适应区。

学会手作体验，以期富足心灵与“人格涵化”，也是必要的工匠精神社会化路径的内化选择。在本质上，工匠精神是一种手作精神，也是一种人文情怀。因此，工匠精神的内化过程必然建立在个体的手作基础之上，以期在行为活动中体验精神文化，并在渐进的行为模塑过程中寻求生活的意义，在“物我两忘”中达到身心合一，在一丝不苟的行为中追求产品的完美，进而富足与涵化自我人格。从文化视角看，手作文化在富足心灵上具有很强的优势特征：（1）手是心的最听话的“仆人”，心也是手最公正的“裁判”。手艺人的手与心是合一的，并在一丝不苟、不怕寂寞中实现人手的对话。（2）工匠的手作心理是在手作过程中建构“严谨”“细心”“严格”“持久”“慢作”“重复”“精致”等特质文化，工匠精神的内化只有依赖手作才能完美地进行。（3）工匠借助手的感知、动作来调节心理功能以及进行心理表达，从而实现工匠的行为价值与理想目标。上述种种手作文化的心理优势特征，为工匠精神的内化提供了理论依据。

总而言之，工匠精神传承主要依赖“外化”与“内化”两种路径，实施工匠文化的社会化发展与演进，“外化”路径赋予了工匠精神社会化传承的文化外力，“内化”路径给予了工匠精神社会化传承的心理内力。

三、工匠精神社会化传承核心：心理机能与意识形态

从心理学层面看，工匠精神是存在于内心的一种不可见的暗能量。由于工匠精神的社会化最终是指向个体行为规范的模塑，因此，行为规范是工匠精神社会化的核心指向，而行为规范又来自个体的心理机能与意识形态的暗能量。因此，工匠精神社会化路径必然依赖心理机能与意识形态的核心内容建设。

在心理机能层面，工匠精神的社会化就是通过认知优化、情感培育、

角色获得、信念养成、价值认同等实现高级心理品格的整体完形。在文化心理学层面，“心理发展是一个开放的、文化介导的过程（culturally mediated process）”[13]。因此，工匠精神文化的社会化传承对个体的心理发展起到了“介导性”作用：

第一，认知优化。文化对认知以及思维方式的影响是心理学界的普遍共识，而作为文化形态的工匠精神，对认知方式的干预、配置与优化同样存在。因此，从认知层面看，工匠精神的社会化构成是以认知优化为起点的。无论是社会环境文化营造对工匠精神社会化植入，还是通过产品美学传达工匠精神，认知优化是工匠精神获取的基础手段，也是工匠精神社会化的首要目的。

第二，情感培育。认知是产生情感的前提条件和决定因素，但仅有认知还无法持续地培育特定的情感，情感培育也是工匠精神社会化的必要途径，文化是建构与培育工匠精神及其行为的有效方法。工匠精神文化只有通过个体的行为方能体现自身存在的意义，进而在此基础上塑造特定的工匠文化心理与情感。

第三，角色获得。个体对工匠行为有了初步的认知与情感之后，便能站在工匠或他人的立场上考虑、体验与反思别人在社会化过程中的期望与态度，进而在心理上获得自身的社会角色。于是，在接受与内化工匠精神的过程中，形成一种影响他人的信仰、价值以及精神，并进一步通过工匠精神的社会化进行角色调整或再社会化，从而产生较稳定的价值信念。

第四，信念养成。心理学研究认为，接受性信念是可以依赖控制性行为训练获得。事实上，社会化就是一个控制与约束的行为过程。这就是说，工匠精神的信念养成是可以依赖社会化路径来实现的。根据工匠精神的文化特质分析，对其信念的养成主要在于工匠精神的生产性、公共性和社会性等三个基本维度。生产性信念指向工匠生产中所生成的“严谨”“乐观”“精益求精”等文化信念；公共性信念指向工匠产品的“大众性”“集体性”“公有性”等文化信念；社会性信念指向工匠文化是工匠与社会互相作用的结果，体现出工匠文化是社会文化的一部分。这些工匠文化信念的养成，不仅能提升个体的社会化价值信念，还能反哺社会并积极作用于社会文化创造。

第五，价值认同。个体通过认知优化、情感培育、角色获得、信念养成等环节的社会化规程之后，在心理观念上最终模塑成一种与他人共享、相互认可的价值，即价值认同。工匠精神的价值认同，主要是指向本体价值的认同，因为工匠精神在本质上是一种本体的人文价值。工匠精神社会化的核心就是对工匠精神的传递与内化，进而获得一种价值认同。因此，工匠精神的价值认同是考察工匠精神社会化路径的有效性因素。

在意识形态层面，工匠精神的社会化主要依赖意识形态的理论建构、社会传播、文化接受及批评等途径实现意识形态的完整建设。

第一，意识形态的理论建构。工匠精神所蕴含的“价值观”“信仰”“理念”“思想”等意识形态是工匠精神社会化的重要内容，对其采取科学的理论化的总结与归纳是十分必要的。因为，工匠精神社会化的有效性关键在于这些意识形态的科学化与理论化。抑或说，这些工匠精神的意识形态是否适应社会实践、是否是与时俱进的意识形态、是否是科学地反映现实及其需要、是否具有普适性或符合时代的精神期待，这些都是工匠精神意识形态理论建构的内容，也是工匠精神社会化所要关注的理论形态要素。

第二，意识形态的社会传播。工匠精神的意识形态文化传播是工匠精神社会化的一种有效终端，即借助新闻、报纸、网络、客户端等媒介广泛传播工匠文化，宣扬工匠精神，因为媒介传播具有文化构型与文化教育的实际功能，尤其是在可视化的新媒体传播中，工匠的意识形态传播更具有“植入”与“灌注”的效果。

第三，意识形态文化的接受与批评。任何文化的传播并非完全地正向接受与采纳，工匠精神文化的社会化同样也有接受与批判的问题向度。公众对文化的接受是有选择的，也存在批判与自己价值观不一致的价值文化。因此，工匠精神的意识形态的理论建构与文化传播要注意与时俱进，特别是要贴近现实生活，更要注意理论的可视化以及适当的文本视觉转换，以求达到在可接受性中传播工匠精神。

通过上述分析可发现，工匠精神的社会化传承是一种复杂的文化心理现象，它关涉到外在社会文化的“外化”建设与“内化”营构，并在同化与整合中实现工匠精神的社会化传承；同时也关涉到内在心理机能与意识形态的积极培育与建构，以期在内化与顺应中实现工匠精神的社会化传承。但就终极意义而言，工匠精神社会化传承的最终目标乃是培育、获得与创生新文化，这些新文化大致包括工匠精神的社会化文化与反向社会化文化。

在社会化层面，工匠精神的社会化传承不仅使得工匠文化得以延续与传播，还使得公众在学习与传承工匠文化的过程中体验到了工匠精神，并在外化与内化的社会化传承路径中模塑自己的心理机能与意识形态，尤其是在角色获得、态度形成、道德规范、人格发展等方面，从而使个体获得丰富的工匠文化及其创造的动力，进而为创生新文化提供优秀的价值观、行为规范以及人格修养。

在反向社会化层面，工匠精神文化的获得又能借助同化与隔离等路径实现文化反哺，即公众在工匠精神社会化过程中汲取到工匠精神文化营养，通过同化、顺化与整合等心理优化程序养成优势工匠文化精神，再适应社会文化发展，并积极反哺社会文化创造。特别是在新媒体时代，伴随着社会文化技术日新月异的发展，反向社会化是文化传承模式“倒置”的一种特有现象，也是缓解社会文化代际危机的有效手段与策略。

简言之，成功的工匠精神社会化传承不仅创生了有益于社会发展的社会化文化，也产生了有益于社会发展的反向社会化文化，它们在顺化与倒置中共同助力社会朝着可持续化的健康发展之路迈进。

注 释

① Shweder R.A.*Cultural Psychology*: *What is it?* ［M］//Stigler J W, Schweder R A, Herdt G. Gultural Psychology: Essays on Comparative Human Development. New York: Cambridge University Press.1990: 13.

② Ratner C. *Cultural Psychology* （*General*）［M］//Rieber R W. Encyclopedia of the History of Psychological Theories. NY: Springer New York, 2011：250–309.

③ Triandis H.C. *Cross-cultural Psychology* ［J］. Asian Journal of Social Psychology, 1999, 2（1）:127.

④ Fryberg S.A. *Cultural Psychology as a Bridge between Anthropology and Cognitive Science* ［J］. Topics in Cognitive Science,2012,4（3）:437.

⑤（美）卡尔·拉特纳：《基于宏观文化心理学视角的心理能力研究》，王波、丁紫瑄译，《学术月刊》，2014 年第 12 期，第 51 页。

⑥ Lee G.R. *Family, Socialization and Interaction Process* ［J］. Journal of Marriage and Family, 2000,（62）: 852.

⑦ Hammack P.L. *Narrative and the cultural psychology of identity* ［J］. Personality and Social Psychology Review, 2008, 12(3): 222.

⑧ Ratner C. *Cultural psychology, cross-cultural psychology, indigenous psychology* ［M］.Columbus A M. Advances in Psychology Research. New York: Nova Science Publishers, 2008:1.

⑨ 王世襄：《〈髹饰录〉解说》，北京：生活·读书·新知三联书店，2013 年，第 28—30 页。

⑩ 丰怡、蔡华检、施媛媛：《文化产品研究——文化心理学的独特视角》，《心理科学进展》，2013 年第 2 期，第 329 页。

⑪ 转引自 Salant T, Lauderdale D.S. *Measuring Culture: a Critical Review of Acculturation and Health in Asian Immigrant Populations* ［J］. Social Science & Medicine, 2003, 57（1）:72。

⑫ Lee S–K, Sobal J. , Frongillo E.A. *Comparison of Models of Acculturation*: *The Case of Korean Americans* ［J］. Journal of Cross–Cultural Psychology, 2003, 34（3）：282–296.

⑬ Miller J.G. *Cultural Psychology: Implications for Basic Psychological Theory* ［J］. Psychological Science, 1999, 10（2）: 85.

第十五章

-

工匠范式：唐代诗学批评

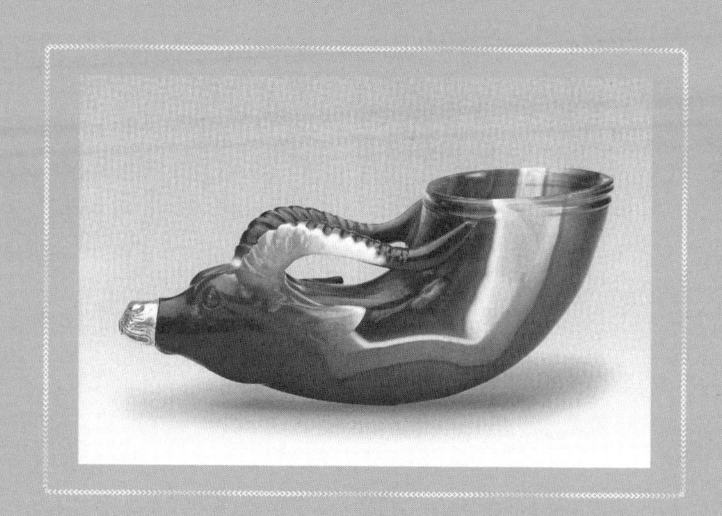

在诗学批评史上，道器、匠心、洗炼、铸造、雕藻、金针等工匠范式已然成为唐代诗学批评的工作方式。唐代诗学批评揭示了工匠实践与诗学理论之间的同构原理与协同机制，并呈现出新的诗学批评风貌。唐代诗学批评摒弃了魏晋以来诗学批评"规矩"与"工巧"等旧有范式，开创了"雕藻"与"金针"等新范式。这显然是唐代超然法度的自由精神的诗学外显，彰显出"超然象外"与"大巧若拙"的诗学审美追求，也反映出唐代诗学批评的现实主义倾向。这些诗学批评新现象既见证了唐代工匠文化、社会发展与诗学革新运动的历史真实，又透露出唐代精神、审美追求以及诗学批评方式的新气象。

荀子、曹丕、刘勰、李汉、韩愈、周敦颐等均从各自的视角展现出对"文"与"道"的诗学批评。他们或云"文以明道"，或云"文以贯道"，或云"文以载道"。唐代李汉在《昌黎先生序》中云："文者，贯道之器也。"韩愈也提出"文以贯道"的诗学观。对韩愈而言，所谓"文以贯道"，是指文学需贯通与传扬儒家之道，即主张文学的政治教化中心论，它成为中国古典诗学的基本儒学精神，并影响了中国古典诗学批评的理论导向与话语偏向。

在哲学层面，"道器不二"是中国古代哲学的基本范畴，同时，"器以藏礼"又是中国古代工匠造物的重要行为理念。那么，所谓"文以贯道"，即在"文"与"器"的"交界地带"中，彼此存有"道"或"礼"的共享信念，这显然为文学创作及批评提供了"借物譬喻"的介入空间与言说机会。诗论家叶燮《原诗》说："我今与子以诗言诗，子固未能知也；不若借事物以譬之，而可晓然矣。"[①] 这指出了中国诗学批评的另类工作路径——"借事物以譬之"[②]。所谓"譬"，即比譬，它是诗学批评者通过借物而设喻，以晓喻其事理。在中国诗学批评史上，既有"自然之喻"[③]（自然模仿论）、"生命之喻"[④]（文艺的人化批评），又有"锦绣之喻"[⑤]（文章被喻为锦绣织物）、"器物之喻"[⑥]（器物作为文学批评方式）。概言之，中国传统诗学批评的一个固有特色理路，是偏向于借助"工匠范式"作为文学批评的工作路径。在方法论上，"工匠范式"可集自然（模仿）、人化（生命）、器物（隐喻）于一体而成为中国诗学批评的筛选者、发现者与沟通者，它已然成为中国古代诗学批评的基本工作经验。

在接下来的讨论中，拟以唐代诗学批评为对象，以"工匠范式"为组带，较详细地分析唐代诗学批评与工匠范式在道器、匠心、雕藻、金针、工巧等概念单元上的同构原理与协同机制，进而辨明工匠范式是批评与理解唐代诗学理论必不可少的概念批评路径及其工作原理，并进一步阐释工匠范式在唐代诗学批评体系中的历史特殊性及其特有的社会性，以期辨明诗学批评借鉴与吸纳工匠经验文化的现象，而工匠文化及其社会政治又反哺诗学批评的互动逻辑。

一、唐代诗学批评中的工匠范式

工匠，即手工艺者。《辞海·工部》云："工，匠也。凡执艺事成器物以利用者，皆谓之工。"《尚书》云："工执艺事以谏。"[⑦] 显然，"乐工"有进谏与批评的职能。《考工记》云："百工之事，皆圣人之作也。"[⑧] 抑或说，工匠与文学批评在"创造"维度上是有共同地带的，它在语用学上能被中国古代诗学批评所援引。

1. 道器

《周易·系辞》曰："形而上者谓之道，形而下者谓之器。"由于"道"的不可见性，圣人必然通过"立象以尽意"。实际上，"见乃谓之象，形乃谓之器"，圣人之百工造物制器就是一种"立象"。因此，"取象"造物也是中国古代工匠的基本思维与工作方式。

在文学视角，文学家与工匠造物是具有同构性的，即"取象"叙事成为工匠与文学家的共同工作路径。李渔《闲情偶寄》开篇尤侗《序》云："文章者，造物之工师。"[⑨] 这说明，文章与造物有其特定的共享使用要素，至少在"取象"视点上是趋于一致的。由此，器之理与文之道在"造化物象"的视点上具有了天然的统一性与同构性。唐代诗人皎然《诗式·文章宗旨》云："夫文章天下之公器，安敢私焉？"[⑩] 皎然的"公器论"既指向了文章是服务于国家的共有之器，又道出了诗学之道与为国家所用之器的价值趋同，即"道器不二"的哲学思想在诗学与工匠之间得以显现。

"道器不二"是中国哲学、诗学与考工学（中国特色的古典设计学）的基本范式思维与叙事理式。那么，"道器不二"是如何实现"道"与"器"

的统一的呢？司空图《二十四品》之“委曲品”曰：“道不自器，与之圆方。”[11]换言之，器之本身并无“道”之显在，而文章之“道”主要来自心之“圆方”。正是基于这样的心象之“圆方”，工匠与诗学实现了创作与批评的共享话语机制。譬如叶燮以“拘方以内”之喻论诗之性。《原诗》云：“六朝诸名家，各有一长，俱非全璧。鲍照、庾信之诗，杜甫以‘清新、俊逸’归之，似能出乎类者。究之拘方以内，画于习气，而不能变通。然渐辟唐人之户牖，而启其手眼，不可谓庾不为之先也。”[12]叶燮以杜甫论“鲍照、庾信之诗”之“清新、俊逸”，肯定了他们在诗学史上的风格特征及其价值，但也批评其“拘方以内”的弱点。

2. 匠心

“独具匠心”一词被指向文艺创造的独特而精巧的构思，它显然是基于对能工巧匠之构思的认可立场而言的。在创作心理层面，匠心范式与文学批评之间具有彼此对话的合作地带。

唐代诗人张祜在《题王右丞山水障二首》中曰，“精华在笔端，咫尺匠心难”，意在说明文学创作的构思之“匠心”获得是不易的。王士源《〈孟浩然集〉序》也云：“文不按古，匠心独妙。”这说明文学创作构思之巧与工匠心构之妙之间是具有通约性的。显然，“匠心”范式被应用到唐代诗学批评话语中。

在批判的立场，范式“匠心”也常与“匠作”或“匠气”相联系，进而遭遇文艺家的极力批评。王夫之《姜斋诗话》曰：“咏物诗，齐、梁始多有之。其标格高下，犹画之有匠作，有士气。”[13]在王夫之看来，诗有“匠作”与“士气”之高下，并极力反对“匠作”之诗。譬如《姜斋诗话》又曰：“征故实，写色泽，广比譬，虽极镂绘之工，皆匠气也。”[14]皎然《诗式》“诗有四不”云：“气高而不怒，怒则失于风流；力劲而不露，露则伤于斤斧；情多而不暗，暗则伤于拙钝；才赡而不疏，疏则损于筋脉。”[15]可见，皎然极力推崇“士气”之诗。叶燮《原诗》曰：“李白天才自然，出类拔萃。然千古与杜甫齐名，则犹有间。盖白之得此者，非以才得之，乃以气得之也。”[16]很显然，叶燮对李白诗歌自然之“士气”是极力推崇的。

3. 洗炼、镕铸

洗炼或炼冶是工匠从矿物质中提炼金属的特种技术。由于工匠之“炼”与诗学之“品”在形成及其风格上的同构性，它常作为诗学批评的范式工具。在诗学批评中，《文心雕龙》曾有“陶钧”“熔裁”“剪截”“镕铸”等工匠话语范式，说明刘勰谙熟工匠的经验文化，并通过这些经验文化熟练地转移到诗学理论叙事之中。“炼”作为“品”频繁出现于唐代诗文批评中，如司空图《二十四品》言“洗炼”，杨曾景《书品》云“遒炼”，杨夔生《续词品》云“精炼”，许奉恩《文品》云“精炼”。在理论上，“炼”体现出唐代诗学的理论高度及其概括性。《二十四品》之“洗炼品”云：“如矿出金，如铅出银。超心炼冶，绝爱缁磷。”[17]这里的“洗炼”或“炼冶”之喻指出了诗文在主旨思想、内容材料上要“超心”与“绝爱缁磷”，即精心洗炼，弃绝瑕疵。“绝爱缁磷”的诗学批评来源于儒家崇尚的“磨而不磷，涅而不缁”的坚贞思想，也说明儒家诗学批评观与工匠话语范式对司空图诗学批评的影响。

镕铸，即工匠采用熔化的方式而铸造器物或模范。镕，即熔化；铸，即锤炼金属而成器。镕模与铸范之法，或俱被诗学喻为“规范”。唐代孙过庭《书谱》云：“必能旁通点画之情，博究始终之理，镕铸虫、篆，陶钧草、隶。”[18]可见，书之旁通或撷取虫书、篆书之理，方能镕铸而再造草书、隶书。在此，作者引镕铸之喻，为阐释诗学创作或批评找到了理论阐释的入口，并由工匠经验理论创生出诗学批评的新理论与新观点。抑或说，工匠范式在诗学批评中承担了发现理论与经验转换的重要角色功能，从而形成了工匠范式与诗学批评沟通与言说的超文本能力。

4. 雕藻

雕或镂，即雕刻，是工匠的一种制器行为或技术。在诗学批评中，“雕镂藻饰”已然成为一种辞藻华丽的批评话语。在《文心雕龙》中，有大量关于“雕”或“镂”的批评分析概念，如“原道”云“金镂”“雕琢”，“神思”云“刻镂”，“体性”云“雕琢”，“明诗”云“雕采”，“诠赋”云

“雕画”，“铭箴”云“镂器”，等等。它们均在不同工种层面援引了工匠技术系统中的雕镂工艺，工匠之“技”与文学之“技”被刘勰完美地融合到《文心雕龙》的文学理论叙事中，实现了工匠经验技术与文学理论技术的深度融合。

在唐诗批评中，范式“雕藻”被用来作为诗学批评的基本工作策略。所谓“雕藻”，是指诗歌中的词句雕琢之功。《文苑诗格》之“雕藻文字”云：“夫文字须雕藻三两字，文彩不得全真致，恐伤鄙朴。”[19]显然，白居易反对诗歌形式化的雕镂，因为诗歌文字之“雕藻”有失去“全真致”的危险。《六一诗话》曰：“唐之晚年，诗人无复李、杜豪放之格，然亦务以精意相高。如周朴者，构思尤艰，每有所得，必极其雕琢，故时人称朴诗‘月锻季炼，未及成篇，已播人口’。”[20]在此，欧阳修以“雕琢”为喻，以此批判诗歌创作字句之妍丽。崔融《唐朝新定诗格》之“雕藻体”云：“雕藻体者，谓以凡事理而雕藻之，成于妍丽，如丝彩之错综，金铁之砥炼是。”[21]这说明唐代的“雕藻体”成为诗体之一，并被诗学批评作为评论的对象。

在批判的立场，西汉文学家扬雄视赋为“雕虫篆刻”之小技。《诗品》评曰：“孝武诗，雕文织彩，过为精密，为二藩希慕，见称轻巧矣。”[22]另外，《隋书·李德林传》也云：“雕虫小技，殆相如、子云之辈。”[23]显然，“雕虫”被贬为创作之小技而遭遇贬斥。唐人权德舆《答柳福州书》曰：“近者祖习绮靡，过于雕虫。”[24]南宋魏庆之《诗人玉屑》也云：“雕刻伤气，敷演露骨。若鄙而不精巧，是不雕刻之过；拙而无委曲，是不敷演之过。”[25]显然，过于雕琢与敷演（同“敷衍”）是诗学创作所不能接纳的。不过，文章之“写”与工匠之“雕”在行为上的通约性，为诗学批评与工匠范式的融通提供了理论上的交易地带。

5. 器物

器与文具有天然的统一性，器之隐喻也是中国文学批评的基本经验。在唐代诗学批评中，绣锦、针线、斧、瑟、鼓、篪、筝等均是设喻的对象，并在其工匠范式的视角分延出诗学批评的理论话语。

▲图1　白居易墓

《金针诗格》"诗有内外意"云："一曰内意，欲尽其理。理，谓义理之理，美、刺、箴、诲之类是也。二曰外意，欲尽其象。象，谓物象之象，日月、山河、虫鱼、草木之类是也。内外含蓄，方入诗格。"又曰："以声律为窍；以物象为骨；以意格为体。凡为诗须具此三者。"[26]白居易言物象为骨之喻，说明器物之象是诗之"骨格"。那么，何种物象可以纳入诗学批评呢？《乐府古题要解序》曰："赋雉斑者，但美绣颈锦臆；歌天马者，唯叙骄驰乱蹋。类皆若兹，不可胜载。"[27]吴兢用"美绣锦臆"设喻，表达了对历代文士断章取义之病。《诗式》"明作用"云："作者措意，虽有声律，不妨作用，如壶公瓢中，自有天地日月。时时抛针掷线，似断而复续，此为诗中之仙。拘忌之徒，非可企及矣。"[28]皎然言"抛针掷线"设喻，表达诗歌创作以整体为上。根据《诗式》中的"诗有四不"，可知皎然言斤斧之喻，阐释诗歌之力贵在自然之巧。

《诗式》云："苏、李之制，意深体闲，词多怨思，音韵激切，其象瑟也。曹、王之制，思逸义婉，词多顿挫，音韵低昂，其象鼓也。嗣宗、孟阳、太冲之制，兴殊增丽，风骨雅淡，音韵闲畅，其象篪也。宋、齐、吴、楚之制，务精尚巧，气质华美，音韵铿锵，其象筝也。唯古诗之制，丽而不华，直而不野，如讽刺之作。《雅》得和平之资，深远精密，音律和缓，其象琴也。"[29]皎然以瑟、鼓、篪、筝之喻，言诗之意深怨思、逸婉顿挫、雅淡闲畅、华美铿锵、精密和缓。简言之，在诗学批评中，一些与工匠制器有关的物象被纳入诗学批评话语之中，因为这些物象在经验理论上与文学创作抽象理论具有特征性的同构机制。

6. 金针

在白居易看来，“病得针而愈，诗亦犹是也”。《金针诗格》云：“居易贬江州……自此味其诗理，撮其体要，为一格目，日《金针集》。喻其诗病而得针医，其病自除。诗病最多，能知其病，诗格自全也。”[30]白居易以“金针”设喻，问诊诗歌之病。针，原属工匠制造的缝纫工具，金针是中国古代针灸医治的工具。白居易主要提出了“物象”“炼”等具有工匠话语范式偏向的诗学批评思想。《金针诗格》之“诗有三本”云：“以声律为窍；以物象为骨；以意格为髓。”其“诗有四炼”云：“一曰炼句；二曰炼字；三曰炼意；四曰炼格。炼句不如炼字；炼字不如炼意；炼意不如炼格。”[31]在此，白居易强调了“炼格”的重要性及其获得的工作理路。另外，从《与元九书》中可看出，白居易提出的“金针观”与唐代诗学革新运动有着密切关系，也是他针砭现实的现实主义诗学批评立场的体现。

二、唐代诗学批评：特征及原因

1.“不言诗法”与诗学批评“规矩”范式的消失

大匠与学者在“规矩”性上是同构的。《孟子》云：“大匠诲人，必以规矩，学者亦必以规矩。”[32]就“规矩”或“规范”而言，工匠造物与文学创作均要遵循一定的典范与绳墨。《荀子》曰：“设规矩，陈绳墨，便备用，君子不如工人。”[33]言下之意是工匠在设规矩与陈绳墨上具有独特的视角。刘勰的《文心雕龙》中多处出现规矩、绳墨、镕铸等法度的批评话语。

同魏晋以来的诗学批评相比，唐代诗学批评“规矩观”的消失是唐代自由精神的诗学外显。尽管“法度”是唐代的基本精神，但在唐代诗学批评中很少见到“法度”概念，诸如规矩、绳墨、体制、范式、模型等工匠法度的话语很少在唐代诗学中出现。李东阳《麓堂诗话》云：“唐人不言诗法，诗法多出宋，而宋人于诗无所得。所谓法者，不过一字一句，对偶雕琢之工，而天真兴致，则未可与道。”[34]这里的“唐人不言诗法”并非指唐人不遵循法度，而是指唐人具有一种超然法度的自由精神。杜甫的诗句“读书破万卷，下笔如有神”，道出了“法度”与“自由”的关联性。抑或说，唐代诗学批评的“法度”已然超越了一般意义上的诗学法度。这与“欲上青天揽明月”的唐人气度是分不开的，也是文艺“超以象外，得其环中”精神在唐代空前绝后的彰显。

2.“雕藻”“金针”范式的出现与唐代诗学革新运动

“雕藻”与“金针”范式的出现是唐代诗学现实主义批评新概念。唐代的诗学运动大致分为早期、中期和后期三个阶段，其主旨在于摒弃齐梁华靡之风，革新诗歌创作。早期陈子昂推崇品格风雅，反对铺彩华丽，重视诗歌反映社会内容，彰显诗之“刚健”与“骨气”，这无疑为唐代诗歌创作和理论批评指明了现实主义发展方向。中唐杜甫极力称道元结的《舂陵行》等诗之“比兴体制”，主张“比兴美刺”的现实主义风格。韩柳在“中兴盛唐”的政治愿景下，极力提倡“古文运动”，主张“诗以贯道”。中唐后期，白居易、元稹的“新乐府运动”重视诗歌的政治教化作用，极力提倡具有针砭现实的讽喻诗，主张“文章合为时而著，歌诗合为事而作”。晚唐国运走向衰微，诗歌也走向哀婉、凄艳与纤巧。

从唐代的诗学革新运动看，反对“雕藻”，主张“诗以贯道”，强调诗歌为政治现实服务，这是最基本的诗学创作与批评之路。因此，诗歌批评中的“雕藻观”“金针观”出现了。《文苑诗格》之“雕藻文字”云：“夫文字须雕藻三两字，文彩不得全真致，恐伤鄙朴。”可见，白居易反对诗学上的形式主义，而主张诗歌创作为现实政治服务。那么，如何拯救诗学雕藻之病呢？《金针诗格》云：“喻其诗病而得针医，其病自除。诗病最多，能知其病，诗格自全也。”[35]即通过“针灸”之法医治诗歌之病。不过，杜甫《戏为六绝句》诗曰：“不薄今人爱古人，清词丽句必为邻。窃攀屈宋宜方驾，恐与齐梁作后尘。”显然，杜甫对“清词丽句”是认可的，这也是唐代“容纳万有”这一美学境界的彰显。

3. “工巧”范式的淡化与唐代诗学批评的高度

工匠制器造物有工拙技巧之分。《说文》曰：“巧，技也。”“工巧”是工匠在行为、技术与心灵层面的智慧变量。工巧是工匠智慧与心手的合一。在“工巧”层面，《文心雕龙》的文学理论叙事借用工匠制器之“巧”十分繁多。譬如“才略”云“巧而不制繁”，“物色”云“巧言切状”“因方以借巧”，“隐秀”云“秀以卓绝为巧”“雕削取巧，虽美非秀”，“序志”云“陆赋巧而碎乱”，“辨骚”云“瑰诡而慧巧”，“明诗”云“不求纤密之巧”，“诠赋”云“奇巧之机要”，“杂文”云“飞靡弄巧”，“谐隐”云“纤巧以弄思”“虽有小巧，用乖远大”，等等。《文心雕龙》对“工”之“巧”的借用叙事越多，说明工匠造物制器之“巧”与文章写作之“巧”的通约性空间越大。

在唐代诗学批评中，“工巧”范式已然开始被淡化，并不像《文心雕龙》之诗学批评那样特别重视“工匠范式”，这无疑反映了唐代诗学“超然象外”与“大巧若拙”的审美追求，并走出了外在化的形式之巧。唐代诗学批评中的“工巧观”淡出文士视野，与开放自由的盛唐国度有一定关系。《唐朝名画录》云：“明皇云：‘李思训数月之功，吴道子一日之迹，皆极其妙也。’”显然，唐人一日之“豪放”与数日之“法度”均在“极妙”处显示了大唐气象的审美精神。同样，《诗式》“诗有二废”云：“虽欲废巧尚直，而思致不得置；虽欲废词尚意，而典丽不得遗。”[36]皎然言废巧之喻，认为废弃工巧后的精致思想就无法安放。抑或说，诗歌创作“巧”之美与“思”之度是统一的。

唐代诗学批评“工巧”范式的淡化，也反映出六朝《文心雕龙》的诗学批评仅仅是在外部的形式诗学的探讨，相反，唐代诗学批评已然进入历史的美学高度与文化哲学的理念。尤其是司空图的《诗品》之意境论，话语体系中已经不再有《文心雕龙》中的工匠话语了，更多的是出现宇宙性范畴与概念，这也体现了中国唐代诗学批评的哲学化、典型化的高度与水平。

三、唐代诗学批评沟通工匠范式的显性与隐性

1. 工匠范式与诗学批评的互动与区隔

唐代诗学自觉运用工匠范式进行诗学创作与批评，与唐代文士与工匠的互

动有密切关联。首先，尽管唐代科举制度迫使“文士”的兴趣朝向五经（明经科）、诗赋（进士科）而脱离了“工匠”的造物实践及其技术思想，但唐代科举制度毕竟“使工匠子弟也能当上总督”[37]。因此，唐代工匠与文士的区隔程度有所缓解。作为“文士”的“工匠”出现了，如阎让、阎立本、武则天、薛怀义、宋之问、姜师度、韦皋、裴延龄、裴度、柳宗元、白居易、王维等。换言之，唐代诗学批评者本身与工匠及其实践的距离并不遥远。其次，汉唐时期儒学昌盛，“文艺大兴，学者蔚起”[38]。同时，唐代工商杂类入仕禁令松弛，学者与文士的关系也较为松散。元和初年考上进士的陈会郎，原为酤酒商；咸通年间的进士常修、顾云，也是商贾之后。德宗、文宗朝均吸纳工匠为将军、长史等官职。这无疑体现出唐代社会文士对工匠的认同与顺应，以至于诗学批评中能自觉吸纳工匠范式。最后，在民间层面，文士与工匠关系本身也是比较松散的。在唐代，民间工匠已经开始用诗文装饰器物，这无疑为民间工匠与诗学批评的互动提供了可能。譬如在今长沙望城铜官镇石渚湖一带的一处民间窑址，出土的瓷器装饰采用彩绘题写诗句的做法[39]。这种出自长沙民间工匠之手的瓷器装饰技法，表明文士与工匠的区隔状态有所缓解，并表现出一定的积极显性互动趋势。

但毋庸置疑，唐代的文士与工匠的区隔是显而易见的，即隐性化互动也同样如此。在唐代，普遍的“虽工亦匠”与“重道轻器”态度迫使工匠隐身于社会较低等级地位，“奇技淫巧”范式也遮蔽了工匠技术文化的发展。因此，在理论著述上，尽管有《梓人传》《五木经》《营缮令》《漆经》《工艺六法》《缉古算经》等工匠知识文本，但都没有独立的体系性。在唐代诗学批评中，《文心雕龙》中之所以没有出现大量的工匠话语，明显看出唐代诗学批评已经从唐以前的“外部评价”向“内部评价”转型与深化，也可看出唐代文士与工匠的隐性互动倾向。

简言之，唐代士人对待工匠的心理是矛盾的。不过，这种矛盾的心理被开放的唐帝国的大国情怀及其文化制度所冲淡，包括工匠文化自身的魅力也迫使文士与其合作。因此，在诗学批评上，唐代诗学与工匠范式之间还是有局部的隐性化双边互动与取舍的偏向的。

2. 工匠范式为诗学批评提供经验理论

在国家政治层面，唐代贞观时期，国家施行“以农为本”“轻徭薄税”“均田制”等政策，这无疑保证了农业生产迅速发展。在工部掌管下，唐代工匠的匠籍控制是非常严格的，不得随意脱籍或逃离。官奴婢（长上工匠）、轮番工匠（番户工匠、杂户工匠和一般工匠）和雇工匠（政府雇用工匠）均被国家工部严格规定了生活空间和造物行为。随着唐中后期门阀士族势力的逐渐衰落、均田制的废弛以及商品经济的发展，商人与工匠的地位也有所提高。同时，唐代实施“纳资代役”[40]，工匠劳役负担有所减轻。在工匠实践层面，唐代发明了曲辕犁，李皋发明了“车轮船”，雕版印刷问世，指南针与火药出现，制瓷工艺（唐三彩、景德镇瓷业出现第二个高峰）、漆器工艺（雕漆、金银平脱）步入辉煌，建筑斗拱与木构体系成熟，用诗文、书法装饰的器物大量出现。可见，唐代无疑是中国工匠文化的鼎盛时期。

唐代诗学批评的知识话语场域是唐代整体文化现实的一个侧影，兴盛与发达的工匠文化为唐代诗学的创作与批评提供了经验思维。在创作层面，唐诗中工匠文化叙事直接投射出唐人的宇宙哲学与审美模式。白居易诗曰：“丹殿子司谏，赤县我徒劳。”这里的“丹殿”之高贵的美学属性是唐代辉煌建筑艺术的审美追求，盛大而威美的“彤楼之美”是唐人“超以象外”的空间意象在诗歌中的一次精彩立体回放。诗人王勃《滕王阁序》曰：“层峦耸翠，上出重霄，飞阁流丹，下临无地。”诗中“飞阁”是架空的髹漆阁道，“流丹”乃是鲜艳欲流的朱漆。从“飞阁流丹”的“象外之象”看，大漆髹饰建筑的美学意境正好为诗歌表现提供了“超以象外”的盛唐气象。在批评层面，唐代诗学批评“规矩”范式的消失俨然是唐代自由精神在诗学中的特写，“工巧”范式的没落反映了唐人“超以象外”的大美追求，“雕藻”与“金针”范式的出现是唐代诗学现实主义批评的一种新工具。抑或说，唐代文士的新高度与新气象已然超越了外在的工匠范式，并在哲学、美学的高度把握诗学理论的宇宙学内涵。

综上所述，唐代诗学批评家借助工匠的道器、匠心、冶炼、雕藻、美绣、金针等核心范式，使工匠范式成为唐代诗学批评的基本工作路径与理论化工具。作为经验化的工匠理论思维，唐代诗学批评的工匠范式是来自工匠实践与诗学理论同构化的产物，这无疑得益于唐代鼎盛的工匠文化基础。工匠范式作为诗学批评的方法论，对于唐代诗学批评及其话语体系的创构具有经验转换与理论发展的言说功能。不过，在分析中也窥见，唐代诗学批评中的“工巧”范式明显有淡化的趋势，这体现了唐代诗学批评话语开始走向理论化与哲学化之路。特别是同魏晋以来的诗学批评相比，唐代诗学批评“规矩”范式的消失、“工巧”范式的淡化、“雕藻”与“金针”范式的出现，这些诗学批评的现象背后，反映出唐代精神、审美追求以及批评价值方式的新气象，也是唐代社会发展与诗学革新运动的产物。

注 释

① 叶燮、沈德潜：《原诗·说诗晬语》，孙之梅、周芳批注，南京：凤凰出版社，2020 年，第 20 页。

②（南宋）蔡梦弼：《杜工部草堂诗话》云："盖其引物连类，掎摭前事，往往如是。"

③ 范水平：《李健吾文学批评的自然主义倾向》，《求索》，2011 年第 6 期，第 201—204 页；王春冰、罗春兰：《论〈文心雕龙〉对文学中自然描写的态度——兼论魏晋南北朝时期的山水文学批评》，《江西社会科学》，2003 年第 11 期，第 127—130 页；刘立杰：《真切自然：〈人间词话〉文学批评的基点与核心》，《黑龙江社会科学》，2001 年第 1 期，第 53—56 页。

④ 吴承学：《生命之喻——论中国古代关于文学艺术人化的批评》，《文学评论》，1994 年第 1 期，第 53—62 页。

⑤ 古风：《"以锦喻文"现象与中国文学审美批评》，《中国社会科学》，2009 年第 1 期，第 161—173 页。另外，吴兢《乐府古题要解》曰："赋雉斑者，但美绣颈锦臆；歌天马者，唯叙骄驰乱蹋。类皆若兹，不可胜载。"陆机《文赋》也曰："虽杼轴于予怀，怵佗人之我先。"李善注曰："杼轴，以织喻也。"

⑥ 闫月珍：《器物之喻与中国文艺批评——以〈文心雕龙〉为中心》，《中国社会科学》，2013 年第 6 期，第 167—185 页。另外，李东阳《麓堂诗话》曰："文章如精金美玉，经百链历万选而后见。"

⑦（清）阮元校刻：《十三经注疏》（《尚书正义》），北京：中华书局，2009 年，第 332 页。

⑧（清）阮元校刻：《十三经注疏》（《周礼注疏》），北京：中华书局，2009 年，第 1958 页。

⑨（清）李渔著，单锦珩点校：《闲情偶寄》，杭州：浙江古籍出版社，2014 年，第 3 页。

⑩（唐）释皎然：《诗式》，长沙：商务印书馆，1940 年，第 4 页。

⑪ 转引自（清）何文焕辑：《历代诗话（上）》，北京：中华书局，2004 年，第 42 页。

⑫ 叶燮、沈德潜：《原诗·说诗晬语》，孙之梅、周芳批注，南京：凤凰出版社，2010 年，第 58 页。

⑬ 王夫之等撰：《清诗话》，北京：中华书局，1963 年，第 22 页。

⑭ 王夫之等撰：《清诗话》，北京：中华书局，1963 年，第 22 页。

⑮（唐）释皎然：《诗式》，长沙：商务印书馆，1940 年，第 2 页。

⑯ 叶燮、沈德潜：《原诗·说诗晬语》，南京：凤凰出版社，2010 年，第 59 页。

⑰ 转引自（清）何文焕辑：《历代诗话（上）》，北京：中华书局，2004 年，第 39 页。

⑱ 转引自上海辞书出版社编：《国学名篇鉴赏辞典》，上海：上海辞书出版社，2009 年，第 806 页。

⑲ 吴文治主编：《宋诗话全编（7）》，南京：江苏古籍出版社，1998 年，第 7517 页。

⑳ 何文焕：《历代诗话（上）》，北京：中华书局，2004 年，第 267 页。

㉑ 转引自张伯伟：《全唐五代诗格汇考》，南京：江苏古籍出版社，2002 年，第 130 页。

㉒ 陆机、钟嵘著，杨明撰：《文赋诗品译注》，上海：上海古籍出版社，1999 年，第 101 页。

㉓ 转引自章玄应著，阮伯林校注：《章玄应集》，北京：线装书局，2011 年，第 223 页。

㉔ 转引自周绍良主编：《全唐文新编第 3 部第 1 册》，长春：吉林文史出版社，2000 年，第 5805 页。

㉕（宋）魏庆之著，王仲闻点校：《诗人玉屑》，北京：中华书局，2007 年，第 13 页。

㉖ 转引自张伯伟：《全唐五代诗格汇考》，南京：江苏古籍出版社，2002 年，第 352 页。

㉗ 陈尚君辑校：《全唐文补编》，北京：中华书局，2005 年，第 438 页。

㉘（唐）释皎然：《诗式》，长沙：商务印书馆，1940 年，第 1 页。

㉙ 转引自吴文治主编：《宋诗话全编（7）》，南京：江苏古籍出版社，1998 年，第 10057 页。

㉚ 转引自张伯伟：《全唐五代诗格汇考》，南京：江苏古籍出版社，2002 年，第 351 页。

㉛ 转引自张伯伟：《全唐五代诗格汇考》，南京：江苏古籍出版社，2002

年，第352—353页。

㉜（清）阮元校刻：《十三经注疏》（《孟子注疏》），北京：中华书局，2009年，第5991页。

㉝（战国）荀况著，梁启雄释：《荀子简释》，北京：中华书局，1983年，第83页。

㉞转引自杜占明主编：《中国古训辞典》，北京：北京燕山出版社，1992年，第633页。

㉟转引自张伯伟：《全唐五代诗格汇考》，南京：江苏古籍出版社，2002年，第351页。

㊱（唐）释皎然：《诗式》，长沙：商务印书馆，1940年，第2页。

㊲转引自杨成鉴、金涛声：《中国考试学》，北京：书目文献出版社，1995年，第386页。

㊳潘天寿：《中国绘画史》，北京：商务印书馆，2019年，第21页。

㊴王元军：《唐代书法与文化》，北京：中国大百科全书出版社，2009年，第177页。

㊵曹焕旭：《中国古代的工匠》，北京：商务印书馆国际有限公司，1996年，第72页。

第十六章

-

匠作之喻：中国诗学批评的工作方式

在中国诗学批评史上，匠作之喻已然成为中国诗学批评的普遍经验。从工匠范式向诗学批评的理论跨越，匠作之喻创生了镜像、参照、模范、介导等工作模式，将工匠范式转换为普遍的诗学批评理论。工匠范式在诗学批评中既能承担发现理论与经验转换的概念角色，又能形成彼此沟通与譬喻的阐释机制。匠作之喻不仅能对诗学批评的理论范式作出自我筛选，还具有分解与切换诗学批评话语的书写方式，彰显出中国诗学批评话语体系的本土化与生活化特色，或成为古代诗学批评的基本工作路径。澄明此论，有益于当代中国特色文学批评话语体系和理论体系的建构。

根据上文可知，中国诗学批评史除了“自然之喻”“生命之喻”之外，还有“锦绣之喻”“器物之喻”，后两种“设喻”均与工匠范式[①]有关。严格地说，在中国传统诗学批评史上，“器物之喻”或“锦绣之喻”等“物的譬喻”不足以概括中国诗学批评的譬喻路径，还要特别注意“工匠的譬喻”“生产的譬喻”和“技术的譬喻”以及“精神的譬喻”。对此，需要提出一个新的概念——匠作。

何谓“匠作”？这是一个中华考工学[②]的原生性概念。在中华工匠史上，“匠作”概念出现较晚，但“将作监”始设于战国，其后被沿袭。至元代设有“匠作院”，明代“将作大匠”由工匠充任，“将作”也称“匠作”。近代“匠作”逐渐有“工程”“做法”之义。就“匠作”内涵而言，“匠作”概念指向工匠的作坊、造作和作品的全部意义内涵。因此，“匠作”包含两大核心理论体系——“匠系”（工匠体系）和“作系”（造作体系）：前者指向工匠群体，后者指向匠制、工种（如木作、瓦作等）、做法及其技艺成果。譬如《考工记》载“百工造作”30类工种，《营造法式》载“匠作行当”10余种。“作”后引申为工艺和技术，两者结合起来就是指工匠技艺及其做法，如《内廷工程做法》等。可见，“匠作”是一个包含“匠”“作”两大核心理论体系的相互联系的有机整体概念，包含了工匠、器物、手作、技术、精神等一切工匠领域的知识范式。

实际上，中国诗学批评的工作路径就是基于“匠作之喻”的。或者说，中国诗学批评有一条固有的工作理路，即偏向于借助“匠作之喻”作为诗学批评的有效路径。在方法论上，“匠作之喻”可集主体（工匠）、自然（模仿）、人化（生命或精神）、器物（隐喻）于一体而成为中国诗学批评理论的筛选者、发现者与沟通者，或成为中国诗学批评的基本譬喻路径。在理论层面，“匠作范式”即表现为一种“匠作观”的表达概念及其话语理论。中国古代士人的“匠作观”是多元的，并展现出丰富的理论触角及其立场：以“君子不器”观为代表的儒家，主张工匠行为需基于伦理与国家立场；以“大巧若拙”观为代表的道家，反对工匠的淫巧多技；以“规矩绳墨”观为代表的法家，将工匠之法延伸至社会之法；等等。上述先秦士人的工匠观显示，工匠的信念、行为与规范可被引入社会“他域”，并成为社会治理之喻，也在先秦诗学中表现出比较活跃的态势。《诗经》中的器物叙事即为有力的证据。另外，《论语》《道德经》《庄子》等无不以匠作之事设喻铺陈。

笔者拟以匠作之事与中国诗学批评之关联为切入口，分别以《文心雕龙》《闲情偶寄》《原诗》等文献为中心，以匠作之喻为主旨，较详细地分析中国诗学批评与工匠话语在百工、匠心、建造、营构、巧饰、绳墨等范式上的同构原理与叙事机制，进而辨明匠作之喻是中国诗学批评的工作原理，并进一步阐释匠作之喻在中国诗学批评理论体系中的功能、特色及意义。

一、中国诗学批评：从匠作之事到匠作之喻

从狭义概念看，古代工匠，即手工艺人[③]或匠作者。但从广义上说，“工”的范畴较为广泛。譬如《尚书》云：“工执艺事以谏。”[④]显然，“乐工”有进谏与批评的职能。就工匠“执艺事”而言，“工匠”与“圣创”之间有着某种关联。《考工记》云：“百工之事，皆圣人之作也。”[⑤]抑或说，匠作与诗学批评在创造维度上是有共同地带的。因此，匠作之事或能被中国诗学批评所援引。

据统计，《周礼》言“工”者约 48 处，其中《考工记》约 29 处。《考工记》是中国古代第一部工匠文化文献，它记载了东周时代百工有六大序列、30 类工种，以至于形成庞大的“百工体系”或“造作体系”[⑥]。百工造物不仅为人类生活提供所需器具，还为他者提供丰富的工匠经验理论，更为诗学批评提供了可靠的理论范式。在中国诗学批评史上，百工匠作范式已然成为中国诗学批评的一种譬喻系统要素。刘大櫆《论文偶记》曰：“故文人者，大匠也。”在此，作者将文人喻为大匠（木匠）。刘勰之《文心雕龙》比喻作文如工匠之“雕龙”，李渔《闲情偶寄》开篇《序》曰：“文章

者，造物之工师。”[⑦] 显然，刘勰与李渔视文章为工匠之造物，视文章者为造物之工师或工匠。《闲情偶寄》近乎是工匠文化的经验世界，李渔的百工思想为其戏剧理论书写提供了生活化的经验基础与理论范式。《闲情偶寄》借“工”设喻处甚多，譬如陶、夔、师旷、轮扁、陶钧、梓人、天工、奏工、百工、工师、女工、木工、漆工等。清代叶燮《原诗》中有“工”约44处、“匠”约10处，如《原诗》云“诗文宗匠”“专门师匠”“宗工宿匠”“工师大匠”等。毋庸置疑，“匠作之喻”或已成为中国传统诗学批评普遍的经验。

从《周礼》到《原诗》可以看出，制器之百工与诗文之宗匠在经验话语范式上可被互相转用。在中国诗学批评史上，《诗经》开创了匠作叙事之先，《文心雕龙》实现了工匠范式与诗学批评的首次深度融合，或为后世诗学批评提供绝佳的理论模型与范式引领。《闲情偶寄》开创了工匠范式介入戏曲理论批评的典范，而《原诗》继承与发展了《文心雕龙》诗学批评匠作之喻的传统。显然，在工匠范式的分析单元上，中国诗学批评选择了匠作之事的话语范式和理论体系。抑或说，在多元的中国诗学批评理论体系中，匠作之喻筛选出工匠范式作为镜像对象与工作路径，进而显现出中国诗学批评的话语体系与理论特色。

中国诗学批评在工匠范式的选择、生成和转换上已然显示出一种本土化的理论成熟，或已形成了在譬喻路径、批评方式和话语形态上匠作之喻的批评系统。

1. 匠心之喻和匠气之喻

“独具匠心”一词被指向文艺创造独特而精巧的构思，它显然是基于对宗匠巧思的认可立场而言的。在创作心理层面，匠心范式与诗学批评之间具有彼此对话的交易空间。张祜在《题王右丞山水障二首》中曰：“精华在笔端，咫尺匠心难。”此意在说明文学创作的构思之“匠心”不可言与不易得。王士源《〈孟浩然集〉序》云：“文不按古，匠心独妙。”这说明，文学创作构思之巧与工匠创构之妙之间具有天然的通约性与同构性。显然，“匠心”被广泛应用到诗学批评话语体系中。再如叶燮多用大匠之匠心喻文，阐释其诗学批评理论。《原诗》曰：“得工师大匠指挥之，材乃不枉。”[⑧] 可见，“匠心”在诗歌创作中起到的决定性作用，也可看出叶燮对诗歌创作材料与匠心的双向推崇。

在行为批判立场上，工匠之“雕”或“镂”与文章之“写”具有同构性。西汉文学家扬雄视写赋为“雕虫篆刻”小技。《诗品》评曰：“孝武诗，雕文织采。”这就是说，文章之“写”与工匠之“雕”在行为上是可通约的。王夫之《姜斋诗话》云：“征故实，写色泽，广比譬，虽极镂绘之工，皆匠气也。”[⑨] 在此，“匠气”被贬为文章缺少灵气。显然，王夫之反对诗文过于追求辞藻堆砌或精雕细刻而失去诗文内容的灵动。另外，士人书家也视“匠气”为书法笔墨的俗病，并反对书法工匠式的刻意做作及其纯粹技术性传达。抑或说，过于技术性的形式化表现的“匠气”之作是被“文气”者所不能接纳的。

简言之，中国诗学批评的匠心、匠气等话语范式分别是基于工匠的心思与审美感受的视点为切入口，将其在工匠经验层面的语义功能转换为诗学批评的话语理论，进而在工匠范式与诗学批评的沟通中，实现与加强了工匠话语的言说能力及其传统诗学批评的话语理论深度。

2. 造器之喻

造器，或治器，或制器，或作器也。“器”与“文”具有天然的统一性，器之隐喻也是中国诗学批评的基本工作路径。皎然《诗式》云：“夫文章，天下之公器。”可见，“器”与“文”在“天下”视野中是一致的。在《文心雕龙》中，刘勰在工匠范式介导下娴熟地运用器物之喻，实施他的诗学批评。诸如“观千剑而后识器”“君子藏器”“雕而不器”“盖贵器用而兼文采”“相如涤器而被绣”“器写人声”“形器易写”“匠之制器”“以斯成器”“雕玉以作器”“铭实器表”“观器必也正名”“器分有限”等工匠范式，在其作品中频繁出现。可见，《文心雕龙》的工匠范式隐喻已然超越了工匠经验文化表层，而被纳入传统诗学批评理论中。

在治器层面，“精益求精”是工匠治器的行为规范与价值标准，也就是工匠精神所体现出来的如切如磋的治器理念。《原诗》云：“此如治器然，切磋琢磨，屡治而益精。”[⑩] 这里的“切磋琢磨”，原本为工匠加工兽骨、象牙、玉、石的四大治器方法，叶燮用“治器”来言说诗歌创作之“切磋琢磨”，形象地暗示了文章屡治而益精的批评立场。

在体制层面，体制或体格是造物规则型范与形式风格的范式，而在文章中则指向体裁与格调。嵇康《琴赋》序曰：“其体制风流，莫不相袭。”何谓“体制”？《文心雕龙·附会》云：“夫才量学文，宜正体制，必以情志为神明，事义为骨髓，辞采为肌肤，宫商为声气。”[11]可见，诗文的“体制”在于情志、事义、辞采、宫商等方面的规格与风范。《原诗》云：“言乎体格：譬之于造器，体是其制，格是其形也……而器之体格，方有所托以见也。”[12]在此，叶燮言文之“体格”如造器，必须做到“肖形合制”，才能达到体格至美。同时，文之体格如同器之体格，需依托于美材。

▲ 图 1　故宫博物院藏宋代定窑孩儿枕

另外，在器用层面，“器以致用”是工匠制器的基本行为目标。同样，“文以载道”是中国古代诗学的核心价值理想。换言之，“器”和“文”在价值功用层面是同构的。曹丕指出，文章乃“经国之大业，不朽之盛事”。此外，诸如“问鼎中原”等词语暗示了器用价值。

概而言之，《文心雕龙》《闲情偶寄》《原诗》的诗学批评理论叙述善于运用工匠的治器、体制与器用，为中国传统诗学理论批评提供了理论素材，有效融合了工匠范式与诗学理论批评的彼此通约与转换，也见证了中国诗学批评中匠作之喻的言说能力。

3. 营构之喻

建筑营构注重布局之章法、空间之结构及其内部之陈设，而文章之布局营构也关涉章法、结构及其内容。因此，营构之喻多用于中国传统诗学批评。

在形制与陈设层面，建筑营构注重形制及其内部的陈设。但文章者，亦营构也。叶燮《原诗》云：“六朝诗始有窗棂楹槛、屏蔽开阖。”[13] 显然，在叶燮看来，诗歌创作如同建筑营构，不仅有规模形制之样，还要有陈设玩好之态。

在结构层面，结构的统一与完整是建筑营构的核心。李诫在《营造法式》中反复强调建筑结构的统一性（“卷杀”），这与文学之形制也是同构的。《闲情偶寄》云：“至于结构二字，则在引商刻羽之先，拈韵抽毫之始。如造物之赋形……使点血而具五官百骸之势。”[14] 在此，李渔运用建筑学的“结构理论”阐明了“填词首重音律，而予独先结构者”的基本立场，因为在李渔看来，“以音律有书可考，其理彰明较著”。在整体性（“局”）上，填词结构如同“造物之赋形”或“工师之建宅”，只有这样才能“成局”。工师与文人填词一样，只有“成局了然”，才能“挥斤运斧”，否则就有“断续之痕，而血气为之中阻”。借此，李渔坚持认为：“故作传奇者，不宜卒急拈毫。”显见，工巧华丽的清代建筑营构法对李渔的戏剧理论创作产生了重大影响。

在整体层面，中国古代工匠“法天象地”的制器方法赋予了工匠思维的完整性特点，而中国诗学批评常以工匠之艺及其整体思维来作设喻。《闲情偶寄》“词曲部·结构”云：“编戏有如缝衣……剪碎易，凑成难，凑成之工，全在针线紧密。”[15] 在此，李渔视编戏之“结构”为缝衣之“密针线”，巧妙地协同了戏之“编”与衣之“缝”的同构性，进而阐明了词曲结构的整体性与呼应性。

简言之，工匠的形制、陈设、结构、整体等匠作之喻具有强大的诗学理论批评的言说能力，它有效地实现了工匠范式向诗学理论批评的转换与切入。抑或说，匠作之喻具有诗学批评的话语能力与阐释功能。

4. 绳墨之喻和规矩之喻

绳、墨、规、矩是工匠的基本工具。大匠与文人在“绳墨”和“规矩”

性上是相互借用的，即文人通常用绳墨规矩来设喻。所谓“规矩”，“规范”也。《孟子》云：“大匠诲人，必以规矩。”就“规矩”而论，工匠造物与文学创作均要遵循一定的规矩、典范与绳墨。《文心雕龙》的文学叙事中有“规矩”两处、“定墨”一处、“镕铸”一处、“镕钧”一处、“陶钧”一处、“陶铸”一处。《荀子》曰：“设规矩，陈绳墨，便备用，君子不如工人。”言下之意是：工匠在设规矩与陈绳墨上是具有严格规定的，并具有君子所不能具备的本领。

工匠的规矩是匠作的模范，诸如“法脉”“准绳”“格局”“绳墨”等均是匠作之模范，这种采用工匠工具或模范的话语范式作为叙事或镜像的批评方法在《文心雕龙》中也有使用。诸如“事类”云“斧斤”，“神思”云“陶钧”“定墨”“运斤”，“镕裁”云“镕裁”“矫揉”“剪截”“绳墨”“斧斤”，等等。毋庸置疑，刘勰谙熟工匠的经验文化，并通过这些经验文化熟练地转移到诗学理论批评之中。再如《闲情偶寄》云“法脉准绳”，其“词曲部·音律”云“词家绳墨”，其“词曲部·科诨”云“绳墨”，等等。李渔与刘勰看到了“工”的“物理模范”（以“织综”自然为范）与“文”的“理论模范”（以“六经”经典为范）之间的趋同性，进而在规矩模范的交叉地带获得了理论批评的生长点，因为工匠与诗学之“规矩”是各自在文化或理论上所遵循的法度与规范，它们之间具有通约性。

另外，材质的甄别、筛选、构型和铸范是工匠制器的重要环节。白居易云：“匠人执斤墨，采度将有期。”正是基于规范或采度的视点，工匠范式与诗学批评找到了合作的空间，诸如《文心雕龙》云“辐毂”“镕钧”“制式”“文成规矩”“规矩虚位”“规范本体谓之镕”，等等。可见，“工”之“规范”在“文”之题材、语言与结构中起到了限定性作用。

辐毂、镕钧、规矩、制式等均是工匠制器造物所参照的法度，这同写文章所依据的规矩与范型是一样的。《文心雕龙·事类》曰：“夫山木为良匠所度，经书为文士所择。”[16]这里的“良匠所度”与“文士所择”道出了工与文构图遵守的规范与法则。不过，《原诗》云：“鲍照、庾信之诗，杜甫以‘清新、俊逸’归之，似能出乎类者；究之拘方以内，画于习气，而不能变通。”[17]显然，叶燮对“拘方以内”观持批评立场。

简言之，中国诗学批评借助匠作的绳墨规矩来表达诗学理论上的绳墨规矩，抑或说，绳墨之喻和规矩之喻是中国诗学批评的常用工作方法。

5. 技术之喻

工匠制器造物有工拙之分。“材美工巧”是《考工记》所言的造物制器观，“大巧若拙”是老子所推崇的工匠哲学思想。尽管文人书家均鄙视文章书法纯粹技术性表达的“匠气”，而推崇“文气”，但“技术”是创作无法回避的。《文心雕龙》涉猎工匠技术用喻随处可见。据统计，《文心雕龙》中有“矫揉”一处、“雕琢”三处、“刻镂”两处、“镕铸”一处、“陶染”一处、“杼轴”两处、“斧藻”一处[18]。概而言之，这些专业的工匠技术语汇涉及木工技术、金工技术、陶工技术、纺织技术、染织技术、色工技术、镂工技术等话语范式。

在方法层面，“错彩镂金”常被形容诗文的辞采华美。《诗品》转引汤惠休曰：“谢诗如芙蓉出水，颜如错彩镂金。”《文心雕龙》中出现了雕、镂、陶、染、矫、揉、裁、镕和铸等大量的行为技术范式，诸如“原道”云“金镂”“丹文”“镕钧”“雕琢”，“神思”云“刻镂”，“体性”云“斫梓”“染丝”“雕琢”，“定势”云“色糅”，“征圣”云“陶铸”，“宗经”云“铸铜、煮盐”，“明诗”云“雕采”，“诠赋”云“画绘、雕画、铺采”，“铭箴”云“铸鼎、镂器”，“情采”云“织网、缛采”，“正纬”云“织综”，等等。它们均在不同工种层面体现了工匠技术系统中的关键工种及其技术话语范式。工匠之“技”与文学之“技”被刘勰完美地融合到《文心雕龙》的诗学批评中，实现了工匠经验技术与文学理论技术的深度融合。

在技术层面，《文心雕龙》显示出刘勰所掌握的工匠经验知识极其丰富。譬如《文心雕龙》多处用“漆”设喻，为崇尚孔子之文，作者用“尝梦执丹漆之礼器”，即“丹漆随梦”设喻，用“玄言”而曰“赋乃漆园之义疏”，推崇文之“用韵比偶”而用“漆书刀削之劳”作比，反对“谲辞饰说”而用“优旃之讽漆城”作比，谈及“文质论”而用“色资丹漆”设喻，等等。由此观之，刘勰对中华漆工话语范式是娴熟的，并恰到好处地应用到文学叙事与理论铺陈过程中，成功地实现了“工”与“士”的“理论交易”，双方在协同中获得了各自理论发展的需求。

从“工”的技术分工看，《闲情偶寄》大量使用了绣工、刻工、染工、剪工、缝工、漆工、酿工等话语范式，以此来阐释其戏曲理论。诸如“词曲部·音律”篇云“刺绣”，“词曲部·词采”篇云“刺绣”，“词曲部·宾白”篇云“剪裁”，“词曲部·宾白”篇云“染衣”，“词曲部·结构”篇云“缝衣”，“词曲部·科诨”篇云“酿酒”，“演习部·选剧”篇云“沉香刻木”，“居室部·墙壁”篇云“油漆”，“居室部·联匾”篇云“刻竹、染翰、剪桐”，等等。李渔娴熟地运用工匠的技术话语范式阐明了戏剧的技术之理，即以“工”譬喻戏曲之文。“词曲部·词采”篇云：“当如画士之传真，闺女之刺绣。”可见，“刺绣”与“词采”之“工”是同构的。李渔在《闲情偶寄》中多有缝衣、刺绣之工匠文化喻文，这与清代刺绣工艺的流行与兴盛是密切相关的。抑或说，御用刺绣或民间刺绣对李渔的戏剧理论创作是有影响的。

《文心雕龙》《闲情偶寄》《原诗》巧妙地沟通了工匠造物话语范式与戏剧创作之间的互动与对话，进而达到了造物之“技”与戏曲之“理”的暗合与通约。《闲情偶寄》的工匠范式正是基于物象与物理之间的契约关联，在工匠之道与戏剧之理中找到了叙事的交易地带，进而阐明了戏剧之理。

6. 巧拙之喻

“工巧”是工匠在行为、技术与心灵层面的智慧变量。工巧是工匠智慧的结晶、经验的积累与心手的合一。

在工巧层面，《文心雕龙》的文学理论叙事借用工匠制器之“巧”十分多见。诸如“才略”篇云“巧而不制繁”，“物色”篇云“巧言切状”“因方以借巧”，“隐秀”篇云“秀以卓绝为巧”“雕削取巧，虽美非秀”，“序志”篇云“陆赋巧而碎乱”，“辨骚”篇云“瑰诡而慧巧”，“明诗”篇云“不求纤密之巧”，“诠赋”篇云“奇巧之机要”，“杂文”篇云“飞靡弄巧”，“谐隐”篇云“纤巧以弄思”“虽有小巧，用乖远大”，等等。《文心雕龙》对“工”之“巧”的借用叙事越多，说明工匠造物制器之“巧”与文章写作之“巧”的通约性空间越大。

《闲情偶寄》中大量使用了“工巧”喻文，如生巧、奇巧、至巧、天巧、智巧、纤巧等话语范式。诸如“词曲部·词采”篇云“专则生巧”，“词曲部·音律”篇云“虽巧而不厌其巧”，“词曲部·科诨”篇云“工师之奇巧”，“声容部·修容”篇云“人心至巧”，“居室部·山石”篇云“智巧、造物之巧”，“器玩部·制度”篇云“工则细巧绝伦”，“器玩部·制度”篇云“人心之巧、诚巧”，“词曲部·宾白”篇云“纤巧”，等等。从根本上看，李渔主张戏曲创作要秉承工匠之自然、智巧与诚巧。“词曲部·音律”篇曰：“曲谱无新，曲牌名有新……凡此皆系有伦有脊之言，虽巧而不厌其巧。”[19] 在此，李渔提出了“曲牌熔铸理论”，即认为曲牌熔铸需串离使合、文理贯通、有伦有脊，虽巧而不厌其巧。抑或说，李渔将工匠熔铸之巧与曲牌熔铸之理做了类比，并阐明了其曲牌的理论。

当然，文章之工巧也常常遭到批评家的讥讽与反对。《人间词话》云：“唯言情体物，穷极工巧，故不失为第一流之作者。”[20] 显然，王国维反对诗歌创作没有创意的“穷极工巧”。《姜斋诗话》也曰：“兴在有意无意之间，比亦不容雕刻。”[21] 可见，诗歌雕刻之巧以创意与情景为基，因为在王夫之看来，“广比譬，虽极镂绘之工，皆匠气也”[22]。这就是说，诗文之工拙是鄙视匠气的。《原诗》云：“六朝之诗，工居十六七，拙居十三四；工处见长，拙处见短。”[23] 在此，叶燮用“工拙观”阐释汉魏诗、六朝之诗、唐诗与宋诗的区别，显然，旨在推崇宋诗之“在工拙之外”。另外，“巧拙”话语范式也是诗词分野的批评标准，因为诗文的巧拙话语范式关乎文体及其话语风格。

从《文心雕龙》到《原诗》可以看出，工匠之“巧拙”与文章之“巧拙”在理路上是贯通的，刘勰主张“巧言切状”，李渔主张“巧而不厌其巧”，叶燮推崇“诗在工拙之外”。显然，他们对“工巧”是持客观态度的，并非一味反对文章用巧。

二、匠作之喻的诗学批评模式、功能及意义

在中国诗学批评史上，由于中国诗学批评与工匠范式在百工、匠心、建造、营构、巧饰、绳墨等分析范式上具有相似性同构原理，进而使得工匠范式成为理解诗学批评理论的概念工具。工匠范式与中国诗学批评之间主要呈现为镜像、参照、模范、介导等工作模式。匠作之喻的功能不仅在于对理论批评的筛选权与工作意义，还在于它具有分解功能与切入功能。匠作之喻在诗学批评中既承担了经验转换与发现理论的角色意义，又具有沟通能力与言

说能力。

1. 批评模式

工匠范式与诗学批评之间的转换操作方式是中国诗学批评的一种有效路径，也是中国诗学批评的基本经验模式。这种工匠范式与诗学批评的转换模式，主要呈现为镜像、参照、模范、介导等隐喻模式。“隐喻是平常事物的一种迁移或移植。”[24] 换言之，诗学批评家就是通过移植工匠范式，来获取诗学批评的理论认同与阐释模式的。

一是镜像模式。镜像，即观镜而取其像。它是人类早期认识世界和自我的一种直观方式，即在他者镜像中认识复杂的宇宙。法国精神分析学家雅克·拉康（Jacques Lacan，1901—1981年）研究认为，从镜像阶段开始，（人类）婴儿通过镜子认识到“他人是谁”，才能够意识到“自己是谁”。工匠范式是诗学批评家思想出场的一个镜像对象，从这面镜子中能透视出诗学批评理论。这里所谓的“镜像对象”，指的是诗学批评家思想上镜像工匠范式的诸多技术标准、手作思想与精神理念，并提供知识镜像框架的目标对象。所谓“知识镜像”，即诗学批评家将工匠范式镜像为自我主体的文学理论心象，进而在反转与互动中建构新的诗学理论新知。皎然《诗式》之“用事”云：“今且于六义之中，略论比兴：取象曰比，取义曰兴，义即象下之意。”[25] 可见，“取象曰比”是诗歌创作的基本经验。譬如刘勰采用“象其物宜”“匠之制器”“法天象地”“写物图貌”“雕而不器”“君子藏器”等工匠造物制器话语范式，实质就是刘勰对工匠知识镜像后生成的文学理论的“象其物宜”“匠之制器”“法天象地”“写物图貌”“雕而不器”“君子藏器”，这些诗学批评话语，“浸注着浓厚的诗性意味和人文意识”[26]。在拉康看来，镜像是对客体反复认同的结果。换言之，《文心雕龙》是刘勰对工匠经验话语范式反复认同，并反转为文学知识系统文本的产物。譬如“诠赋”篇曰：“象其物宜，则理贵侧附。斯又小制之区畛，奇巧之机要也。”[27] 实际上，“制器尚象”是古人造物的模拟性镜像思想，此处的“象其物宜”就是在模拟工匠造物的镜像思维中生成的。古代工匠的“法天象地”是造物制器的主要技术参照变量。刘勰就认为，文章的“写物图貌，蔚似雕画”，如同工匠之“法天象地”。

《闲情偶寄》的镜像物是很多的，取象喻物、比类求理、镜像设比的话语方式，已然成为中国诗学理论批评的基本工作经验。诸如“序”篇云“造物、炉锤、橐籥”，“词曲部·结构”篇云“造物”，“词曲部·结构”篇云“楼阁”，“词曲部·结构”篇云“建宅”，“词曲部·宾白”篇云“栋梁、榱桷”，“居室部·房舍”篇云“兴造、园圃、安廊置阁、置造园亭”，“序”篇云“吹箫、挝鼓、弹琴、弄笛”，“居室部·联匾”篇云“竹器、几榻、笥奁杯箸”，“居室部·山石”篇云“瓦器”，“词曲部·结一”篇云“公器”，“词曲部·结构”篇云“散金碎玉、珠”，“演习部·变调”篇云“古董”，“演习部·脱套”篇云“名器”，“演习部·脱套”篇云“盔甲、锦缎”，“声容部·治服”篇云“珠翠、宝玉”，“声容部·选姿”篇云“水晶云母、玉殿琼楼”。《原诗》曰：“李白天才自然，出类拔萃……如弓之括力至引满，自可无坚不摧：此在彀率之外者也。”[28]叶燮以弓彀镜像出“弓之括力至引满”之喻，进而阐释诗歌自然之气。显然，制器造物与中国诗学理论创作批评在“工”之“理”上是同构的。

《文心雕龙》是魏晋士人镜像工匠范式的文学理论化呈现，工匠范式成为诗学理论镜像思想的知识原型，并富有典型的中国诗学理论特色。

二是参照模式。参照，也或模仿，是镜像思维的进一步发展的产物。它指的是学者在心理上所从属的、认同的，为其树立和维持诸多标准规范的，并提供比较价值框架的目标。《诗式》云：“作者措意，虽有声律，不妨作用，如壶公瓢中，自有天地日月。时时抛针掷线，似断而复续，此为诗中之仙。”[29]皎然参照壶瓢、抛针掷线来譬喻诗歌措意之妙。譬如工匠经验的话语范式就是刘勰文学行动与思想出场的重要参照。诸如《文心雕龙·镕裁》云“规范本体谓之熔，剪截浮词谓之裁”，“物色”篇云“故巧言切状，如印之印泥”，“知音”篇云“操千曲而后晓声，观千剑而后识器”，“时序”篇云“买臣负薪而衣锦，相如涤器而被绣”，“铭箴”篇云“观器必也正名，审用贵乎慎德”，等等。这些“规范本体”“如印之印泥”“观千剑而后识器”“相如涤器而被绣”“观器必也正名”等工匠经验的话语范式，均是刘勰诗学理论建构的参照性思想表达对象。再如《闲情偶寄》云：“实者，就事敷陈，不假造作，有根有据之谓也；虚者，空中楼阁，随意构成，无影无形之谓也。”[30]在此，李渔用工匠范式之“虚实”对照理解词曲结构之虚实。诸如“词曲部·结构”篇云：“编戏有如缝衣……一节偶疏，全篇之破绽出矣。”[31]这里，李渔拿缝衣之理“对照”阐释“编戏”之道。唐代司空图《二十四品》云“超以象外，得其环中”（雄浑）、“玉壶买春，赏雨茅屋”（典雅）、“如矿出金，如铅出银”（洗练）、“金尊酒满，伴客弹琴”（绮丽）、“道不自器，与之圆方”（委曲），这些工匠经验的话语范式为司空图的诗学理论表达提供了群体性文化参照。

当然，参照对象既有正面推崇，也有反面批判。《原诗》云：“以为楼台，将必有所托基焉……我谓作诗者，亦必先有诗之基焉。”叶燮用“宅之基”对照“诗之基”，用正面参照来阐释诗以“胸襟以为基”的重要性。

三是模范模式。模范，即模本之范型。《文心雕龙》出现的“规矩”“定墨”“镕铸”“镕钧”“陶钧”“陶铸”等，均是工匠技术的模范。工匠范式中的模范被用到诗学、哲学叙事上较早的，当属法家。法家充分利用“法”的框架来构型他们的理想社会，活跃于战国时代的“模”“范”“型”“规”“矩”“绳”等工匠造物的工具及其方法论，很容易让想象力丰富的法家联想到“法”的内在逻辑及其社会治理力量。因此，工匠的技术模范被法家应用到哲学与社会学领域。在社会互动理论看来，个体间的互动来自他们之间的相互吸引。诸如“总术”篇云，“备总情变，譬三十之辐，共成一毂”；“原道”篇云，“镕钧六经，必金声而玉振”；“宗经”篇云，“若禀经以制式，酌雅以富言”；“正纬”篇云，“盖纬之成经，其犹织综”。可见，刘勰之“士”与“工”之间的个体理论互动是基于相互规范或吸引的社会价值理念，这种吸引来自“工”的“物理模范”（以“织综”自然为范）与“士”的“理论模范”（以“六经”经典为范）之间的趋同性，进而在模范的交易地带获取文学理论的生长点，因为工匠与文学之“规矩”是各自在文化或理论上所遵循的法度与规范。

四是介导模式。所谓“介导”，原指利用某种物质作为媒介，将供体传导给受体，从而使得受体的内在基因型及其表现型发生变化。对于《闲情偶寄》而言，作为供体之“工”，已然将自身的文化理论转移至戏剧理论的受体。《闲情偶寄》的“器玩部”与“居室部”的工匠范式，显示出李渔直接介入设计领域。诸如“器玩部”篇云“几案、椅杌、暖椅式、床帐、橱柜、箱笼、箧笥、古董、炉瓶、屏轴、茶具、酒具、碗碟、灯烛、笺简”，“居室部”篇云“制体宜坚、纵横格、欹斜格（系栏）、屈曲体（系栏）、取景在借、湖舫式、便面窗花卉式”，“居室部”篇云“界墙、女墙、厅壁、书房壁”，“居室部”篇云“蕉叶联、此君联、碑文额、手卷额、册页匾、虚白匾、石光匾、秋叶匾”，“居室部”篇云“大山、小山、石壁、石洞、零星小石”，等等。可见，工匠之道与戏剧之理之间的“传导”是明显的。

简言之，诗学从百工体系、技术体系、造物体系、精神体系等工匠范式层面切入，将其转换与迁移为诗学理论，匠作之喻成为中国诗学批评的基本工作经验。显然，这与士人“以物观象”或“以形写神”的审美志趣有一定关联，同时，也昭示着中国古典诗学理论创构的话语特色与理论经验。

2. 匠作之喻的批评功能及意义

匠作之喻作为批评方法，对于特定的中国诗学批评及其理论体系建构具有方法论功能和意义。

首先，筛选功能与工作方式。把工匠范式运用到诗学批评的意义在于：可收获所研究的文学理论中的核心要义以及在整部作品中凸显的文化意义。这无疑暗示着匠作之喻的作用不仅在于它对作品的“选择权”，还在于它进入批评视野的“工作方式”的意义。抑或说，将匠作之喻作为概括和抽象诗学批评的譬喻路径与方式，也就意味着以匠作之喻作为诗学批评的一个筛选功能，在多元的诗学理论事实中，筛选出与工匠范式具有潜在同构性的经验和思想。

其次，分解功能与切入功能。把工匠范式运用到诗学批评的意义在于：把工匠范式分解成若干系统、部分与要素，并作为概念原则或经验理论切入所要分析的文学理论中，进而构成诗学批评的宏大隐喻系统与复杂的理论结构。这就是说，匠作之喻在诗学批评中具有“分解功能”与“切换功能”。相反地，如果工匠范式被分解成百工体系、技术体系、造物体系、精神体系等工匠文化层，并以此分别切换为文学创作的主体体系、技术体系、写作体系、精神体系等文学层，那么，在诗学批评理论系统的呈现背后，工匠范式作为工匠文化系统也就豁然呈现出来了。

再次，“经验转换”与“发现理论”。把工匠范式运用到诗学批评的意义在于：把工匠经验转换为诗学批评的操作经验，并在诗学批评的同构中发现潜在的文学理论。这就是说，匠作之喻在诗学批评中承担了“经验转换”与“发现理论”的角色意义。在转换层面，匠作之喻并不是直接批评的经验材料，相反，它是理解文学理论思想的直接表现中必不可少的概念的工作方法；在发现层面，工匠范式本身也没有直接的批评发现的经验能力，而是依赖理解文学理论的间接表现中的镜像、参照、模范、介导等系列思维方法。

最后，“沟通能力”与“言说能力”。把工匠范式运用到诗学批评的意义在于：打通了工匠文化与文学理论之间的偏见与鸿沟，进而使彼此的经验可相互通约、借鉴与延伸。这就是说，匠作之喻在诗学批评中具有“沟通能力”与“言说能力”。在沟通层面，匠作之喻视野下的建筑结构、刺绣针法、器物修饰、音乐韵律、书法章法、铸造模范等，与文学理论的结构、笔法、修饰、韵律、章法、模范等是同构的，并能保持彼此的沟通与对话状态；在言说层面，匠作之喻在诗学批评中已经超越了自身而具有强大的叙事能力与言说智慧。

三、几点启示

在工匠范式的考察中，笔者认为，“匠作之喻”已然成为中国诗学批评的工作路径与分析工具。由于中国诗学批评与工匠范式之间的同构性，匠作之喻作为方法，对于特定的中国诗学批评及其话语体系具有方法论意义，并体现出中国诗学批评话语体系的本土化与生活化特色。这对于当代文学创作与理论批评的发展都有一定的借鉴意义，它至少有以下几点启示。

一是现实的生活化经验及其理论是文学创作和批评的基础和本源。当代文学创作与批评的“生活气息”应该从最为底层的现实世界中汲取，一切脱离现实生活土壤的文学之树是无法生存的，任何诗学批评脱离主体性、地方性、民族性的话语体系都是很难被人们接受的。文学创作与批评理论的力量在于正确回应现实，回答现实问题，回答人民问题，因此文学批评必须从现实生活中来，到现实生活中去，只有这样才能有效地推动中国文学创作与批评的健康发展。在当代，“匠作”之语境已然超越了手工艺范畴，一切生活与工作中的劳动均有“匠作精神”，它们均是匠作之喻的有效汲取空间以及诗学批评话语范式。

二是中国特色的文学理论批评的方法论研究显得十分迫切。对于文学研究和批评者而言，不仅要在历史（文学史）的、美学（文艺美学）的近缘学科中获得方法论启示，用历史的眼光和美学的高度展开文学批评实践，还要考虑学科的边界。只有打通文学与其他远缘学科（建筑、绘画、制器、刺绣、镕铸、纺织、漆艺、雕塑、陶瓷等）的边界，方能获得文学理论批评研究的新材料、新视界和新空间。在新文科建设的当代，新文学的创作与批评如何显示“新”，其中的学科边界之“新”、批评范式之“新”，无不来自近缘或远缘学科的创作与批评智慧。显然，这迫切需要在新文科视野下进行文学创作和批评方法论的开拓与研究。

三是主体性的、人民性的话语范式是中国文学批评理论的基本路径，也是中国特色文学批评理论体系的基本话语形态。从本质上说，“匠作之喻”就是“主体之喻”或“人民之喻”。世界文学理论批评需要中国文学理论批评，多样的世界文明需要中国特色诗学批评的建构与发展。加快构建中国特色的文学批评理论体系，必须要在阐发中国传统文化特色上下功夫，要运用主体的、人民的标准去从事中国诗学批评，进而推动中国气派的文学批评理论体系的建立，让中国民族的文学理论批评体系走向世界舞台，发出中国声音。

注释

①参见潘天波：《工匠范式与唐代诗学批评》，《南京师范大学文学院学报》，2019年第2期，第1—8页。

②参见潘天波：《中华考工学：历史、逻辑与形态》，《民族艺术研究》，2019年第4期，第91—98页。

③夏征农、陈至立主编：《辞海》（第六版缩印本），上海：上海辞书出版社，2010年，第590页。

④（清）阮元校刻：《十三经注疏》（《尚书正义》），北京：中华书局，2009年，第332页。

⑤（清）阮元校刻：《十三经注疏》（《周礼注疏》），北京：中华书局，2009年，第1958页。

⑥参见潘天波：《合"礼"性技术：〈考工记〉与齐尔塞尔论题》，《艺术设计研究》，2017年第2期，第15—21页。

⑦（清）李渔著，单锦珩点校：《闲情偶寄》，杭州：浙江古籍出版社，2014年，第3页。

⑧（清）叶燮、沈德潜：《原诗·说诗晬语》，孙之梅、周芳批注，南京：凤凰出版社，2010年，第22页。

⑨（清）王夫之等撰：《清诗话》（上册），北京：中华书局，1963年，第22页。

⑩（清）叶燮、沈德潜：《原诗·说诗晬语》，孙之梅、周芳批注，南京：凤凰出版社，2010年，第14页。

⑪（梁）刘勰：《文心雕龙译注》，陆侃如、牟世金译注，济南：齐鲁书社，1995年，第511页。

⑫（清）叶燮、沈德潜：《原诗·说诗晬语》，孙之梅、周芳批注，南京：凤凰出版社，2010年，第44页。

⑬（清）叶燮、沈德潜：《原诗·说诗晬语》，孙之梅、周芳批注，南京：凤凰出版社，2010年，第57页。

⑭（清）李渔著，单锦珩点校：《闲情偶寄》，杭州：浙江古籍出版社，2014年，第4页。

⑮（清）李渔著，单锦珩点校：《闲情偶寄》，杭州：浙江古籍出版社，

2014年，第9页。

⑯（梁）刘勰：《文心雕龙译注》，陆侃如、牟世金译注，济南：齐鲁书社，1995年，第467页。

⑰（清）叶燮、沈德潜：《原诗·说诗晬语》，孙之梅、周芳批注，南京：凤凰出版社，2010年，第58页。

⑱陈书良：《〈文心雕龙〉释名》，长沙：湖南人民出版社，2007年，第108—111页。

⑲（清）李渔著，单锦珩点校：《闲情偶寄》，杭州：浙江古籍出版社，2014年，第9页。

⑳王国维著，彭玉平疏：《人间词话疏证》，北京：中华书局，2014年，第94页。

㉑（清）王夫之等撰：《清诗话》（上册），北京：中华书局，1963年，第6页。

㉒（清）王夫之等撰：《清诗话》（上册），北京：中华书局，1963年，第22页。

㉓（清）叶燮、沈德潜：《原诗·说诗晬语》，孙之梅、周芳批注，南京：江苏凤凰出版社，2010年，第56—57页。

㉔（美）戴维斯：《哲学之诗：亚里士多德〈诗学〉解诂》，陈明珠译，北京：华夏出版社，2012年，第171页。

㉕（唐）释皎然：《诗式》，长沙：商务印书馆，1940年，第4页。

㉖汪涌豪：《中国文学批评范畴及体系》，上海：复旦大学出版社，2007年，第52页。

㉗（梁）刘勰：《文心雕龙译注》，陆侃如、牟世金译注，济南：齐鲁书社，1995年，第163页。

㉘（清）叶燮、沈德潜：《原诗·说诗晬语》，孙之梅、周芳批注，南京：凤凰出版社，2010年，第59页。

㉙（唐）释皎然：《诗式》，长沙：商务印书馆，1940年，第1页。

㉚（清）李渔著，单锦珩点校：《闲情偶寄》，杭州：浙江古籍出版社，2014年，第13页。

㉛（清）李渔著，单锦珩点校：《闲情偶寄》，杭州：浙江古籍出版社，2014年，第9页。

第十七章

-

考工文代批评：一种解构

在本质层面，考工文化的形状乃是艺术宇宙的形状。对它的描述应当站在物质、时间和空间的整体高度，彻底开放艺术宇宙的边界，并试图借助角色、互动、情境、界限等多种批评方法论，走出传统考工文化批评的藩篱，重构与还原考工文化的本真，即主张用间性写作思维去完成考工文化的书写，以期补益于被遮蔽或被忘却的考工文化批评理论。

在传统考工文化形状的批评中，被滥用的“风格论”“形式论”“美学论”“知识论”等理论是需要诊断性分析的，因为它们已然定式化了我们对考工文化的批评或书写，尤其是“风格外衣”“被废弃的形式”“美学臆测”“线性思维”等声誉不佳的批评形象一直在禁锢着考工文化批评的一般性思维。

一、诊断传统考工文化的几种批判

“风格”“形式”“美学”“知识”等批评工具论之所以声誉不佳，是因为它们在描述考工文化的道路上长期以来坚守一成不变的批评理念，或把器物文化宇宙降格为仅仅是有长宽高的孤立对象。这样的致命错误是我们的思维定式或封闭逻辑视野所造成的，它们如同坚硬的茧壳包裹着试图重生的思想之蚕。传统艺术批评方法思维具有很强的定式性和滞后性，并束缚着研究思维及其学科的发展。

对于器物而言，“风格即是物”，这个“物本身”乃是一个艺术宇宙。在此，所说的“风格”应指向一个宇宙存在。它不是一般形状描述（如形、色、质等）所能完成的，而必然是一种整体的物质性、时间性与空间性的宇宙学批评。换言之，真正的考工文化批评必然超越器物本身，如此才能照亮器物文化肉眼看不到的黑暗区域或暗箱。同时，我们一旦进入这个艺术暗箱，必将遭遇到一个棘手的问题：工艺之“艺”是何种艺术？它与纯艺术有何界限？实际上，任何人只要不怀成见或持有特别偏向，而是立足于问题事实与形象本身，就能明白工艺与纯艺术是有很多差异的。譬如在模仿性上，工艺是有用的模仿，它追求在有用中定义生活；而纯艺术则不然，它是在逼真中模仿，追求在模仿中偏向未来的思考，即便是在当前的生活图景中实现艺术的表达，艺术也大大超越了“当下”。而且，工艺是天然的生活的致用之物，而纯艺术是独立的神秘的思想之体。这就要求我们对考工文化的描述侧重生活的表现，具体偏向于物质生活、时间生活和空间生活的描写。

现在，我们先要面对昔日艺术批评的“盟友”——“风格”，以求帮助我们了解它的所作所为，尤其是它的历史贡献及所偏与所向。实际上，风格是思想的形式，但形式绝不是我们随手拈来研究风格的一件外套，因为形式总是区别于材料的事物表象。对于器物而言，材料只是区别于风格的重要视觉元素。器物的风格虽然也关乎形式的意味，但更多的是从材料中获取风格的思想，并非一定要进入材料实体内部。或者说，器物的形式风格只依赖于器物外在的知觉表象，不大会更多地去参与器物内部胎体的“心理景观”的建设。只有“美学想象”才能进入形式的内部式样及其心体规则的描述。比如器物的结构论、符号论以及接受论等美学知识体系，仅仅依靠知觉表象的风格分析是不够的。它所关涉的批评器物文化在知识论上至少要拥有三种知识态度，即自然知识态度、科学知识态度和哲学知识态度。无论如何，谁也不会否定这三种态度。对此，我们的批评必须要放弃“纨绔子弟的作风”（盲目自信的）、“私塾先生的作风”（固执教条的）以及“莽撞野驴的作风”（无知野蛮的），要从更广泛的视野去分析器物文化的形状。但我们的批评却是困难重重的，因为那些被滥用的器物文化批评测度在风格、形式、美学以及知识等层面上具有某种程度的顽固性，它们已然成为艺术文化批评的一只令人生畏的拦路虎。

这个问题困扰我们的全部难点——它来自这样一个不争的事实——那些忠实于变化的“风格老臣”与它内在的相对稳定性的“形式君王”形成了鲜明的僵持很久的立场：它是绝对不变的，又是能改变的。为此，对于器物分析而言，我们需要坚持“理性透视”与“感性透视”的结合，否则我们被蒙蔽的眼睛容易误入风格外衣的华丽或隐晦的色彩区域。对此，风格分析的“诊断性思维”是十分有用的。笔者对此的主张大致如下：首先，“风格是技术的”。每种器物都会有自己独特的技术性，技术能以压倒性能力与气势改变一个器物外在或内在的风格，并使得风格穿上时代的、地域的以及国别性的文化外衣。对此，难道不明显吗？技术改变了风格，那么，风格的“技术第一原理”就能适应于各种器物风格的整体变迁及其文化叙事。其次，“风格是有故乡的”。根据迈克尔·法拉第（Michael Faraday，1791—1867年）的说法，力量线能从某一个中心向四面放射，并受到整个物质世界的影响。再援引莱布尼兹（Gottfried Wilhelm Leibniz，1646—1716年）的名言，即每个单子都是宇宙的镜子。那么，“故乡”就是“风格”的中心，或是“风格宇宙的镜子”。每一种器物风格都是有自己的故乡的。在形式、秉性、情感等“射线”维度上，风格的故乡性是明显的“力量线”。再次，“风格是局部的，也是结构的”。风格秉性很容易表现在很局部的差别性上，即便是细微的或“不确定区域”也是区分风格的重要差别点。实际上，我们在着手研究“风格”之时，艺术批评家必须要假定一个可能存在的局部风格世界，然后分离出“我本身”的主观思想，最后在细微的“不确定区域”风格局部还原它的结构性东西——完整的形象。最后，“风格不是精神隐喻”。器物形式是多样的，表面情况好像都是我们知觉在大脑中思维的产物，但是我们必须记住：从各种隐喻性词汇森林中撤出来，回到心灵自然风光的原野——“第一故乡”，才是我们正确的工作方式，因为风格总是要走向现实的、社会的，没有现实的风格真是太荒谬了。风格也一定是具体的，并且永远是活着的，与一般性隐喻修辞是格格不入的。这种风格特性来自它本身故乡生命的原始性以及它存在的可靠性上。它的生命不是一般隐喻修辞所能遮蔽的。抑或说，依赖隐喻修辞缝制的风格外衣是不合时宜的。它难以存活，也很难被人们欣赏和接受。因此，风格一定是社会文化及其思想的真实产物。

器物形式是有生命的，也是无法遮蔽的。器物的生命是很特殊的，它并不完全是工匠赋予的，而是由器物本身创作而决定的。在批评器物形式的生命时，我们主观性地忘情解读也是可以理解的，但器物生命形式不是我们能用华丽词汇可以包装的。对器物而言，形式的生命如同水一样地流动，极其富有运动性与活力感。器物文化在流动中彰显出它的跨界性叙事特质，更显示出文化本身的无界性。如果切断文化的跨界性或无界性之根，那么我们就无法理解文化的整体性，事实上也不是不可能的。只有在异国他乡，器物文化才能坚守国别性的理想，并非赋予具有世界性的特质——“他域风格”，从而延续了器物文化的原始生命。实际情况是：形式生命就是文化的生命。对此，我们似乎是不能持怀疑态度的。不过，对此产生普遍怀疑态度的原因在于，我们忘却了这样两个核心概念：连续和延展。“连续”是文化的时间观念，也是一种历史高度的审美态度，因为对历史学家来说，时间的连续观念是至关重要的，被划分的时间段是他们分析历史性的核心技术对象。“延展”是文化的空间概念，与之相关的文化分析观念有“场”“语境”“史境”“情境”等。器物文化的分析往往像一位历史学家一样，将共时性的历史语境放在首先的分析之中。这样的分析癖好本身没有错，问题在于：历史不是一个“隅隙的”空间，更不是一个单线的空间。它通常表现为一个复杂的多网络的空间，更是一个复线的多序列的形式。这给我们的器物文化分析带来了诸多不便。因此，对待器物的形式生命，文化批评的长处实际上不全在于时间与空间本身，即便我们是很高明的“时间装潢师”或“空间建筑师”，也无法在“连续”或“延展”的王国里找到“形式的光辉”，因为这样的所谓高明的时间装潢师与空间建筑师从内心就在藐视时空的本质力量，即人的力量。所有艺术的形式，实则就是人的形式，它不过是通过时间、空间和物质的媒介建构思想的王国而已。

然而，“思想的王国”是神秘的，我们要借助另外一个常常招致诟病的思想工具——“美学”。在美学层面，工物文化不可能是抽象的，它必然存在于具体事物建构的艺术形象之中，即“美学想象”。对器物“美学想象”的目的在于：创造或获取器物的文化与美。因此，从反面说，器物美的文化模式在一定程度上与我们的“美学想象”是关联的，它包括创造器物和欣赏器物，还有批评器物，概莫能外。但问题的复杂性在于：器物的“美学想象”往往能逃逸于器物本身的形式之外，因为被感觉到的形式往往将我们的美学想象卷入地域性难以辨别的混乱之中。就文化模式的地域性而言，不同国家或不同地区对器物的“美学想象”模式是有差异的。拉丁美洲、印度、阿拉伯、古希腊、中国等地出土的古陶器，总会让人卷入“不纯粹性”之中，因为事实情况是这样的：美学想象不是制造器物文化的原初材料，文明对器物的美学想象是由“不纯粹性”融合而成的。不过，尽管我们对文化的美学想象模式有差异，但让我们宽心的是，中外艺术家在美学想象上的“心理活动”过程是一致的，即人们的审美心理发生大致要经历感知、意象、想象与理解四大彼此互通互进的心体程序。

那么，我们就能从根本上追问：器物的美学想象是否成立？如果你偏离国别性的文化模式分析轨道，那必将是主观化美学臆测行为，对器物文化批评也将进入不可想象的自由主义思想集中营。因此，我们说，器物的美学想象必然是基于文化模式下才能够成立的一种工作方式，否则我们既不能“猜出”它们从何而来，也同样不能“猜出”它为何而在。换言之，对器物文化的“猜析”，首先要做到的是对该器物进行国别、地区、环境、民族等能区分文化模式的外在因素的甄别，然后才能进入文化模式内在的宗教、信仰、意识形态、哲学等深层领域，并在内外结合的分析中获得对器物的美学想象权。但在实际批评工作中，我们经常会遇到“词不逮意”的尴尬，这明显说明，对器物的美学想象与文化批评之间还存在一种表达上的鸿沟。这不是我们的错，问题在于语言从来就是笨拙的，“言不尽意”是常有的事情。当“美学想象 > 器物本身”时，我们的批评很有可能步入“想象过度”的危险区域；当“美学想象 < 器物本身”时，器物本身固有的文化被精神的美学想象所禁锢，我们的批评必然不能充分；当“美学想象 = 器物本身”时，器物文化批评似乎与我们的“美学想象”取得一致，但也会有“本本主义”的嫌疑，即就器物形式而批评形式。这些“问题题域”迫使我们陷入深刻的批评矛盾之中。

起初，我们认为，“美学想象”是美好的，对于解决我们的“艺术”创作或批评有很大帮助。但是，当我们遭遇到“美学想象”与“器物本身”之间的比较时，似乎不费吹灰之力就向我们表明：我们的美学知觉里充满了与器物本身不符的力量。从美学想象到器物本身的首要舛误是：主观化的“美学想象”将“器物本身”关闭在客观的“知识叙事”之外。知识叙事相对于美学叙事而言，它强调客观、真实与科学，即知觉对象与被知觉中取得知识上的一致性。在知识层面，我们发现，这个首要的舛误源于知识并非以绝对的线性区间排列呈现出来的，而是以复杂的零散状态散布在相互关联的知识空间里。但无论如何，个人获取知识的途径是有限的，而且是非常线性的。线性思维对于器物文化批评有致命危害，因为它是单调的、缺乏变化的。器物文化绝非是单调的，它的知识是丰富多彩的，也是富有变化的。线性思维是单一的、非立体的。器物知识是立体的，并非单一的。线性思维是单项的，缺乏互动的。文化是互动的，绝不是单项的。器物文化就是文化的互动史，它包括政治、经济、宗教、文化等多种要素的互动，也包括器物艺术与其他艺术的互动。在具体器物文化的分析中，我们既要看到线性思维在分析器物本质上“直线深入”的优势，也要懂得非线性思维在分析器物“普遍联系”上的作用与价值。在技术层面，非线性思维批评重视器物的普遍联系，以至于更深入地剖析器物多维文化的潜在本质；同时，它的批评特点是“散点透视”，更接近于器物文化的“自然真实”。从知识结构分布看，器物文化知识绝非是线性单向分布的，它如同“非线性方程”一样呈现，因此，器物文化叙事也必然借助互联网状结构形态的非线性思维实现知识的合法化批评。

至此，我们可以对风格、形式、美学、知识等艺术批评工具论做出这样的简单结论：在批评中，它们的叙事存在大于或小于器物本身的事实，这些叙事知识与器物本身之间存在一定的距离。毫无疑问，有时我们的风格分析或形式分析是不包括器物全部知识的，有时我们的美学叙事或知识叙事又超过了器物本身的知识范围。由此，我们可以进一步地说：除了器物本身以外，风格、形式、美学、知识等知识叙事有时得出的结论是有误的。

二、 开放边界：考工文化批评的必然选择

传统考工文化批评的滞后性与褊狭性，在不知不觉中将人们的思维逼近日常定式。为此，我们必须开放艺术边界，在开放中接纳器物本身更为广阔的知识视野，也在开放中消除那些大于或小于器物本身的事实。譬如在研究中发现，角色、互动、情境、界限等“他域”批评工具或能消除考工文化批评的褊狭与舛误。

在角色层面，器物就是生活中的一个角色，因此，角色是重构器物文化宇宙的重要对象。它能定位器物文化活动的舞台以及这个空间的时间状态。我们说，一个墓葬就是一个被缩小的舞台，一个墓葬的文化史则是一部被放大的社会史。就在这“缩小”与“放大”之间，其中一个最为核心的元素是墓葬内的“器物”。它近乎是舞台上的演员，或是空间社会里的角色。墓葬内的器物作为被角色化的符号，是我们理解墓葬及其文化史的关键因素。作

▲ 图 1　河北宣化（今属张家口市）出土的辽代壁画“散乐图”

为角色化的器物及其文化批评，它有多种艺术表现通道，譬如角色模拟、角色镜像、角色创造、角色扮演、角色仪式等多种形式。反之，这些艺术表现的通道形式则是我们解读器物文化被“缩小”与“放大”的线索。这个事实来自一个证据：舞台上的角色是鲜活的。

的确，舞台上的角色鲜活性的证据是一个不可怀疑的事实，因为舞台上的角色总是互动的。墓葬内器物系统也可被视为一个缩小的社会空间及其各成员互动关系的模式。用威廉·詹姆斯（William James，1842—1910年）与查尔斯·霍顿·库利（Charles Horton Cooley，1864—1929年）的话说，个体具有“自我”或“镜像自我”的心理互动能力。角色在围绕自我的行为仪式中，观众是能镜像舞台上的“他我”角色，还能镜像出“自我”来。因此，互动中的角色具有双重功能：“自我镜像”或“镜像自我”。譬如墓葬内的生器是“自我”生活的对应物；神器是“镜像自我”的宗教文化物；明器是模糊生与死的“镜中他我”之物。如此，我们可以按照墓葬内器物将“自我”进行分类，大致有生器自我、神器自我和明器自我三种互动的关联主体：生器是直接用原来日常生活器物，它具有“功能性延续”的作用；明器是用符号方式标识墓葬空间中的替代性日常器物，具有“想象性预演”的行为目标及功能；神器是自身“形象典型化”的产物，尤其是自身宗教文化典型化的产物，它既是生器生活功能的延续，又是通向宗教功能的发展。器物互动论的核心问题是基于这样的一个理论证据：它提倡一种分析哲学式的“家族相似”，即互动中的器物具有某种文化性的家族相似性。换言之，墓葬内的器物既没有固定的文化本质，也没有固定的文化外延，有的只是家族性的遗传基因及其成员间的关系。如果把“一个器物”视为“一个词语”，那么，我们就能更容易地理解器物互动论。这个“词语”是能动的，能关联起很多“语句”乃至“篇章”来，并在扩展性的家族相似中谱写艺术文化。

但是，作为器物的“语词”性扩张却并不是来自“文化外族”的随意迁移，而是通过“文化情境”的积极能动性完成的。墓葬内的器物情境首先是被假定的或设定的，即所谓的“规定情境”，它是个体身份与等级及其情趣所决定的。然后墓葬内的器物情境是“热情的真实”，即表现在对原生活的“模拟情境”，它受墓主事实社会的时空性而定。最后，墓葬内器物就是情感的逼真呈现，即所谓的“意象情境”，它已然是一种社会知识状态——与情感相关的社会文化、政治、经济等逼真的意象性知识。墓葬内的器物“规定情境”是制度文化的直接反映，“模拟情境”是生活文化的替代性复原，“意象情境”是一种朝向器物意象性的社会知识形态。因此，制度、生活和社会构成了器物的完整世界情境。当我们进入这样的“情境”，进行设身处地地体验或批评时，这样的批评史就能比较客观地复原器物的本来情境。换言之，“情境”是墓葬器物艺术的本质所在，抑或说，墓葬器物文化批评的逻辑起点应该是“情境”。一般而言，墓葬器物的“情境”包括时间、空间、场景、演员、音响、动作、剧本等内容。这些情境都是“虚幻意象”，它不仅有虚幻的过去，还有虚幻的未来。或者说，墓葬内的器物情境基本意象有生活原型意象和天堂虚拟意象，这是墓葬器物永恒不变的世界。这个世界的文本模式是丰富多彩的，既有墓主人在世生活的“传奇”，又有人们对死后未来生活场景描述的“神话”，还有墓葬空间内各种艺术“诗学”，包括建筑、绘画、音乐、舞蹈、雕塑等。

不过，我们必须要更加仔细地考察与情境相关的另一个元素——“界限”，以便清楚地明晰情境以及所在边界空间的有效性。一个边界不清晰的情境论，标志着这个角色所在舞台空间是不确定的。那么，这个舞台所承载的时间内容也是不定的。边界不仅是舞台空间及其内容有效性的标尺，也是舞台文化自足的基本条件。“分隔”是划分舞台空间界线的有效行为，也是厘清舞台边界的必要尺度。在场的语图只是舞台上的“皮相之见”，而不在场的语图则是舞台背后的“思想内核”。或者说，被“不隔”的皮相是唤起“隔”的重要介质。不过，“不隔”与“隔”均是显露器物文化真理的可靠性“划界”标尺。对于器物文化及其批评而言，“划界”或“跨界”是常有的事。“划界”是为了清晰器物文化的个性特征，“跨界”是为了拓展器物文化的批评空间。前者是为了器物文化存在的自足性得以保障，后者是为了器物文化存在与他者的社会性得以彰显。就知识社会学而言，器物文化存在的自足性是知识性独立的体现，器物文化存在的社会性是知识性关联的反映，也是知识“跨界”的特征。因此，对于批评者而言，“跨界思维”是必须的，也是常有的。否则，我们不能阐释器物文化知识的社会关联性。

通过以上角色论、互动论、情境论、界限论的迂回描述，我们对研究考工文化的必经之路就赫然呈现出来了：先要在角色中还原器物存在的时间和空间，然后在时空中证明器物与他物之间的互动行为，尽可能地贴近器物互动中的文化情境——器物生活于何时，又终于何处。在这个过程中，如果我们寻觅到器物文化的界限，那么，器物文化的自足性就变得清晰起来了。由此径去，离仔细有效地完成考工文化的间性批评目标也就更近一步了。

三、考工文化的间性批判及其偏向

在考工文化的诸多边界中阐释分析，这种工作方式即为“间性批评”或“批评间性”。间性写作来自一个可靠的事实，即器物是物质、时间与空间构成的类似于宇宙的结构体。在物质间性、时间间性与空间间性维度上，艺术的边界被我们的“艺术宇宙”批评开放了，这样批评偏向能展现为一种文化史进程的真实与纯粹。

在过去的封闭批评景观里，“风格论”“形式论”“美学论”等是我们过于自信的批评行为。它表现在对我们的感知判断、情感想象，以及审美理解的过分信赖，还表现在对我们的抽象思维与逻辑推理能力的过分信任。同时，这些被认为“相对成熟”的艺术批评方法论被部分“无聊老人”奉为“最高律条”，它已严重延缓和阻碍了艺术批评的创新与进步。

实际上，一部器物文化史就是一部间性史。器物文化是具体的，并非抽象的。器物文化是人的文化，也是与他者共存的文化。那么，器物文化批评也应该是证实的、开放的，它必然摒弃抽象，并要着力揭示人的文化以及“他力之美”，因为器物文化不仅与他人或他者之间存有同一的开放间性区，还与“一般知识”的批评者之间存在一个协同开放的间性区。所以说，器物文化是介于器物史与文化史之间的筋骨相连的开放间性史。

器物文化的“间性”特征必然要求器物文化批评处于微观器物与宏观文化的协同区，并试图形成它们之间的文化间性史。对于器物而言，它的“间性”主要指向“主体间性”；对于批评而言，器物文化的“间性”核心指向是“文本间性”——“主体间性”与“文本间性”共同建构器物的“文化间性”。就“主体间性”来说，器与人是不能分离的，“你中有我，我中有你”，器物文化在器与人的同一性与对话性中慢慢生成。就“文本间性”来说，作为文本的器物与审美主体之间的“视界交融”至关重要，并在相互合约或“物我两忘”的语境中形成对器物的审美体验。就“文化间性”而言，器物文化是一种“他力之美”，它与其他文化之间是互动的，在情境中铸就属于自己的文化个性以及意义生成。可见，器物文化不仅是器物与人之间的间性史，还是器物史与审美史之间的间性史。

器物文化间性史是一部记忆史。在语言与图像的帮助下，器物文化是材料与精神的有机浓缩，被设计的精神在渗透到材料的瞬间，借助了技术以及表现手法等行动得以表现自己，进而被铭刻在器物身体之上。因此，精神文化在材料行为中已然呈现为一种文化的记忆，并将自身表现为过去文化在当前的绵延或进化。在这个进程中，技术与材料起到了关键作用。在技术与材料的庇护下，器物传承了人类的文化进步史。技术与材料不仅能着力改进器物的功能，还迫使器物文化“风格”发生改变，以至于器物美学朝向奢华或奢侈奔去。这样说来，器物文化间性史还是一部技术史或材料史。

那么，作为间性史的器物文化，这其间有哪些基本注脚呢？

首先，器物是手的子女，也是思想的产儿。手是心的奴仆，心是手的长官。器物文化就是手和心联姻的杰作：手是文化的教练，心是文化的灵魂。我们应该向制造器物的手致敬，向给予器物文化的灵魂致敬。同时，一旦创造成功，每一件器物都是一件不朽的艺术品。它的文化又会滋养与反哺器物自身以及他者文化，被世代传承与延续，被世界各地的人们享用与欣赏。因此，器物文化在“延续”与“延展”维度上的生命力极强。一切文化的生命力都要反映这种时间上的连续与空间上的扩展，器物文化更具这种超越时间与空间的生命力。

其次，器物是被人享用的，也是被生活驯养的。器物文化是被享用的文化，也是被人们在生活中不断驯养的，因为器物与人是互动的，器物被我们享用，在享用中与人发生的关系可以描述为：亲密、友善与爱。特别是被使用的器物，它身体上有享用者的体温、性情、气息，甚或有享用者的心电图。换言之，器物文化史是一部器与人的互动史。在互动中，我们发现了“彼此”。因此，器与人不再是批评的中心，器与人的关系就成为我们的批评对象。为此，“关系”是器物文化的内容，关系之美成为器物审美文化批评的核心。

再次，器物是生活中的一个物件，也是生活场里的一个角色。生活如同一个舞台，在这个偌大的舞台上，“器物”就是这个舞台上的一个“道具”，还是一个“角色”。作为道具，器物为演绎这台戏提供物质依据和背景还原；作为角色，器物在与人物互动，以及与其他物件互动中找到了“身份感”与“社会感”——“我”的“身份”是社会群体中的一员，并在群体中发挥着个体的价值与作用。

最后，器物是有界的，也是有故乡的。器物界是生活界中不可或缺的一环。器物之“界”既保证了器物文化的独立自足性，也隐藏着器物文化“跨界”的冲动。自足与跨界形成了器物文化的自我个性的同时，也形成了器物文化的共性。同时，器物是有思乡情结的，因为它有自己的故乡。故乡的“味”与“土”是它的根本性特征，这些故乡文化的地域性构成了器物文化的多元性，也形成了器物文化的世界性。谁不思念自己的故乡？因为，那里有自己的家、自己的情、自己的记忆。器物就是在故乡情结中实现了民族根文化的多样性。

基于器物文化的“间性”本质属性，我们认为，在传统器物文化批评上，“风格论”“形式论”“美学论”“知识论”等都不同程度地取得了重要成果。但在“器物宇宙论”的视野下，器物不仅关乎器物本身，更关乎享用器物的人；器物不仅是物质的，也是时间的与空间的；器物不是孤立静止的，而是流动的；器物不仅是微观的，还是宏观的。为此，我们在器物文化批评时必然要放弃传统器物文化批评的“不利面”，同时至少要实施三个重要转向：一是从“物本身”向“人本身”转向；二是从“静态物”向“动态物”转向；三是从“微、宏观”向“中观”转向。这三个器物文化批评的“转向”，均指向“间性批评”。

器物文化的“间性批评”是由器物文化本质决定的。器物文化的本质不仅是宇宙的本质，还是人的本质。人的情感、思想与情趣在器物的语图表现性上是高度契合的。器物的物理结构在某种程度上与人的躯体结构是同构的。人的知觉与材料在知觉性上的统一是任何造物的必备要素。另外，器物之用是生活之需，器物之美是人的审美之外在显现，器物之形是人对自然物象观察体验的知识表达。可见，人和器在历史性与逻辑性上是同一的。作为器物文化批评，它不仅要揭示作为物质的历史，还要揭示在时间与空间维度上的逻辑，以期在历史逻辑上达到客体深度与主体深度的高度统一。这是器物文化叙事的任务，也是器物文化批评的目标。

器物之为器物的“宇宙形状”，即物质形状、时间形状和空间形状。以此推断我们的器物文化批评目标方向：在物质形状阐释中，发现时间形状与空间形状；在时间形状的批评中发现空间形状；在空间形状中又反证时间形状。但在历史的检讨中，我们并没有发现器物文化的“宇宙学景观”，只发现了诸如“风格论”“形式论”“美学论”“知识论”等有限的过于宏观的器物文化批评方法。传统的未能深入器物的具体论证方法已然阻碍了文化批评。过于自信或盲目的文化批评反映了我们的思维以及研究观念的严重滞后，尤其是没有“跨界思维”的我们，只能在狭小的各自器物物质文化圈内“打转”。“风格分析”成为一种“外衣制作”，“形式分析”变成一种“批评的教条”，“美学分析”近乎“主观直觉”，“知识分析”或成为一种“挖掘行为”。诸如此类的分析方法，要么“见物不见人”，要么“见人不见物”，或偏向于“静态分析”，或执着于“杂糅分析”，这些批评方法很明显无法满足丰富的器物文化。

笔者据此认为：器物文化是要在“角色论”中寻求器物的文化语境，在角色中发现与之关联的“关系”；在“情境论”中复原器物文化的原来场景，在“搁置”主观臆想的前提下，“写放”器物生活的真实；在“互动论”中，寻觅器物文化与他者文化的互动仪式，在静态分析中苏醒器物的动态语境；在“界限论”中，从更宽广的视野开放我们的知识领域，任何实施“限额移名”的批评政策都是不明智的。

可见，考工文化批评的“间性”偏向，孕育了一种“间性写作”范式的降生。在时空上，间性写作已然超越时空，并在时间与空间交流中实现写作任务；在镜像上，间性写作是一种自我镜像的互文性写作，并体现着一种“他力之美”；在边界上，间性写作是一种开放性写作，在“移名潮”的建构与解体中书写文化史；在知识生产上，间性写作是一种知识创造，在知识边界的开放下创造性地开展工作，进而为人类知识的进步与发展作出贡献：

首先，间性写作是一种时空性写作。“时间”与“空间”在词源上就显示出它参与“间性写作”的偏向与倚重，因为这两个器物的构成要素均含有“间”字。另外，时间与空间也不是孤立的，而是互动的一对孪生兄妹。就器物文化而言，间性写作是在物质的时间与空间之间寻求交流，并形成稳定的“间性区域”的一种写作方法。

其次，间性写作是一种互文性写作。文化是网状的，并非线性的。作为文本的器物文化，必然是其他文化的一面镜子，因为器物文本文化与其他文本文化之间具有“互文性”。也就是说，器物文化与其他文化是在互相接纳与吸收中形成各自的文化史。透过器物文化的这面镜子，可以反射或映照出社会其他文化景观，这也是间性文本的互文性在叙事功能上的体现。

再次，间性写作是一种开放性写作。间性写作是一种发展性的写作，文化发展是造成“学术移名”的根本原因。反之，“学术移名”又能推动文化发展。因此，间性写作必然要有边界开放的艺术政策，并以开放的心胸面对各类“学术移名”。尽管存在各种“移名问题”的争议与焦虑，但艺术边界的开放或“移名”的“自由流通”已表现出在间性区合作中带来丰硕的利益。

最后，间性写作是一种创造性写作。在“间性区”写作，那是一块“试验田”，被生产的知识已然是全新的，因为它表现为对“自我”与“他者”之间的彼此尊重与吸纳。“自我”与“他者”均消失在“间性区”，即“物我两忘”的境地，所生产的知识是被创造的新知。因此，间性写作是一种创造性写作。

“间性写作”将艺术文化批评带进“知识合法性”的轨迹，因为间性写作尊重时间与空间的对话，倚重他者文化，并以开放的立场实现知识的创新。或者说，“间性写作”摒弃自我或他者的“宏大叙事”，在自我与他者之间的“间性区域”实现批评的任务。自我主观性叙事或孤立的他者叙事均是令人失望的。

主观性宏大叙事是一厢情愿的，它所生产的知识表现为一种所谓的“美学知识”。严格意义上说，美学知识不是一种新知识，它也会使得人类知识的创造陷入深度的痛苦或审美惆怅之中，因为主观叙事知识已经把人类知识降低到纯粹的感性知识。一切审美惆怅在科学叙事面前都是寒碜的，并不具合法性。

孤立的他者叙事是一种粗俗的叙事行为，它往往不顾“我”的经验知识，而偏向于对“他者”存在的知识叙事。他们担心学科领域边界的消失，反对“自我叙事”，并认为叙事必须做到唯物主义。没有什么能够证明描述事物现实的陈述才是真实的，相反，在单一的他者叙事中必然招致机械唯物主义的侵扰。

对于知识而言，城市知识的郊区不是绝对的，它或许是农村郊区的城市。对器物文化的叙事，新的他者知识是补给自我知识的郊区，自我知识也是供应他者知识的城市。但过去的工艺知识叙事总是给我们带来许多“悲观景象”：风格叙事人为地区分形式与内容的边界，形式叙事在机械唯物主义中控制对象的内容展开，美学叙事在“心理景观”中忘却物体系的真实存在。

间性写作是非宏观叙事的一种复归。一个明显的发现是：微观叙事容易“玩物丧志”，宏观叙事极易堕入“自我陶醉”。无论间性写作采取何种方式，我们都不应该认为它是不合法的，因为它将宏观叙事与微观叙事协调性地纳入中观叙事区之中，即“间性写作区”。当然，间性写作区也只能是作为知识叙事合法性的实验区，它也存在某些内在的“实验风险”。这需要我们“接着说”。

参考文献

一、中文文献

①（战国）荀况著，梁启雄释：《荀子简释》，北京：中华书局，1983年。

②（汉）高诱注：《吕氏春秋》，（清）毕沅校正，徐小蛮标点，上海：上海古籍出版社，2014年。

③（汉）司马迁：《史记》（第4册），北京：中华书局，2010年。

④（汉）司马迁撰，（宋）裴骃集解，（唐）司马贞索隐，（唐）张守节正义：《史记》，北京：中华书局，1982年。

⑤（魏）王弼注，楼宇烈校释：《老子道德经注校释》，北京：中华书局，2008年。

⑥（唐）房玄龄等撰：《晋书》，北京：中华书局，1974年。

⑦（唐）释皎然：《诗式》，长沙：商务印书馆，1940年。

⑧（唐）魏徵等撰，沈锡麟整理：《群书治要》，北京：中华书局，2014年。

⑨（宋）魏庆之著，王仲闻点校：《诗人玉屑》，北京：中华书局，2007年。

⑩（清）陈梦雷著，杨家骆主编：《古今图书集成·考工典》，台北：鼎文书局，1977年。

⑪（清）何文焕：《历代诗话》（上），北京：中华书局，2004年。

⑫（清）李光地著，陈祖武点校：《榕村续语录》，北京：中华书局，1995年。

⑬（清）阮元校刻：《十三经注疏》，北京：中华书局，2009年。

⑭（清）孙希旦撰，沈啸寰、王星贤点校：《礼记集解》，北京：中华书局，1989年。

⑮（清）孙诒让著，雪克辑校：《十三经注疏校记》，北京：中华书局，2009年。

⑯（清）王夫之等撰：《清诗话》，北京：中华书局，1963年。

⑰（清）张廷玉等撰，中华书局编辑部编：《明史》，北京：中华书局，2000年。

⑱ 曹焕旭：《中国古代的工匠》，北京：商务印书馆国际有限公司，1996年。

⑲ 陈尚君辑校：《全唐文补编》，北京：中华书局，2005年。

⑳ 王国维原著，彭玉平疏：《人间词话疏证》，北京：中华书局，2011年。

㉑ 王世襄：《〈髹饰录〉解说》，北京：生活·读书·新知三联书店，2013年。

二、外译文献

① （德）费希特：《全部知识学的基础》，王玖兴译，北京：商务印书馆，2009年。

② （德）黑格尔：《精神现象学》（下卷），贺麟、王玖兴译，北京：商务印书馆，1979年。

③ （德）黑格尔：《精神现象学》（下卷），贺麟、王玖兴译，北京：商务印书馆，1979年。

④ （德）马丁·海德格尔：《海德格尔的存在哲学》，唐译编译，长春：吉林出版集团有限责任公司，2013年。

⑤ （法）布迪厄、（美）华康德：《实践与反思：反思社会学导引》，李猛、李康译，北京：中央编译出版社，1998年。

⑥ （法）福柯：《知识考古学》，谢强、马月译，北京：生活·读书·新知三联书店，2007年。

⑦ （法）福西永：《形式的生命》，陈平译，北京：北京大学出版社，2011年。

⑧ （法）舍普等：《技术帝国》，刘莉译，北京：生活·读书·新知三联书店，1999年。

⑨ （法）维尔南：《希腊人的神话和思想——历史心理分析研究》，黄艳红译，北京：中国人民大学出版社，2007年。

⑩ （荷）科恩：《科学革命的编史学研究》，张卜天译，北京：商务印书馆有限公司，2022年。

⑪ （加）查尔斯·琼斯：《全球主义：捍卫世界主义》，李丽丽译，重庆：重庆出版社，2014年。

⑫ （美）戴维斯：《哲学之诗：亚里士多德〈诗学〉解诂》，陈明珠

译，北京：华夏出版社，2012 年。

⑬（美）克劳福德：《摩托车修理店的未来工作哲学：让工匠精神回归》，粟之敦译，杭州：浙江人民出版社，2014 年。

⑭（美）理查德·桑内特：《新资本主义的文化》，李继宏译，上海：上海译文出版社，2010 年。

⑮（美）理查德·桑内特：《匠人》，纽黑文：耶鲁大学出版社，2008 年。

⑯（美）罗伯特·芬雷：《青花瓷的故事：中国瓷的时代》，郑明萱译，海口：海南出版社，2015 年。

⑰（美）马克·盖特雷恩：《认知艺术》，王滢译，北京：世界图书出版公司，2014 年。

⑱（美）悉尼·胡克：《理性、社会神话和民主》，上海：上海人民出版社，2006 年。

⑲（美）亚力克·福奇：《工匠精神：缔造伟大传奇的重要力量》，陈劲译，杭州：浙江人民出版社，2014 年。

⑳（日）仓乔重史：《技术社会学》，王秋菊、陈凡译，沈阳：辽宁人民出版社，2008 年。

㉑（日）冈田让：《东洋漆艺史研究》，中央公论美术（日），1928 年。

㉒（日）柄谷行人：《世界史的构造》，赵京华译，北京：中央编译出版社，2012 年。

㉓（日）柳宗悦：《工匠自我修养》，陈燕虹、尚红蕊、许晓译，武汉：华中科技大学出版社，2016 年。

㉔（日）六角紫水：《东洋漆工史》，雄山阁（日），1928、1932 年。

㉕（日）漆工协会编：《日本漆工》，日本漆工协会，1963 年。

㉖（日）泽口悟一：《日本漆工史》，美术出版社（日），1966、1972 年。

㉗（新罗）崔致远撰，党银平校注：《桂苑笔耕集校注》，北京：中华书局，2007 年。

㉘（意）乔万尼·维尔加：《杰苏阿多工匠老爷》，孙葆华译，上海：新文艺出版社，1958 年。

㉙（英）爱德华·露西－史密斯：《世界工艺史：手工艺人在社会中

的作用》，朱淳译，陈平校，杭州：中国美术学院出版社，2006 年。

㉚（英）保罗·罗杰斯：《设计：50 位最有影响力的世界设计大师》，浙江摄影出版社，2012 年。

㉛（英）彼得·奥斯本：《时间的政治：现代性与先锋》，王志宏译，北京：商务印书馆，2004 年。

㉜（英）德雷克·格利高里、约翰·厄里编：《社会关系与空间结构》，谢礼圣、吕增奎等译，北京：北京师范大学出版社，2011 年。

㉝（英）多琳·马西：《劳动的空间分工：社会结构与生产地理学》，梁光严译，北京：北京师范大学出版社，2010 年。

㉞（英）李约瑟：《中华科学文明史》（上），（英）柯林·罗南改编，上海交通大学科学史系译，上海：上海人民出版社，2014 年。

㉟（英）斯科特·拉什、约翰·厄里：《符号经济与空间经济》，王之光、商正译，北京：商务印书馆，2006 年。

㊱（英）约翰·哈萨德：《时间社会学》，朱红文、李捷译，北京：北京师范大学出版社，2009 年。

三、外文文献

① Billett S.*From Your Business to our Business: Industry and Vocational Education in Australia*［J］.Oxford Review of Education,2004,30(1):13–35.

② Deissinger T.*The Apprenticeship Crisis in Germany: the National Debate and Implications for Full-time Vocational Education and Training*［M］//Mjelde L,Daly R. Working Knowledge in a Globalizing World. From Work to Learning,from Learning to Work. Bern:Peter Lang, 2006:181–196.

③ Foster G.M. *What Is Folk Culture?*［J］. American Anthropologist, 1953, 55(2).

④ Fryberg S.A. *Cultural Psychology as a Bridge between Anthropology and Cognitive Science*［J］. Topics in Cognitive Science,2012,4(3):437.

⑤ Hall S.A. *Ethnographic Collections in the Archive of Folk Culture:A Contributor's Guide*［J］. Publication of the American Folklife Center, 1995,(20).

⑥ Hanushek E. A., Schwerdt G. ,Woessmann L.,Zhang L.*General Education, Vocational Education,and Labor-Market Outcomes Over the Life-Cycle*［J］.Journal of

Human Resources, 2017,52(1):49–88.

⑦ Hernandez–Gantes V.M.,Sorensen R.P.,Nieri A.H. *Fostering Entrepreneurship through Business Incubation: The Role and Prospects of Postsecondary Vocational-Technical Education. Report 1: Survey of Business Incubator Clients and Managers* [R] .https://www.sreb.org/sites/main/files/file–attachments/fostering_entrepreneurship_1.pdf?1632069518.

⑧ Hubert Ertl.*The Concept of Modularisation in Vocational Education and Training: The Debate in Germany and its Implications* [J] .Oxford Review of Education, 2002, 28(1):53–73.

⑨ Lee G.R. *Family, Socialization and Interaction Process* [J] . Journal of Marriage and Family, 2000, (62):852.

⑩ Lee S–K., Sobal J., Frongillo E. A. *Comparison of Models of Acculturation:The Case of Korean Americans* [J] . Journal of Cross–Cultural Psychology, 2003, 34(3):282–296.

⑪ Long P.O. *Artisan/Practitioners and the Rise of the New Sciences, 1400-1600. (The Horning Visiting Scholars Series.)* Corvallis:Oregon State University Press,2011.

⑫ Martini M. *The Merton-Shapin Relationship from the Historiographic Debate Internalism/Externalism*， Cinta De Moebio, 2011(42):295.

⑬ Matlay H.*Entrepreneurial and Vocational Education and Training in Central and Eastern Europe* [J] .Education and Training,2001,43.

⑭ Matlay H.*Vocational Education and Training in Britain: A Small Business Perspective* [J] .Education + Training, 1999, 41(1):6–13.

⑮ Miller J.G. *Cultural Psychology: Implications for Basic Psychological Theory* [J] . Psychological Science, 1999, 10(2):85.

⑯ Ministry of Education(Taipei).*A Brief Introduction to the Technological and Vocational Education of the Republic of China* [R] .September 1997.

⑰ Onstenk J. *Entrepreneurship and Vocational Education* [J] .European Educational Research Journal,2003,2(1):74–89.

⑱ Panofsky E. *Renaissance and Renascences in Western Art* [M] . New York:Routledge,1960.

⑲ Ransley W.K ,*Hughes P W. Study on the Developments of Technical and Vocational Education in a Humanistic Spirit:The Situation in Australia*［J］. Studies in Technical and Vocational Education, 1987,（32）.

⑳ Ratner C. *Cultural Psychology, Cross-cultural Psychology, Indigenous Psychology*［J］.Columbus A M.Advances in Psychology Research. New York:Nova Science Publishers, 2008:1.

㉑ Ratner C. *Cultural Psychology (General)*[M]//Rieber R W.Encyclopedia of the History of Psychological Theories. NY: Springer New York, 2011:250–309.

㉒ Salant T., Lauderdale D.S. *Measuring culture: a critical review of acculturation and health in Asian immigrant populations*［J］. Social Science & Medicine, 2003, 57(1):72.

㉓ Schneider H.W. *Science, Folklore, and Philosophy (review)*［J］. Journal of the History of Philosophy, 2008，(4):356–358.

㉔ Shweder R.A.*Cultural Psychology*：*What is it?*［M］//Stigler J.W., Schweder R.A., Herdt G. Cultural Psycholog:Essays on Comparative Human Development. New York:Cambridge University Press.1990:13.

㉕ *The General Conference of UNESCO.Revised Recommendation Concerning Technical and Vocational Education*［EB］.http://unevoc.unesco.org/fileadmin/user_upload/pubs/reco74e.pdf.

㉖ Triandis H.C. *Cross-cultural Psychology*［J］. Asian Journal of Social Psychology, 1999, 2(1):127.

㉗ Velde C., Cooper T.*Students' Perspectives of Workplace Learning and Training in Vocational Education*［J］.Education + Training, 2000, 42(2):83–92.

㉘ Winters A.,Meijers F.,Kuijpers M.,Baert H. *What are Vocational Training Conversations About? Analysis of Vocational Training Conversations in Dutch Vocational Education from a Career Learning Perspective*［J］.Journal of Vocational Education and Training,2009,61(3):247.

跋

窃以为，“中华考工学理论”是中国特色设计学理论体系、话语体系和学科体系建设的根本，是最具有主体性（工匠）、原创性（中华考工）和世界性（设计学）的理论范式。近 10 年来，我一直致力于中华考工文化研究，并聚焦中华考工学理论建设的思考与实践，但总是感觉笔力不够和才思不备，《中华考工学理论》也没能如期出场。

本著采集最新系列研究成果，贯通成著而出版，以飨读者，旨在为中华考工学理论研究提供方法论或部分纲领，以期共同致力于中华考工文化的研究。在此，向参与本著研究的我的科研团队成员表示谢意，向本著编辑孙剑博表示感谢！

是为跋语，以志其事。

潘天波

辛丑年，三月廿八日

潘天波《考工格物》书系

第Ⅰ卷－齐物　中华考工要论

第Ⅱ卷－货物　漆的全球史

第Ⅲ卷－审物　18 世纪之前欧洲对中华诸物的描述与想象

第Ⅳ卷－润物　全球物的交往

第Ⅴ卷－开物　中华工匠技术观念史